化工企业现场作业安全监护人员培训教材

太原化学工业集团有限公司职工大学　组织编写

尹正红　主编

中国石化出版社

内 容 提 要

　　本教材重点介绍了化工企业现场作业安全监护人员应知应会内容，分为三大部分：第一部分，介绍现场监护人及其应具备的基础知识，包括现场监护人的作用与职责、危险作业安全管理基本要求、常见危险化学品安全管理知识、危险有害因素辨识与控制、常见防护器具及灭火设施的使用、现场应急救援；第二部分，阐述特殊作业现场安全要求，包括化工企业特殊作业安全要求、建筑施工作业安全要求；第三部分，为附录，包含典型事故案例、化工企业常见毒物及处置、相关的作业要求和课时安排等内容。

　　本教材内容全面，通俗易懂，适用于化工企业的从业人员、安全管理人员及其他人员的培训和学习，具有一定的指导性和通用性，可作为现场监护人安全培训的基础教材，也可与专业教材、岗位教材配合使用。

图书在版编目(CIP)数据

化工企业现场作业安全监护人员培训教材／太原化
学工业集团有限公司职工大学组织编写 .—北京：中国
石化出版社，2021.4(2025.3重印)
　ISBN 978-7-5114-6209-1

　Ⅰ.①化… Ⅱ.①太… Ⅲ.①化工企业-安全生产-
安全培训-教材 Ⅳ.①TQ086

中国版本图书馆 CIP 数据核字(2021)第 054626 号

中国石化出版社出版发行
地址:北京市东城区安定门外大街 58 号
邮编:100011　电话:(010)57512500
发行部电话:(010)57512575
http://www.sinopec-press.com
E-mail:press@sinopec.com
北京科信印刷有限公司印刷
全国各地新华书店经销
＊
787毫米×1092毫米 16 开本 14.5 印张 355 千字
2021 年 4 月第 1 版　2025 年 3 月第 3 次印刷
定价:49.00 元

《化工企业现场作业安全监护人员培训教材》
编 委 会

主　　任	冯志武　吕维赟	
主　　编	尹正红	
副 主 编	魏迎冬	
特约审核	刘建红	
编写成员	（按姓氏音序排列）	

杜德军　高从勇　高　瞻　郭耀华　韩利红

韩小娟　何　洁　焦荣坤　解交平　李红军

李文玲　刘冬良　刘林爱　王还枝　谢　斌

赵艳平

对于化工企业而言，要确保可持续的安全运行，至少需要做好两方面的工作：一方面是消除或控制工艺系统中存在的危害，避免发生危险化学品泄漏，杜绝火灾、爆炸和人员中毒事故；另一方面，是要防止作业活动引入新的危害。

在日常作业活动中，如动火作业和进入设备内执行检维修作业等，不但要保护作业人员的安全，还要防止在此期间引发火灾和爆炸等化工过程安全事故。从以往的事故统计来看，作业活动引发的火灾爆炸事故在化工行业的总事故中占了相当高的比例（据不完全数据统计，其占比不低于三成）。

因此，政府和化工企业都高度重视高危作业活动的安全。特种作业票证管理是每一家化工企业花大力气落实的主要安全工作之一，也是消除作业安全事故的主要抓手。许多企业反把精力放在狠抓作业票的签发环节，但是，就确保作业安全而言，签发作业票只是开始，更重要的是要管控好现场作业的整个过程。

作业过程的监护是管控高危作业实施过程的主要手段，但不少企业把注意力放在作业本身，而忽视现场监护这个环节，对于监护人的胜任能力就更谈不上了。

如何通过有效的安全管理从根源上消除事故，这是困扰很多化工企业的难题。安全管理的核心是风险管理，不同企业的情况虽然不同，但都可以运用适当的管理工具来管控风险，期间尤其要强调如何落地和如何有效地实施。就作业安全管理而言，不仅要管理票证，更要发挥好现场监护人的作用，管好作业的全过程，特别是作业过程的细节风险(往往是一些不起眼的环节引发了后果严重的事故)。

过去几年，阳泉煤业化工集团有限责任公司(以下简称阳煤化工集团)为管控好操作维修及特种作业环节的安全风险，对现场监护人实行许可管理。只有经过专项培训考试合格，持现场监护人员资格证，方可从事现场监护作业。基于此，阳煤化工集团委托所属企业太原化学工业集团有限公司职工大学，组织编写了现场监护人培训材料，并组织经验丰富的老师为现场监护人员提供授课。这项工作对于提升高危作业现场监护人员的素质和能力有显著成效，有助于充分发挥现场监护人的监护作用，管控好作业过程中的细节风险。

这些培训材料非常实用，将其编辑整理出版，供其他企业和专业人士参考，相信对化工行业减少作业安全事故定会起到积极的作用。

本书聚焦现场监护人员胜任能力的培养，注重知识的系统性和技能的实用性，内容涵盖法规要求、危险源辨识、风险评估、控制措施、现场实施和应急救援等方面，全面覆盖了作业活动全生命周期的各个环节。书中还有各种检查表，有助于降低监护人员的工作难度，可以按图索骥，及时有效地发现作业过程中存在的各种危害。

期望本书成为现场作业监护人员的实用手册，帮助他们在监护过程中实现"会管"和"管好"，有效控制作业过程的风险，实现安全作业。

上海云熔科技有限公司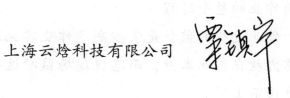

前　言

根据《危险化学品企业安全风险隐患排查治理导则》(应急〔2019〕78号)的要求，阳泉煤业化工集团有限责任公司(以下简称阳煤化工集团)结合当前培训需求，组织太原化学工业集团有限公司职工大学编写了《化工企业现场作业安全监护人员培训教材》，对阳煤化工集团化工系统各企业开展现场监护人员专项培训，经考试合格后，发放现场监护人员资格证。

本教材根据企业安全生产管理的实际需要，本着"实用、够用、能用"的原则，重点介绍了特殊作业现场监护人应知应会内容。本教材分为三大部分：第一部分，基础知识，包括现场监护人的作用与职责、危险作业安全管理基本要求、常见危险化学品安全管理知识、危险有害因素辨识与控制、常见防护器具及灭火设施的使用、现场应急救援；第二部分，特殊作业现场安全要求，包括化工企业特殊作业安全要求、建筑施工作业安全要求；第三部分，附录。本教材在每章开头设有"本章学习要点"，结尾设置"复习思考题"，既便于教师把握教学重点，又便于学员学习和备考。

本教材在编写过程中，得到了阳煤化工集团安监局、阳煤化工集团安全环保处及化工系统各企业的大力支持。在教材审核过程中，高瞻同志提出宝贵意见，在此一并感谢。

本书1版第2次印刷时相关内容根据 GB 30871—2022《危险化学品企业特殊作业安全规范》进行了修改，以便读者参考学习。

由于编者水平有限，有不妥之处，敬请各位专家、教师及广大读者批评指正。

目　录

第一部分　基础知识

第二部分 特殊作业安全要求

第三部分　附录

第一部分 <<<
基 础 知 识

第一章 现场监护人

本章学习要点

1. 熟知现场监护人的资格要求及定义；
2. 掌握现场监护人的作用与职责。

第一节 现场监护人的要求

一、现场监护人定义

现场监护人也叫安全监护人，是指对进行现场直接作业的人员，负有安全监督和保护责任的人。现场监护人必须能够及时发现作业现场环境发生的变化，当出现危险时及时告知作业人员停止作业，撤离现场，及时制止、纠正作业人员的违章或不当行为，当发生意外事件时应及时组织救助。现场监护人是现场直接作业的最后一道防线。现场监护人必须取得监护资格，持证后方可上岗。

现场监护人主要涉及生产企业各种检维修过程、特殊作业过程的全程监护，以及基建工程从土建开挖到设备安装、联动调试完成及试生产过程的监督检查。现场监护人对以上作业负有安全监督管理责任，对现场作业全过程实行监护与检查，对作业人员的行为进行安全监督与检查，负责安全协调与联系。

那么，哪些人需要取得现场监护人资格证呢？可分为以下几类：

(1) 企业安全生产负责人；

(2) 分厂(车间)负责人；

(3) 专兼职安全员，工艺、设备、电气仪表等专业技术员，工段长、班组长及相关人员。

二、现场监护人的资格要求

(1) 参加由相关部门组织的现场监护人培训班，经考核合格取得现场监护人资格证；

(2) 熟悉作业范围内的工艺、设备、物料状态及作业环境；

(3) 具备应急救援和现场处置能力。

第二节 现场监护人的作用与职责

一、现场监护人的作用

现场监护人是危险作业的现场监管人，是事故救援的第一实施人，也是检维修施工最后把关者，其角色至关重要。重视现场作业安全必须要重视监护人的监护能力、监护作用。现场监护人的作用主要概括为十个方面：

一是现场作业的安全医师，对危害进行识别、分析，并采取措施；

二是作业人员资质的把关者，检查作业人员是否进行安全教育，是否持有效特种作业证；

三是工、器、具的把关者，鉴别其是否在检验期内、主体完好性及附件齐全与否；

四是劳动防护的把关者，检查个人防护或特种防护情况是否符合作业要求；

五是票证的把关者，检查票证是否齐全，填写是否正确；

六是应急处理的第一指挥者，发生事故时采取应急处理，及时报告并紧急撤离到指定地点；

七是企业与承包商之间桥梁作用；

八是上级部门与装置之间的纽带，起到联系与协调的作用；

九是推进自主管理的播种人；

十是现场目视化管理的推进人。

二、现场监护人职责

现场监护人需了解施工范围内的物料特性、设备设施、人员组成、检修过程涉及的各项风险及防护措施，了解周边装置、单元、厂发生泄漏、爆炸等危险对作业造成的影响及应采取的应急处置措施。检修过程中严格执行《危险化学品企业特殊作业安全规范》（GB 30871—2022）及检维修作业的相关规定，严格落实各项安全措施并由确认人签字。

涉及建筑施工的现场监护人还需了解在施工过程中可能产生坍塌、高处坠落、物体打击、机械伤害、触电、中毒、火灾、爆炸等危害的环节，针对施工节点和具体细节，按照《建设施工安全检查标准》（JGJ 59—2011）要求，检查基坑开挖、脚手架搭设、拆除、配电、临时用电、各类机器具的使用等方面内容。

具体职责要求：

（一）作业前

（1）参加作业前的安全教育，详细了解被监护人的作业内容、作业部位和周围情况、作业安全措施、危险因素和安全注意事项等。

（2）应逐项检查作业票证各项内容，以及票证中各项相关安全措施的落实情况，确认各项措施落实到位后，方可进行作业。

（3）根据票证要求和作业性质及危险程度，准备好应急救援处理工具和器材，并保持完好备用状态。

（4）明确作业负责人、作业人，包括姓名、职务和联络的方式。实行双监护时，两名监护人必须明确统一的联络方式。

（二）作业中

（1）必须坚守岗位，严禁擅自离开监护岗位，监护过程中不准兼做其他工作。确需离开时必须经作业负责人同意，暂停作业或由其他有资格的人员代为监护，并向代理监护人交代好作业内容、安全措施、危险因素和安全注意事项。

（2）做好个人防护，督促作业人员正确佩戴和使用防护用品、器具和消防器材。

（3）监护人所在位置应便于观察作业人员作业情况，及时纠正作业过程中的不安全行为，发现异常情况或对作业人员的人身安全有威胁的危险情况，应立即通知停止作业，迅速组织人员撤离现场，及时联系有关人员采取措施。在确认异常情况或危险因素消除后，方可允许作业人员进入现场继续作业。

（4）有权制止违章作业。对性质严重的违章作业和行为，要立即停止作业，并及时上报作业负责人。

（5）必须随时保持与作业人、当班班长及作业负责人的联系。如遇生产故障、危化品泄漏等紧急情况要迅速通知作业人员撤离。

（三）作业结束后

（1）清点现场人员，查看是否缺少。

（2）会同作业人员做好现场清理工作。如清点工具、零件并妥善保管，检查作业现场有无遗留火种，查沟、坑、孔、洞盖板、围栏是否齐全，查拆开的管道、阀门口封堵是否良好，查容器内是否遗留工器具材料等，现场的临时电源是否切断等。

（3）填写好相关记录。

复习思考题

1. 现场监护人的资格要求有哪些？
2. 现场监护人的定义是什么？
3. 现场监护人的作用是什么？有哪些职责？

第二章 危险作业安全管理基本要求

本章学习要点

1. 熟悉国家相关法律法规要求；
2. 掌握企业相关文件制度要求；
3. 掌握承包商危险作业安全管理基本要求。

第一节 相关法律法规制度要求

现行法律法规及相关制度是企业开展特殊作业安全管理的主要依据，企业应及时识别和收集最新的安全生产法律法规、标准规范和有关文件，学习标准、掌握标准并将其要求转化为企业的安全管理规章制度，以便依法依规开展工作。

一、国家相关法律法规制度要求

（一）《中华人民共和国安全生产法》

2002 年 6 月 9 日，第九届全国人民代表大会常务委员会第二十八次会议通过《安全生产法》，该法自 2002 年 11 月 1 日起施行。2021 年 6 月 10 日第十三届全国人民代表大会常务委员会第二十九次会议通过《全国人民代表大会常务委员会关于修改〈中华人民共和国安全生产法〉的决定》，自 2021 年 9 月 1 日起施行。《安全生产法》是我国第一部规范安全生产的综合性法律。制定该法的目的是为了加强安全生产工作，防止和减少生产安全事故，保障人民群众生命和财产安全，促进经济社会持续健康发展。

《安全生产法》对特种作业及监护人的相关规定：

第三十条 生产经营单位的特种作业人员必须按照国家有关规定经专门的安全作业培训，取得相应资格，方可上岗作业。

第四十三条 生产经营单位进行爆破、吊装、动火、临时用电以及国务院应急管理部门会同国务院有关部门规定的其他危险作业，应当安排专门人员进行现场安全管理，确保操作规程的遵守和安全措施的落实。

第四十八条 两个以上生产经营单位在同一作业区域内进行生产经营活动，可能危及对方生产安全的，应当签订安全生产管理协议，明确各自的安全生产管理职责和应当采取的安全措施，并指定专职安全生产管理人员进行安全检查与协调。

（二）《中华人民共和国劳动法》（主席令第 28 号）

《中华人民共和国劳动法》是为了保护劳动者的合法权益，调整劳动关系，建立和维护适应社会主义市场经济的劳动制度，促进经济发展和社会进步。1994 年 7 月 5 日第八届全国人民代表大会常务委员会第八次会议通过，自 1995 年 1 月 1 日起施行。2018 年 12 月 29

日由中华人民共和国第十三届全国人民代表大会常务委员会第七次会议通过《全国人民代表大会常务委员会关于修改〈中华人民共和国劳动法〉等七部法律的决定》，自公布之日起施行。

《中华人民共和国劳动法》对特种作业及监护人的相关规定：

第五十五条 从事特种作业的劳动者必须经过专门培训并取得特种作业资格。

(三)《国家安全监管总局关于加强化工过程安全管理的指导意见》(安监总管三〔2013〕88号)

化工过程伴随易燃易爆、有毒有害等物料和产品，涉及工艺、设备、仪表、电气等多个专业和复杂的公用工程系统。加强化工过程安全管理，是国际先进的重大工业事故预防和控制方法，是企业及时消除安全隐患、预防事故、构建安全生产长效机制的重要基础性工作。为深入贯彻落实和加强化工企业安全生产基础工作，全面提升化工过程安全管理水平，提出以下指导意见：

该指导意见对特种作业及监护人的相关规定：

第十八条 建立危险作业许可制度。企业要建立并不断完善危险作业许可制度，规范动火、进入受限空间、动土、临时用电、高处作业、断路、吊装、抽堵盲板等特殊作业安全条件和审批程序。实施特殊作业前，必须办理审批手续。

第十九条 落实危险作业安全管理责任。实施危险作业前，必须进行风险分析、确认安全条件，确保作业人员了解作业风险和掌握风险控制措施、作业环境符合安全要求、预防和控制风险措施得到落实。危险作业审批人员要在现场检查确认后签发作业许可证。现场监护人员要熟悉作业范围内的工艺、设备和物料状态，具备应急救援和处置能力。作业过程中，管理人员要加强现场监督检查，严禁监护人员擅离现场。

第二十条 严格承包商管理制度。企业要建立承包商安全管理制度，将承包商在本企业发生的事故纳入企业事故管理。企业选择承包商时，要严格审查承包商有关资质，定期评估承包商安全生产业绩，及时淘汰业绩差的承包商。企业要对承包商作业人员进行严格的入厂安全培训教育，经考核合格的方可凭证入厂，禁止未经安全培训教育的承包商作业人员入厂。企业要妥善保存承包商作业人员安全培训教育记录。

第二十一条 落实安全管理责任。承包商进入作业现场前，企业要与承包商作业人员进行现场安全交底，审查承包商编制的施工方案和作业安全措施，与承包商签订安全管理协议，明确双方安全管理范围与责任。现场安全交底的内容包括：作业过程中可能出现的泄漏、火灾、爆炸、中毒窒息、触电、坠落、物体打击和机械伤害等方面的危害信息。承包商要确保作业人员接受了相关的安全培训，掌握与作业相关的所有危害信息和应急预案。企业要对承包商作业进行全程安全监督。

(四)《危险化学品企业特殊作业安全规范》(GB 30871—2022)

《危险化学品企业特殊作业安全规范》是国家市场监督管理总局和国家标准化管理委员会于2022年3月15日发布，自2022年10月1日起正式实施。

文件规定了危险化学品企业动火作业、受限空间作业、盲板抽堵作业、高处作业、吊装作业、临时用电作业、动土作业、断路作业等特殊作业的安全要求。适用于危险化学品生产、经营(带储存)企业，化工及医药企业(以下简称"危险化学品企业")。

规范中对特殊作业的基本要求如下：

(1) 作业前，危险化学品企业应组织作业单位对作业现场和作业过程中可能存在的危险有害因素进行辨识，开展作业危害分析，制定相应的安全风险管控措施。

（2）作业前，危险化学品企业应采取措施对拟作业的设备设施、管线进行处理，确保满足相应作业安全要求：

① 对设备、管线内介质有安全要求的特殊作业，应采用倒空、隔绝、清洗、置换等方式进行处理；

② 对具有能量的设备设施、环境应采取可靠的能量隔离措施；

注：能量隔离是指将潜在的、可能因失控造成人身伤害、环境损害、设备损坏、财产损失的能量进行有效的控制、隔离和保护。包括机械隔离、工艺隔离、电气隔离、放射源隔离等。

③ 对放射源采取相应安全处置措施。

（3）进入作业现场的人员应正确佩戴满足 GB 39800.1 要求的个体防护装备。

（4）作业前，危险化学品企业应对参加作业的人员进行安全措施交底，主要包括：

① 作业现场和作业过程中可能存在的危险、有害因素及采取的具体安全措施与应急措施；

② 会同作业单位组织作业人员到作业现场，了解和熟悉现场环境，进一步核实安全措施的可靠性，熟悉应急救援器材的位置及分布；

③ 涉及断路、动土作业时，应对作业现场的地下隐蔽工程进行交底。

（5）作业前，危险化学品企业应组织作业单位对作业现场及作业涉及的设备、设施、工器具等进行检查，并使之符合如下要求：

① 作业现场消防通道、行车通道应保持畅通，影响作业安全的杂物应清理干净；

② 作业现场的梯子、栏杆、平台、箅子板、盖板等设施应完整、牢固，采用的临时设施应确保安全；

③ 作业现场可能危及安全的坑、井、沟、孔洞等应采取有效防护措施，并设警示标志；需要检修的设备上的电器电源应可靠断电，在电源开关处加锁并加挂安全警示牌；

④ 作业使用的个体防护器具、消防器材、通信设备、照明设备等应完好；

⑤ 作业时使用的脚手架、起重机械、电气焊(割)用具、手持电动工具等各种工器具符合作业安全要求，超过安全电压的手持式、移动式电动工器具应逐个配置漏电保护器和电源开关；

⑥ 设置符合 GB 2894 的安全警示标志；

⑦ 按照 GB 30077 要求配备应急设施；

⑧ 腐蚀性介质的作业场所应在现场就近(30m 内)配备人员应急用冲洗水源。

（6）作业前，危险化学品企业应组织办理作业审批手续，并由相关责任人签字审批。同一作业涉及两种或两种以上特殊作业时，应同时执行各自作业要求，办理相应的作业审批手续。

作业时，审批手续应齐全、安全措施应全部落实、作业环境应符合安全要求。

（7）同一作业区域应减少、控制多工种、多层次交叉作业，最大限度避免交叉作业；交叉作业应由危险化学品企业指定专人统一协调管理，作业前要组织开展交叉作业风险辨识，采取可靠的保护措施，并保持作业之间信息畅通，确保作业安全。

（8）当生产装置或作业现场出现异常，可能危及作业人员安全时，作业人员应立即停止作业，迅速撤离，并及时通知相关单位及人员。

（9）特殊作业涉及的特种作业和特种设备作业人员应取得相应资格证书，持证上岗。界定为 GBZ/T 260 中规定的职业禁忌证者不应参与相应作业。

（10）作业期间应设监护人。监护人应由具有生产（作业）实践经验的人员担任，并经专项培训考试合格，佩戴明显标识，持培训合格证上岗。

监护人的通用职责要求：

① 作业前检查安全作业票。安全作业票应与作业内容相符并在有效期内；核查安全作业票中各项安全措施已得到落实。

② 确认相关作业人员持有效资格证书上岗。

③ 核查作业人员配备和使用的个体防护装备满足作业要求。

④ 对作业人员的行为和现场安全作业条件进行检查与监督，负责作业现场的安全协调与联系。

⑤ 当作业现场出现异常情况时应中止作业，并采取安全有效措施进行应急处置；当作业人员违章时，应及时制止违章，情节严重时，应收回安全作业票、中止作业。

⑥ 作业期间，监护人不应擅自离开作业现场且不应从事与监护无关的事。确需离开作业现场时，应收回安全作业票，中止作业。

（11）作业审批人的职责要求：

① 应在作业现场完成审批工作；

② 应核查安全作业票审批级别与企业管理制度中规定级别一致情况，各项审批环节符合企业管理要求情况；

③ 应核查安全作业票中各项风险识别及管控措施落实情况。

（12）作业时使用的移动式可燃、有毒气体检测仪，氧气检测仪应符合 GB 15322.3 和 GB/T 50493—2019 中 5.2 的要求。

（13）作业现场照明系统配置要求：

① 作业现场应设置满足作业要求的照明装备；

② 受限空间内使用的照明电压不应超过 36V，并满足安全用电要求；在潮湿容器、狭小容器内作业电压不应超过 12V；在盛装过易燃易爆气体、液体等介质的容器内作业应使用防爆灯具；在可燃性粉尘爆炸环境作业时应采用符合相应防爆等级要求的灯具；

③ 作业现场可能危及安全的坑、井、沟、孔洞等周围，夜间应设警示红灯；

④ 动力和照明线路应分路设置。

（14）作业完毕，应及时恢复作业时拆移的盖板、箅子板、扶手、栏杆、防护罩等安全设施的使用功能，恢复临时封闭的沟渠或地井，并清理作业现场，恢复原状。

（15）作业完毕，应及时进行验收确认。

（16）作业内容变更、作业范围扩大、作业地点转移或超过安全作业票有效期限时，应重新办理安全作业票。

（17）工艺条件、作业条件、作业方式或作业环境改变时，应重新进行作业危害分析，核对风险管控措施，重新办理安全作业票。

（18）安全作业票应规范填写，不得涂改。

（五）《危险化学品企业安全风险隐患排查治理导则》

本导则适用于危险化学品生产、经营、使用发证企业（以下简称企业）的安全风险隐患排查治理工作，其他化工企业参照执行。企业应建立健全安全风险隐患排查治理工作机制，建立安全风险隐患排查治理制度并严格执行，全体员工应按照安全生产责任制要求参与安全风险隐患排查治理工作。

该导则明确了特殊作业现场管理规范：

（1）作业人员应持作业票证作业，劳动防护用品佩戴符合要求，无违章行为；

（2）监护人员应坚守岗位，持作业票证监护；

（3）作业过程中，管理人员要进行现场监督检查；

（4）现场的设备、工器具应符合要求，设置警戒线与警示标志，配备消防设施与应急用品、器材等。

二、地方和企业相关制度

以下以阳煤化工集团公司为例进行介绍。

（一）《山西省安全生产条例》

《山西省安全生产条例》由山西省第十届人民代表大会常务委员会第三十四次会议于2007年12月20日通过，自2008年1月1日起施行。根据2016年1月20日山西省第十二届人民代表大会常务委员会第二十四次会议《关于修改〈山西省安全生产条例〉和〈山西省煤炭管理条例〉的决定》修正，《山西省安全生产条例》由山西省第十二届人民代表大会常务委员会第三十二次会议于2016年12月8日修订通过，自2017年3月1日起施行。

《山西省安全生产条例》中对特种作业及监护人的相关规定：

第二十五条 生产经营单位进行国家和行业部门认定的危险作业，应当执行危险作业管理制度，开展危害识别和风险评估，制定现场应急处置方案，按照操作规程和作业方案作业，安排专人负责现场安全管理。

（二）《阳煤化工集团企业检修安全管理规定》

（1）企业应编制年度（系统）和月度大中小修计划，并按规定申报审批。系统停车大修要提前一周汇报化工集团调度和安全环保处。

（2）企业应建立检维修安全管理制度，明确检修控制程序和具体管理要求。

（3）企业各种检修必须成立相应的检修指挥机构和专业组，实行集中领导、统筹规划、统一指挥、统一协调安排，明确分工，各负其责。

（4）各种检修必须制定检修计划或施工方案，落实详细可行的安全措施，建立起监督网络。做到项目齐全、内容详细、责任明确、施工程序具体。

（5）检修对外委托施工的，施工单位应具有国家规定的相应资质证书，并在其资质等级许可范围内开展检修施工业务。企业必须与施工单位签订安全管理协议，并指定专人进行安全检查与协调。

（6）各种检修必须做好方案、人员、材料、设备、环境等方面的充分准备。

（7）检修单位负责人要对检修中的安全负责，在向检修人员交代检修任务时，必须同时交代清楚相关的安全措施。

（8）凡有两人以上参加的检修项目，必须指定其中一人负责安全。

（9）一切检修工作都应严格遵守检修安全技术规程，涉及"八大危险作业"的，要严格执行票证管理要求。

（10）参加检修的人员除认真执行检修安全技术规程和企业管理制度中的有关要求外，

还必须遵守本工种的安全技术操作规程。

（11）检修人员必须穿戴好符合本工种的劳动防护用品，并带好必需的防护器材，特种作业和特种设备作业人员应持证上岗。患有职业禁忌证者（参照 GBZ/T 157—2009）不应参与相应作业。

（12）检修易燃、易爆、有毒、有腐蚀性物质的设备（槽罐、罐车、塔釜、管道）前，必须清洗、置换和分析检验合格，检修设备内脏时，清洗后需用空气置换，其氧含量在 18%~21%之间，有毒气体和粉尘不得超过国家规定的允许浓度。

（13）清洗置换后动火分析合格的标准为：爆炸下限≥4%（体积分数）的可燃气体（蒸气），其被测浓度应小于 0.5%；爆炸下限<4%（体积分数）的可燃气体（蒸气），其被测浓度应小于 0.2%。

（14）易燃、易爆、有毒、有腐蚀性物质和蒸气设备管道检修必须切断物料（包括惰性气体）出入口阀门，并加设盲板。在切断物料管道阀门上挂设"禁止启动"警告牌。

（15）检修前，检修装置所在单位要查电气、查物料处理、查置换分析检验，确认合格。

（16）检修临时行灯（安全灯）可采用 36V，潮湿场所为 12V，电动工具要有漏电保护器，并采取可靠的接地，其电线、电缆要绝缘良好。

（17）严格执行动火作业六大禁令：动火证未经批准，禁止动火；不与生产系统可靠隔绝，禁止动火；清洗、置换不合格，禁止动火；不消除周围易燃物，禁止动火；不按时作动火分析，禁止动火；没有消防措施，禁止动火。

（18）遇节假日或其他特殊情况，动火作业应升级管理。所有涉及储罐区，包括和储罐相连接的管线作业，全部视同为罐区作业，统一进行升级管理，按照特级动火作业对待，厂总工程师（或主管领导）审批动火作业票，厂安全部门（消防部门）现场监火，相关部门领导到现场监护。

（19）进入受限空间要做到八个必须：必须申请办证并得到批准；必须进行安全隔离；必须进行置换、通风；必须切断动力电，并使用安全灯具；必须按时间要求进行安全分析；必须佩带规定的防护用具；必须有人在外监护并坚守岗位；必须有抢救后备措施。

（三）《阳煤化工集团企业建设项目安全管理规定》

《阳煤化工集团企业建设项目安全管理规定》适用于阳煤化工集团新建、改建、扩建危险化学品生产、储存的建设项目以及伴有危险化学品产生的化工建设项目。

上述规定中对特种作业及监护人的要求：

第四十七条　建设单位应按照《施工企业安全生产评价标准》（JGJ 77—2010）对施工企业进行安全生产条件和能力评价。

第四十八条　施工单位应当在施工组织设计中编制安全技术措施和施工现场临时用电方案，同时对危险性较大的分部分项工程依法编制专项施工方案，并附安全验算结果，经施工单位技术负责人、总监理工程师签字后实施。

施工单位应当严格按照设计和相关施工技术标准、规范施工，并对工程质量负责。

第四十九条　施工单位应遵照《建筑施工安全检查标准》（JGJ 59—2011）和施工单位的安全管理制度进行现场文明施工；在危化企业厂内进行改扩建项目时，还应遵守建设单位的相关安全管理制度和《危险化学品企业特殊作业安全规范》（GB 30871—2022）。

第二节　承包商作业安全管理基本要求

为加强承包商在企业工程项目、检维修项目、技改项目施工中的安全管理，防范施工中安全事故的发生，确保企业良好的安全生产环境和秩序，保障外来施工人员的安全和健康，应对进入企业施工作业的外来承包商及人员进行管理。

一、相关定义

1. 承包商

是指与本企业签订新建、改建、扩建、技改、检维修、承揽劳务项目等承包合同单位。

2. 非独立区域

是指工程施工、检维修、拆除、装卸运输及其他劳务协作等作业区间与生产装置无法有效隔离的区域。

3. 独立区域

是指工程施工、检维修、拆除、装卸运输及其他劳务协作等作业区间与生产装置能进行有效隔离的，或独立于生产装置以外的区域。

4. 危险作业

是指具有较高危险性的作业或作业过程中会对周围环境造成较大危险的作业。如动火作业、受限空间作业、吊装作业、盲板抽堵作业、动土作业、断路作业、高处作业、设备检维修作业、建筑施工作业、临时用电作业等。

二、承包商基本条件

承包商应具备独立的法人资格，具备所承担工程项目相应业务范围和等级资质条件。要提供资质证书、营业执照、安全生产许可证扫描件，加盖施工企业公章。具体要求如下：

（1）承包商应当具备国家规定的注册资本、专业技术人员、技术装备和安全生产等条件，依法取得相应等级的资质证书，并在其资质等级许可的范围内承揽工程。

（2）承包商应遵守国家有关安全的法律法规以及企业有关安全生产的制度和规定。

（3）承包商应具有两年以上良好的安全业绩。安全管理资料中应有两年(含)以上的原始记录以及事故隐患治理情况档案。对重大安全事故、事故发生率、"三违"事故发生率等安全业绩较差的，不予引进。

（4）承包商的项目负责人应当取得相应执业资格，对建设工程项目的安全施工负责。

（5）承包商的特种作业人员，必须按照国家有关规定经过专门的安全作业培训，并取得特种作业操作资格证后，方可上岗作业。

（6）承包商应接受企业对其进行的包括施工器具在内的安全状况的检查。

（7）在组织对承包商项目合同评审时，应对承包商的安全资质进行评审，由承包商提供安全管理文件，安全资质评审主要内容应包括：

① 安全管理机构、人员资料，特种作业人员资料；

② 个体防护器具的目录和有效检验证书；

③ 承包商的安全培训资料；

④ 安全管理的相关制度；

⑤ 事故/事件调查和处理资料；

⑥ 其他相应内容。

(8) 在对承包商安全资质评审时，要对承包商的服务类型、经营范围和安全资质证书、施工设备年检证书、特种作业人员操作资格证、项目管理人员安全资格以及近年来的安全业绩表现、劳动防护用品管理(配备规定)等资料进行综合审核，依据承包商的安全业绩和诚信记录，选择合格的承包商。

三、承包商的管理

(一) 与承包商协议签订及对承包商施工方案的审核与监督

(1) 承包商主管部门负责与承包商签订安全管理协议。

在协议中明确承包商在承包项目施工中的安全责任，应执行的安全管理规范、标准、制度；要求承包商选择合格的管理人员和作业人员，并经过培训，提供符合安全标准的设施、设备、个人防护用品用具以及现场施工必需的应急装备，接受安全检查和监督。

(2) 施工项目所属车间、生产、技术、设备、安全、环保、保卫等部门负责审核承包商的施工方案和承包商施工现场的安全监督、检查。

要针对作业现场潜在危险，督促承包商制定应急处置方案，配备必需的应急设备，建立专兼职应急救援队伍，进行培训和演练，发生事故及时启动预案进行施救。

(3) 建设单位安全管理部门、承包商主管部门对在企业范围内承包商的施工或检修等违章行为有权进行制止、纠正和处罚，具体方式包括：

① 批评教育、警告、经济处罚；

② 停工整顿；

③ 取消施工单位在企业范围内的施工资格。

(二) 对承包商进行安全培训教育

在施工前，外来作业人员必须接受基础安全教育和项目所在区域针对性安全教育。

(1) 承包商要组织对施工人员进行安全培训教育，主要内容至少要包括施工方案、项目分工、现场安全管理要求、安全设施设备和应急器材的使用、甲乙双方相关人员的联系方式、作业票签批程序和整个作业过程的使用要求、安全注意事项等。

(2) 施工项目所在企业及施工项目所在基层单位在承包商施工人员入厂前也要进行入厂安全教育，教育内容主要包括：

① 施工企业项目概况；

② 应遵循的相关安全管理制度规定等；

③ 特殊作业审批流程和具体要求；

④ 作业现场可能存在危险有害因素的地点、特性；

⑤ 现场作业时的安全注意事项、可能出现的危险状况及应急措施(包含撤离路线)；

⑥ 安全防护用品的正确穿戴；

⑦ 其他应了解的事项。

(三) 安全、技术交底

施工所在单位及主管部门要与承包商在施工前进行安全、技术交底，明示施工过程中可能存在的风险，需要采取的安全措施，确定施工过程中的禁止和许可事项，向承包商人员介绍现场的基本状况。无安全技术措施或未交底，严禁组织施工。施工现场管理人员应参与技术交底和安全交底，交底具体内容包括：

（1）进一步通报合同中相关的安全、健康和环保要求；

（2）承包商人员进出作业现场的控制和要求；

（3）现场作业条件，包括现场作业环境、工艺设备、公共设施、安全环保条件、定置管理等；

（4）项目 EHS 风险及控制要求；

（5）承包商对设备、人员及项目的安全环保管理情况进行说明，提供能够满足工程安全技术需要的作业人员；

（6）现场安全环保监督和审核程序、作业许可及奖惩规定，包括劳保用品穿戴规定等；

（7）现场应急措施；

（8）与承包商一起进行现场作业条件确认；

（9）指定双方责任人员、安全生产联系人、现场监护人。

（四）专项施工方案

安全、技术交底后，承包商应制定具体的施工方案，方案中应当有明确的安全施工内容、施工现场安全责任人、安全施工管理措施等内容。施工方案交由施工项目主管部门、安全管理部门共同审核后实施，危险性较大的分项工程按照《危险性较大的分部分项工程安全管理办法》编制专项施工方案。建筑工程实行施工总承包的，专项方案应当由施工总承包单位组织编制。其中，起重机械安装拆卸工程、深基坑工程、附着式升降脚手架等专业工程实行分包的，其专项方案可由专业承包单位组织编制。

根据《危险性较大的分部分项工程安全管理办法》，专项方案编制应当包括以下内容：

（1）工程概况：危险性较大的分部分项工程概况、施工平面布置、施工要求和技术保证条件。

（2）编制依据：相关法律、法规、规范性文件、标准、规范及图纸（国标图集）、施工组织设计等。

（3）施工计划：包括施工进度计划、材料与设备计划。

（4）施工工艺技术：技术参数、工艺流程、施工方法、检查验收等。

（5）施工安全保证措施：组织保障、技术措施、应急预案、监测监控等。

（6）劳动力计划：专职安全生产管理人员、特种作业人员等。

（7）计算书及相关图纸。

1. 危险性较大的分部分项工程范围

危险性较大的分项工程按照《危险性较大的分部分项工程安全管理办法》编制专项施工方案。

（1）基坑支护、降水工程

开挖深度超过 3m（含 3m）或虽未超过 3m 但地质条件和周边环境复杂的基坑（槽）支护、降水工程。

（2）土方开挖工程

开挖深度超过 3m（含 3m）的基坑（槽）的土方开挖工程。

（3）模板工程及支撑体系

① 各类工具式模板工程：包括大模板、滑模、爬模、飞模等工程。

② 混凝土模板支撑工程：搭设高度 5m 及以上；搭设跨度 10m 及以上；施工总荷载 $10kN/m^2$ 及以上；集中线荷载 $15kN/m^2$ 及以上；高度大于支撑水平投影宽度且相对独立无联系构件的混凝土模板支撑工程。

③ 承重支撑体系：用于钢结构安装等满堂支撑体系。

（4）起重吊装及安装拆卸工程

① 采用非常规起重设备、方法，且单件起吊质量在 10kN 及以上的起重吊装工程。

② 采用起重机械进行安装的工程。

③ 起重机械设备自身的安装、拆卸。

（5）脚手架工程

① 搭设高度 24m 及以上的落地式钢管脚手架工程。

② 附着式整体和分片提升脚手架工程。

③ 悬挑式脚手架工程。

④ 吊篮脚手架工程。

⑤ 自制卸料平台、移动操作平台工程。

⑥ 新型及异型脚手架工程。

（6）拆除、爆破工程

① 建筑物、构筑物拆除工程。

② 采用爆破拆除的工程。

（7）其他

① 建筑幕墙安装工程。

② 钢结构、网架和索膜结构安装工程。

③ 人工挖扩孔桩工程。

④ 地下暗挖、顶管及水下作业工程。

⑤ 预应力工程。

⑥ 采用新技术、新工艺、新材料、新设备及尚无相关技术标准的危险性较大的分部分项工程。

2. 超过一定规模的危险性较大的分部分项工程

对于超过一定规模的危险性较大的分部分项工程，施工单位应当组织专家对专项方案进行论证。超过一定规模的危险性较大的分部分项工程范围如下：

（1）深基坑工程

① 开挖深度超过 5m（含 5m）的基坑（槽）的土方开挖、支护、降水工程。

② 开挖深度虽未超过 5m，但地质条件、周围环境和地下管线复杂，或影响毗邻建筑（构筑）物安全的基坑（槽）的土方开挖、支护、降水工程。

（2）模板工程及支撑体系

① 工具式模板工程：包括滑模、爬模、飞模工程。

② 混凝土模板支撑工程：搭设高度 8m 及以上；搭设跨度 18m 及以上，施工总荷载

15kN/m^2 及以上；集中线荷载 20kN/m^2 及以上。

③ 承重支撑体系：用于钢结构安装等满堂支撑体系，承受单点集中荷载 700kg 以上。

（3）起重吊装及安装拆卸工程

① 采用非常规起重设备、方法，且单件起吊重量在 100kN 及以上的起重吊装工程。

② 起重量 300kN 及以上的起重设备安装工程；高度 200m 及以上内爬起重设备的拆除工程。

（4）脚手架工程

① 搭设高度 50m 及以上落地式钢管脚手架工程。

② 提升高度 150m 及以上附着式整体和分片提升脚手架工程。

③ 架体高度 20m 及以上悬挑式脚手架工程。

（5）拆除、爆破工程

① 采用爆破拆除的工程。

② 码头、桥梁、高架、烟囱、水塔或拆除中容易引起有毒有害气（液）体或粉尘扩散、易燃易爆事故发生的特殊建、构筑物的拆除工程。

③ 可能影响行人、交通、电力设施、通信设施或其他建、构筑物安全的拆除工程。

④ 文物保护建筑、优秀历史建筑或历史文化风貌区控制范围的拆除工程。

（6）其他

① 施工高度 50m 及以上的建筑幕墙安装工程。

② 跨度大于 36m 及以上的钢结构安装工程；跨度大于 60m 及以上的网架和索膜结构安装工程。

③ 开挖深度超过 16m 的人工挖孔桩工程。

④ 地下暗挖工程、顶管工程、水下作业工程。

⑤ 采用新技术、新工艺、新材料、新设备及尚无相关技术标准的危险性较大的分部分项工程。

施工单位应当严格按照专项方案组织施工，不得擅自修改、调整专项方案。如因设计、结构、外部环境等因素发生变化确需修改的，修改后的专项方案应当重新审核。对于超过一定规模危险性较大工程的专项方案，施工单位应当重新组织专家进行论证。

专项方案实施前，编制人员或项目技术负责人应当向现场管理人员和作业人员进行安全技术交底。施工单位技术负责人应当定期巡查专项方案实施情况，并应当指定专人对专项方案实施情况进行现场监督和按规定进行监测。发现不按照专项方案施工的，应当要求其立即整改；发现有危及人身安全紧急情况的，应当立即组织作业人员撤离危险区域。

（五）规范作业管理

1. 作业许可、票证管理

（1）凡承包商进行动火、临时用电、进入受限空间、盲板抽堵、高处作业、吊装作业、动土作业、断路作业、设备检修等危险作业时，承包商必须严格遵守企业各项安全规章制度及相关行业安全施工要求，无作业许可或作业许可不在有效期内均不得进入施工现场作业，按规定办理各种作业票证。未经许可不准擅自动用生产区域的任何设备设施。

（2）独立区域的作业票证由承包商依据相关法律法规和规范标准按程序办理。

（3）非独立区域的作业票证，承包商需到项目单位专业管理部门或所在区域单位办理。各类作业许可证的办理和要求按照企业及本教材相关作业管理制度执行。

2. 作业过程中的管理

（1）严格持证上岗作业制度。

承包商特种作业人员要做到持证上岗，危险作业必须随身携带作业许可票证，《基础安全教育合格证》以备待查，作业人员须佩戴项目单位发放的入厂证进入厂区施工作业。

（2）严格执行作业全过程监护管理。

① 外来作业人员进入现场必须按规定穿戴符合国家标准的个体防护用品；特种设备必须经有资质的单位定期检测检验合格方可使用；所使用的各种工器具、设备和安全防护设施安全可靠。

② 项目单位负责给外来作业人员提供安全作业条件，按程序办理相关作业许可票证，落实安全措施，安全措施得到落实和确认后（由承包商负责人落实，监理单位、项目单位、专业管理部门依次确认）方可进行作业。

③ 独立区域施工作业的，由承包商派专人进行全过程监护，监理单位、项目单位分别派专人进行监督检查；危险作业由承包商和监理单位派专人负责"双监护"。

④ 非独立区域施工作业的，由承包商、区域单位分别派专人进行全过程双监护；有监理单位的，监理单位参与监督检查。

3. 明确区域安全管理责任

（1）落实安全管理责任，划定作业区域界面，设置区域隔离标记，明确承包商、项目单位、监理单位的区域安全管理责任。

（2）形成独立区域的施工项目，承包商承担安全主体责任，监理单位应履行安全监理职责。项目单位应为承包商提供安全的作业环境，并负责安全监督管理。

（六）承包商事故管理

发生承包商事故，项目单位安全负责人需按有关规定及时上报，不得隐瞒和谎报，做好善后处置。要认真进行事故调查和分析，按照企业事故处理规定和"四不放过"原则进行处理，吸取事故教训，完善安全管理措施。

（七）考核评价机制

承包商主管部门需建立承包商考核评价机制，定期对承包商的安全业绩记录进行综合评价和考核，将考核结果作为长期合作的依据。依据评价结果，对承包商进行选择，形成合格承包商名录，督促承包商安全管理体系有效运行和持续改进。对安全业绩评价不合格、发生恶劣社会影响事件和人员死亡责任事故应作为承包商的不良记录，应列入黑名单，在选择承包商时应将其排除在外。

复习思考题

1. 《中华人民共和国安全生产法》对特种作业人员的要求是什么？

2. 特殊作业具体有哪几类？

3. 《化学品生产单位特殊作业安全规范》（GB 30871—2014）中规定的作业前参加作业的人员进行的安全教育主要内容有哪些？

4. 承包商施工管理，必须对作业人员进行现场安全技术交底，交底具体内容有哪些？

第三章 常见危险化学品安全管理

本章学习要点

1. 了解危险化学品的分类；
2. 熟悉并掌握各类危险化学品的主要危险特性；
3. 熟悉并掌握各类危险化学品的储存管理要求。

第一节 危险化学品的分类与特性

一、危险化学品的概念

化学品是指各种化学元素组成的化合物及其混合物，包括天然的或人造的。化学品中具有易燃、易爆、毒害及腐蚀特性，对人员、设施、环境造成伤害或损害的属于危险化学品。

二、危险化学品的分类

危险化学品的分类是危险化学品安全管理的基础，也是开展危险化学品固有危险性评估和专项安全评价不可缺少的内容之一。

根据按《化学品分类和危险性公示 通则》（GB 13690—2009）将化学品危险性分为三大类。

第一大类——理化危险，分为 16 类：

（1）爆炸物；

（2）易燃气体；

（3）易燃气溶胶；

（4）氧化性气体；

（5）压力下气体；

（6）易燃液体；

（7）易燃固体；

（8）自反应物质或混合物；

（9）自燃液体；

（10）自燃固体；

（11）自热物质或混合物；

（12）遇水放出易燃气体的物质或混合物；

（13）氧化性液体；

（14）氧化性固体；

（15）有机过氧化物；

（16）金属腐蚀剂。

第二大类——健康危险，分为10类：

（1）急性毒性；

（2）皮肤腐蚀/刺激；

（3）严重眼损伤/眼刺激；

（4）呼吸或皮肤过敏；

（5）生殖细胞致突变性；

（6）致癌性；

（7）生殖毒性；

（8）特异性靶器官系统毒性——一次接触；

（9）特异性靶器官系统毒性——反复接触；

（10）吸入危险。

第三大类——环境危险，主要为危害水生环境。

三、危险化学品的主要危险特性

（一）爆炸物

1. 定义及相关术语

爆炸物质（或混合物）是这样一种固态或液态物质（或物质的混合物），其本身能够通过化学反应产生气体，而产生气体的温度、压力和速度能对周围环境造成破坏。其中也包括发火物质，即使它们不放出气体。

发火物质（或发火混合物）是这样一种物质或物质的混合物，它旨在通过非爆炸自持放热化学反应产生的热、光、声、气体、烟或所有这些的组合来产生效应。

爆炸性物品是含有一种或多种爆炸性物质或混合物的物品。

烟火物品是包含一种或多种发火物质或混合物的物品。

2. 爆炸物种类

（1）爆炸性物质和混合物。

（2）爆炸性物品，但不包括下述装置：其中所含爆炸性物质或混合物由于其数量或特性，在意外或偶然点燃或引爆后，不会由于迸射、发火、冒烟、发热或巨响而在装置之外产生任何效应。

（3）在（1）和（2）中未提及的为产生实际爆炸或烟火效应而制造的物质、混合物和物品。

（二）易燃气体

易燃气体是在20℃和101.3kPa标准压力下，与空气有易燃范围的气体。

（三）易燃气溶胶

气溶胶是指气溶胶喷雾罐，系任何不可重新罐装的容器，该容器由金属、玻璃或塑料制成，内装强制压缩、液化或溶解的气体，包含或不包含液体、膏剂或粉末，配有释放装置，可使所装物质喷射出来，形成在气体中悬浮的固态或液态微粒或形成泡沫、膏剂或粉末或处于液态或气态。

（四）氧化性气体

氧化性气体是一般通过提供氧气，比空气更能导致或促使其他物质燃烧的任何气体。

（五）压力下气体

压力下气体是指高压气体在压力等于或大于200kPa（表压）下装入储器的气体，或是液化气体或冷冻液化气体。

压力下气体包括压缩气体、液化气体、溶解液体、冷冻液化气体。

（六）易燃液体

易燃液体是指闪点不高于93℃的液体。

（七）易燃固体

具易燃固体是容易燃烧或通过摩擦可能引燃或助燃的固体。

易于燃烧的固体为粉状、颗粒状或糊状物质，它们在与燃烧着的火柴等火源短暂接触即可点燃和火焰迅速蔓延的情况下，都非常危险。

（八）自反应物质或混合物

自反应物质或混合物是即使没有氧（空气）也容易发生激烈放热分解的热不稳定液态或固态物质或者混合物。本定义不包括根据统一分类制度分类为爆炸物、有机过氧化物或氧化物质的物质和混合物。

自反应物质或混合物如果在实验室试验中其组分容易起爆、迅速爆燃或在封闭条件下加热时显示剧烈效应，应视为具有爆炸性质。

（九）自燃液体

自燃液体是即使数量小也能在与空气接触后5min之内引燃的液体。

（十）自燃固体

自燃固体是即使数量小也能在与空气接触后5min之内引燃的固体。

（十一）自热物质或混合物

自热物质是发火液体或固体以外，与空气反应不需要能源供应就能够自己发热的固体或液体物质或混合物；这类物质或混合物与发火液体或固体不同，因为这类物质只有数量很大（千克级）并经过长时间（几小时或几天）才会燃烧。

注：物质或混合物的自热导致自发燃烧是由于物质或混合物与氧气（空气中的氧气）发生反应并且所产生的热没有足够迅速地传导到外界而引起的。当热产生的速度超过热损耗的速度而达到自燃温度时，自燃便会发生。

（十二）遇水放出易燃气体的物质或混合物

遇水放出易燃气体的物质或混合物是通过与水作用，容易有自燃性或放出危险数量的易燃气体的固态或液态物质或混合物。

（十三）氧化性液体

氧化性液体是本身未必燃烧，但通常因放出氧气可能引起或促使其他物质燃烧的液体。

（十四）氧化性固体

氧化性固体是本身未必燃烧，但通常因放出氧气可能引起或促使其他物质燃烧的固体。

（十五）有机过氧化物

有机过氧化物是含有二价—O—O—结构的液态或固态有机物质，可以看作是一个或两个氢原子被有机基替代的过氧化氢衍生物。该术语也包括有机过氧化物配方（混合物）。有机过氧化物是热不稳定物质或混合物，容易放热自加速分解。另外，它们可能具有下列一种或几种性质：

（1）易于爆炸分解；

（2）迅速燃烧；

（3）对撞击或摩擦敏感；

（4）与其他物质发生危险反应。

如果有机过氧化物在实验室试验中，在封闭条件下加热时容易爆炸、迅速爆燃或表现出剧烈效应，则可认为它具有爆炸性质。

（十六）金属腐蚀剂

腐蚀金属的物质或混合物是通过化学作用显著损坏或毁坏金属的物质或混合物。

第二节　危险化学品的安全管理

一、危险化学品储存保管的安全要求

危险化学品仓库是易燃易爆等危险化学品储存的场所，库址须选择适当，布局合理，建筑物符合规范要求，科学规范管理，确保其储存保管安全。其储存保管安全要求如下：

（1）危险化学品必须储存在专用仓库、专用场地或专用储存室（柜）内，并设专人管理；

（2）危险化学品的储存限量，由当地主管部门与公安部门规定；

（3）交通运输部门的车站、码头等地，应当修建专用仓库储存化学危险物质；

（4）储存地点及建筑结构，应根据国家的有关规定设置并考虑对周围居民区的影响；

（5）化学危险物质露天堆放，应符合防火防爆的安全要求；

（6）化学危险物质专用仓库，应当符合有关安全、防火规定，并根据物质的种类、性质，设置相应的通风、防爆、泄压、防火、防雷、报警、灭火、防晒、调温、消除静电、防护围堤等安全设施；

（7）必须加强入库验收，防止发料差错，特别是爆炸物质、剧毒物质以及物理危险品（如放射性物质），应采取双人收发、双人记账、双把锁、双人运输和双人使用"五双制"的方法进行管理；

（8）应经常检查，发现问题及时处理，并严格危险物质库房的出入；

（9）储存危险化学品的仓库，应当根据消防条例，配备相应的消防力量和灭火设施以及通讯、报警装置；

（10）危险化学品仓库区域内严禁吸烟和使用明火；对进入区域内的机动车辆必须采取防火措施；

（11）危险化学品的储存，根据其危险性及灭火防火的不同，应分类储存。

二、化学危险物质分类储存的安全要求

（一）爆炸性物质储存的安全要求

民用爆炸物品安全管理条例（国务院令第 466 号）关于储存的规定：

（1）民用爆炸物品应当储存在专用仓库内，并按照国家规定设置技术防范设施。

（2）储存民用爆炸物品应当遵守下列规定：

① 建立出入库检查、登记制度，收存和发放民用爆炸物品必须进行登记，做到账目清楚，账物相符；

② 储存的民用爆炸物品数量不得超过储存设计容量，对性质相抵触的民用爆炸物品必须分库储存，严禁在库房内存放其他物品；

③ 专用仓库应当指定专人管理、看护，严禁无关人员进入仓库区内，严禁在仓库区内吸烟和用火，严禁把其他容易引起燃烧、爆炸的物品带入仓库区内，严禁在库房内住宿和进行其他活动；

④ 民用爆炸物品丢失、被盗、被抢，应当立即报告当地公安机关。

（3）在爆破作业现场临时存放民用爆炸物品的，应当具备临时存放民用爆炸物品的条件，并设专人管理、看护，不得在不具备安全存放条件的场所存放民用爆炸物品。

（4）民用爆炸物品变质和过期失效的，应当及时清理出库，并予以销毁。销毁前应当登记造册，提出销毁实施方案，报省、自治区、直辖市人民政府民用爆炸物品行业主管部门、所在地县级人民政府公安机关组织监督销毁。

（二）气体储存的安全要求

（1）压缩气体和液化气体储存的安全要求：压缩气体和液化气体必须与爆炸性物质、氧化剂、易燃物质、自燃物质、腐蚀性物质隔离储存；易燃气体不得与助燃气体、剧毒气体共同储存；易燃气体和剧毒气体不得与腐蚀性物质混合储存；氧气不得与油脂混合储存。

（2）液化石油气储罐区的要求：液化石油气罐区，应布置在通风良好且远离明火或散发火花的露天地带，可单独布置，也可成组布置，但不宜与易燃、可燃液体同组布置。应设置在有明火的平行风向或上风向，不能设在散发火花的下风向，更不能设在一个土堤内。卧式液化气罐的纵轴不宜对着重要建筑物、重要设备、交通要道及人员集中的场所。

液化石油气储罐的罐上应设有安全阀、压力计、液面计、温度计以及超压报警装置，储罐应设置静电接地及防雷设施，罐区内电气设备应采用防爆电气设备。液化石油气储罐应有绝热措施或设置淋水冷却设施。

（3）气瓶储存的安全要求：储存气瓶的仓库，应为单层建筑，采用掀开的轻质屋顶，地坪可用不发火沥青、砂浆混凝土铺设，门窗都向外开启，玻璃涂以白色。应保持较低的库温，有通风降温措施。瓶库应用防火墙分隔为若干单独分间，每一分间有安全出入口。

气瓶搬运和堆放时不得敲击、碰撞、抛掷、滚滑。搬运时不准把瓶阀对准人身。

对直立放置的气瓶，应设有栅栏或支架加以固定以防倾倒，卧放气瓶加以固定以防滚动；气瓶的头尾方向在堆放时应取一致；气瓶堆放不宜过高；气瓶应远离热源并旋紧安全帽。对盛装易于起聚合反应气体气瓶，必须规定储存期限。应随时检查有无漏气和堆垛不稳的情况，如发现有漏气时，应首先做好人身保护，站立上风处，向气瓶倾浇冷水使其冷却，再去旋紧阀门。若发现气瓶燃烧，可根据所装气体的性质使用相应的灭火器具，但最主要的是用雾状水去喷射，使其冷却后再进行扑灭。

对有毒气体气瓶的燃烧扑救，应注意站在上风口，并使用防毒用具。切勿靠近气瓶的头部和尾部，以防发生爆炸伤害。

（三）易燃液体储存的安全要求

（1）易燃液体应储存于通风阴凉的处所，并与明火保持一定的距离在一定区域内禁止烟火。

（2）沸点低于或接近夏季气温的易燃液体，应储存于有降温设施的库房或储罐内。盛装易燃液体的容器，应留有不少于5%容积的空隙，且夏季不可曝晒。易燃液体的包装应无泄漏，封口要严密。铁桶包装不宜堆放过高，要码放整齐，以免倾倒发生碰撞、摩擦而产生火花。

（3）盛装铁桶一旦发现泄漏，应立即换装新桶，又称"过桶"。为防止静电产生引起燃烧，过桶时应注意铁桶应直接放在地面上，使接地良好；采用较粗的管子保持较低的流速，管子应插到桶底；若是用手动泵一定要控制流速。

（4）闪点较低的易燃液体，应注意控制库温。受冻易凝结成块的易燃液体，受冻后易使容器破裂，故应注意防冻。

（5）易燃液体储罐分地下、半地下、地上三种类型。地上储罐不与地下或半地下储罐在同一罐组内，且不宜与液化石油气布置在同一罐组内。罐组内储罐的布置不应超过两排。地上和半地下储罐周围，应设置防火堤。

（6）对于低闪点、低沸点的易燃液体储罐，应设置安全阀并有冷却降温设施。

（7）对于地上储罐，当超过一定高度时，宜设置固定的冷却和灭火设施，高度较低时，可采用移动式灭火设备。

（8）储罐的进料管应从罐体下部接入，以防液体飞溅冲击产生静电火花引起爆炸。储罐及其有关设施必须设有防雷击、防静电设施，必须采用防爆电气设备。

（9）可燃液体桶装库，应设计为单层，可采用钢筋混凝土排架结构，设防火墙隔开数间，每间应有安全出口。桶装易燃液体不宜于露天堆放。

（四）易燃固体储存的安全要求

（1）易燃固体的储存仓库要求阴凉、干燥，要有隔热措施，忌阳光照晒，要求严格防潮。易挥发、易燃固体宜密封堆放。

（2）易燃固体多属还原剂，故应与氧化剂分开储存。很多易燃固体有毒，储存中应注意防毒。

（五）易于自燃物质储存的安全要求

（1）自燃物质不能和易燃液体、易燃固体、遇水燃烧物质混合储存，也不能与腐蚀性物质共同储存。

（2）自燃物质在储存中，要严格控制温度、湿度，注意保持阴凉、干燥的环境。不宜采取密集堆放，并保持通风，以利于及时散热，并注意做好防火防毒。

（六）遇湿易燃物质储存的安全要求

（1）储存遇湿燃烧物质的库房，应选用地势较高的地方，以保证暴雨季节不至进水，堆垛时要用干燥的枕木或垫板。

（2）遇湿燃烧物质容器包装必须严格密封。库房要求干燥，严防雨雪侵袭。库房的门窗可以密封或设有通风措施。

（3）钾、钠等应储存于不含水分的矿物油或石蜡中。

（七）氧化剂储存的安全要求

（1）无机氧化剂不能与有机氧化剂混合储存。氧化剂不能与易燃气体接触，不能与压缩气体、液化气体混合储存。氧化剂不能与毒害物质混合储存，不能与酸混合储存。

（2）氧化剂储存中，应严格控制温度、湿度。可以采用整库密封，分垛密封与自然通风相结合的方法。在不能通风的情况下，可采用吸潮和人工降温的方法。

（八）毒性物质储存的安全要求

（1）毒性物质应储存在阴凉通风的干燥场所，要避免在露天存放，不能与酸类接触。

（2）毒性物质严禁与食品同存一库。

（3）毒性物质包装封口必须严密，无论任何包装，外面必须贴(印)有明显名称和标志。

（4）在取放毒性物质时，作业人员应按规定穿戴防护用具，禁止直接接触毒性物质。毒性物质储存仓库中，应备有中毒急救清洗、中和和消毒用药。

（九）腐蚀性物质储存的安全要求

（1）腐蚀性物质应储存在有良好通风的干燥场所，避免受热受潮。

（2）腐蚀性物质不能与易燃物混合储存。不同的腐蚀物同库储存时，应用墙分隔。

（3）腐蚀性物质盛装容器应采用相应的耐腐蚀容器，且包装封口要严密。

（4）腐蚀性物质在储存中应注意控制温度防止受热或受冻造成容器胀裂。

（十）放射性物质储存的安全要求

（1）放射性物质必须储存在专门的设备及库房中。

（2）放射性物质储存的设备及库房，必须要有良好的通风装备，保证正常和充分的通风换气。

（3）严格遵守国家关于放射性物品管理规定。

复习思考题

1. 简述爆炸品的危险特性。
2. 简述易燃液体的危险特性。
3. 危险化学品储存保管的安全要求有哪些?

第四章 危险有害因素辨识与控制

本章学习要点

1. 了解危险有害因素的术语及定义；
2. 掌握危险有害因素的分类；
3. 掌握危险有害因素的辨识及控制措施。

第一节 危险有害因素产生的原因及分类

根据《生产过程危险和有害因素分类与代码》（GB/T 13861），危险和有害因素指可对人造成伤亡、影响人的身体健康甚至导致疾病的因素。

一、术语与定义

危险因素：是指能够对人造成伤亡或对物造成突发性损害的因素。

有害因素：是指能影响人的身体健康，导致疾病或对物造成慢性损害的因素。

危险有害因素：主要指客观存在的危险有害物质或能量超过一定限值的设备、设施和场所等。

二、产生的原因

事故的发生是由于存在危险有害物质、能量和危险有害物质、能量失去控制两方面因素的综合作用，并导致危险有害物质的泄漏、散发和能量的意外释放。因此，存在危险有害物质、能量和危险有害物质、能量失去控制是危险有害因素转换为事故的根本原因。

根据《生产过程危险和有害因素分类与代码》（GB/T 13861—2009）的规定，将生产过程中的危险有害因素分为四类：人的因素、物的因素、环境因素、管理因素。

（一）人的因素

1. 心理、生理性因素

（1）负荷超限（体力负荷超限、听力负荷超限、视力负荷超限、其他负荷超限）；

（2）健康状况异常；

（3）从事禁忌作业；

（4）心理异常（情绪异常、冒险心理、过度紧张、其他心理异常）；

（5）辨识功能缺陷（感知延迟、辨识错误、其他辨识功能缺陷）；

（6）其他心理、生理性危险和有害因素。

2. 行为性因素

（1）指挥错误。包括指挥失误、违章指挥、其他指挥错误。

（2）操作错误。包括误操作、违章作业、其他操作错误。

（3）监护失误。

（二）物的因素

1. 物理性因素

（1）设备、设施缺陷，如强度不够、刚度不够、稳定性差、密封不良、应力集中、外形缺陷、外露运动件、操纵器缺陷、制动器缺陷、控制器缺陷、设备设施其他缺陷等；

（2）防护缺陷，如无防护、防护装置和设施缺陷、防护不当、支撑不当、防护距离不够、其他防护缺陷等；

（3）电危害，如带电部位裸露、漏电、雷电、静电、电火花、其他电危害等；

（4）噪声危害，如机械性噪声、电磁性噪声、流体动力性噪声、其他噪声等；

（5）振动危害，如机械性振动、电磁性振动、流体动力性振动、其他振动危害等；

（6）电磁辐射（电离辐射），如包括 X 射线、γ 射线、α 粒子、β 粒子、质子、中子、高能电子束等；非电离辐射：包括紫外线、激光、微波辐射、超高频辐射、高频电磁场、工频电场等；

（7）运动物危害，如抛射物、飞溅物、坠落物、反弹物、土岩滑动、料堆（垛）滑动、气流卷动、其他；

（8）明火；

（9）高温物质，如高温气体、高温液体、高温固体、其他高温物质等；

（10）低温物质，如低温气体、低温液体、低温固体、其他低温物质等；

（11）信号缺陷，如无信号设施、信号选用不当、信号位置不当、信号不清、信号显示不准、其他信号缺陷等；

（12）标志缺陷，如无标志、标志不清晰、标志不规范、标志选用不当、标志位置缺陷、其他标志缺陷等；

（13）有害光照；

（14）其他物理性危险和有害因素。

2. 化学性因素

包括爆炸品、压缩气体和液化气体、易燃液体、易燃固体、自燃物品和遇湿易燃物品、氧化剂和有机过氧化物、有毒物品、放射性物品、腐蚀品、粉尘与气溶胶、其他化学性危险和有害因素。

3. 生物性因素

包括致病微生物（细菌、病毒、真菌、其他致病微生物）、传染病媒介物、致害动物、致害植物、其他生物性危险和有害因素。

（三）环境因素

1. 室内作业环境不良

包括室内地面湿滑、室内作业场所狭窄、室内作业场所杂乱、室内地面不平、室内楼梯缺陷、地面、墙和天花板上的开口缺陷、房屋基础下沉、室内安全通道缺陷、房屋安全出口缺陷、采光不良、作业场所空气不良、室内温度、湿度、气压不适、室内给排水不良、室内涌水、其他室内作业场所环境不良。

2. 室外作业场地环境不良

包括恶劣气候与环境、作业场地和交通设施湿滑、作业场地狭窄、作业场地杂乱、作业场地不平、巷道狭窄、有暗礁或险滩、脚手架、阶梯或活动梯架缺陷、地面开口缺陷、建筑物和其他结构缺陷、门和围栏缺陷、作业场地基础下沉、作业场地安全通道缺陷、作业场地安全出口缺陷、作业场地光照不良、作业场地空气不良、作业场地温度、湿度、气压不适、作业场地涌水、其他室外作业场地环境不良。

3. 地下(含水下)作业环境不良

包括隧道/矿井顶面缺陷、隧道/矿井正面或侧壁缺陷、隧道/矿井地面缺陷、地下作业面空气不良、地下火、冲击地压、地下水、水下作业供氧不足、其他地下(水下)作业环境不良。

其他作业环境不良：强迫体位、综合性作业环境不良、以上未包括的其他作业环境不良。

(四)管理因素

主要包括：

(1)职业安全卫生组织机构不健全；

(2)职业安全卫生责任制未落实；

(3)职业安全卫生管理规章制度不完善：建设项目"三同时"制度未落实、操作规程不规范、事故应急预案及响应缺陷、培训制度不完善、其他职业安全卫生管理规章制度不健全；

(4)职业安全卫生投入不足；

(5)职业健康管理不完善；

(6)其他管理因素缺陷。

三、分类

参照《企业职工伤亡事故分类》(GB 6441—1986)综合考虑起因物、引起事故的诱导性原因、致害物、伤害方式等,将危险因素分为20类,其中化工企业常见的有16类。

(1)物体打击：指物体在重力或其他外力的作用下产生运动,打击人体造成人身伤亡事故,不包括因机械设备、车辆、起重机械、坍塌等引发的物体打击。

(2)车辆伤害：指企业机动车辆在行驶中引起的人体坠落和物体倒塌、下落、挤压伤亡事故,不包括起重设备提升、牵引车辆和车辆停驶时发生的事故。

(3)机械伤害：指机械设备运动(静止)部件、工具、加工件直接与人体接触引起的夹击、碰撞、剪切、卷入、绞、碾、割、刺等伤害,不包括车辆、起重机械引起的机械伤害。

(4)起重伤害：指各种起重作业(包括起重机安装、检修、试验)中发生的挤压、坠落、(吊具、吊重)物体打击和触电。

(5)触电：包括雷击伤亡事故。

(6)淹溺：包括高处坠落淹溺,不包括矿山、井下透水淹溺。

(7)灼烫：指火焰烧伤、高温物体烫伤、化学灼伤(酸、碱、盐、有机物引起的体内外灼伤)、物理灼伤(光、放射性物质引起的体内外灼伤),不包括电灼伤和火灾引起的烧伤。

（8）火灾：指造成人员伤亡或财产损失的企业火灾事故。不适用于非企业原因造成的火灾。如居民火灾蔓延到企业，这是由消防部门统计的事故。

（9）高处坠落：指在高处作业中发生坠落造成的伤亡事故，不包括触电坠落事故。

（10）坍塌：指物体在外力或重力作用下，超过自身的强度极限或因结构稳定性破坏而造成的事故，如挖沟时的土石塌方、脚手架坍塌、堆置物倒塌等，不适用于矿山冒顶片帮和车辆、起重机械、爆破引起的坍塌。

（11）火药爆炸：指火药、炸药及其制品在生产、加工、运输、储存中发生的爆炸事故。

（12）锅炉爆炸：指锅炉发生的物理性爆炸事故。

（13）容器爆炸：指比较容易发生事故且承受压力载荷的密闭装置所发生的爆炸。

（14）其他爆炸：不属于上述爆炸事故均列为其他爆炸。如蒸汽、粉尘（煤矿、煤厂粉尘除外）、钢水包都属于此类爆炸。

（15）中毒和窒息：指人接触有毒物质，呼吸有毒气体引起的人体急性中毒事故；或在通风不良的地方作业因为缺乏氧气而引起的晕倒、甚至死亡事故。不适用于病理变化导致的中毒和窒息，也不适用于慢性中毒的职业病导致的死亡。

（16）其他伤害：不属于上述伤害的事故均属于其他伤害。如扭伤、跌伤、冻伤、野兽咬伤、钉子扎伤等。

第二节 设备设施及作业环境危险有害因素辨识

一、设备设施危险有害因素辨识

（一）工艺设备设施危险有害因素辨识

工艺设备设施的危险有害因素一般从以下几个方面辨识：

（1）设备本身是否能满足工艺的要求。这包括标准设备是否由具有生产资质的专业工厂所生产、制造；特种设备的设计、生产安装、使用是否具有相应的资质或许可证。

（2）是否具备相应的安全附件或安全防护装置，如安全阀、压力表、温度计、液压计、阻火器、防爆阀等。

（3）是否具备指示性安全技术措施，如超限报警、故障报警、状态异常报警等。

（4）是否具备紧急停车的装置。

（5）是否具备检修时不能自动投入，不能自动反向运转的安全装置。

（二）专业设备危险有害因素辨识

1. 化工设备

此类辨识，一般需分析以下四点：

（1）是否有足够的强度；

（2）是否密封安全可靠；

（3）安全保护装置是否配套；

（4）适用性强否。

2. 机械加工设备

机械加工设备的危险有害因素辨识，可以根据以下的标准、规程进行查对。

（1）《机械加工设备一般安全要求》；

（2）《磨削机械安全规程》；

（3）《剪切机械安全规程》；

（4）《起重机械安全规程》；

（5）《电机外壳防护等级》；

（6）《锅炉安全技术监察规程》。

（三）电气设备危险有害因素辨识

电气设备的危险有害因素辨识，应紧密结合工艺的要求和生产环境的状况来进行，一般可从以下几方面进行辨识：

（1）电气设备的工作环境是否属于爆炸和火灾危险环境，是否属于粉尘、潮湿或腐蚀环境；在这些环境中工作时，对电气设备的相应要求是否满足；

（2）电气设备是否具有国家指定机构的安全认证标志，特别是防爆电气的防爆等级；

（3）电气设备是否为国家颁布的淘汰产品；

（4）电力装置是否满足用电负荷等级的要求；

（5）是否有电气火花引燃源；

（6）触电保护、漏电保护、短路保护、过载保护、绝缘、电气隔离、屏护、电气安全距离等是否可靠；

（7）是否根据作业环境和条件选择安全电压，安全电压值和设施是否符合规定；

（8）防静电、防雷击等电气联结措施是否可靠；

（9）管理制度方面的完善程度；

（10）事故状态下的照明、消防、疏散用电及应急措施用电的可靠性；

（11）自动控制系统的可靠性，如不间断电源、冗余装置等。

（四）特种机械危险有害因素辨识

1. 起重机械

有关机械设备的基本安全原理对于起重机械都适用。这些基本原理有：设备本身的制造质量应该良好，材料坚固，具有足够的强度而且没有明显的缺陷。所有的设备都必须经过测试，而且进行例行检查，以保证其完整性。应使用正确设备。

对于起重机械，主要辨识以下危险有害因素：

（1）翻倒：由于基础不牢、超机械工作能力范围运行和运行时碰到障碍物等原因造成；

（2）超载：超过工作载荷、超过运行半径等；

（3）碰撞：与建筑物、电缆线或其他起重机相撞；

（4）基础损坏：设备置放在坑或下水道的上方，支撑架未能伸展，未能支撑于牢固的地面；

（5）操作失误：由于视界限制、技能培训不足等造成；

（6）负载失落：负载从吊轨或吊索上脱落。

2. 厂内机动车

厂内机动车辆应该制造良好、没有缺陷，载质量、容量及类型应与用途相适应。车辆所使用的动力类型应当是经过检查的，因为作业区域的性质可能决定了应当使用某一特定类型的车辆，在不通风的封闭空间内不宜使用内燃发动机的动力车辆，因为要排出有害气体。车辆应加强维护，以免重要部件如刹车、方向盘及提升部件发生故障。任何损坏均需报告并及时修复。操作员的头顶上方应有安全防护措施。应按制造者的要求来使用厂内机动车辆及其附属设备。

对于厂内机动车辆，主要辨识以下危险有害因素：

（1）翻倒：提升重物动作太快，超速驾驶，突然刹车，碰撞障碍物，在已载重物时使用前铲，在车辆前部有重载时下斜坡，横穿斜坡或在斜坡上转弯、卸载，在不适的路面或支撑条件下运行等，都有可能发生翻车；

（2）超载：超过车辆的最大载荷；

（3）碰撞：与建筑物、管道、堆积物及其他车辆之间的碰撞；

（4）楼板缺陷：楼板不牢固或承载能力不够，在使用车辆时，应查明楼板的承重能力（地面层除外）；

（5）载物失落：如果设备不合适，会造成载荷从叉车上滑落的现象；

（6）爆炸及燃烧：电缆线短路、油管破裂、粉尘堆积或电池充电时产生氢气等情况下，都有可能导致爆炸及燃烧，运载车辆在运送可燃气体时，本身也有可能成为火源；

（7）乘员：在没有乘椅及相应设施时，不应载有乘员。

3. 传送设备

最常用的传送设备有胶带输送机、滚轴和齿轮传送装置，对其主要辨识以下危险有害因素：

（1）夹钳：肢体被夹入运动的装置中；

（2）擦伤：肢体与运动部件接触而被擦伤；

（3）卷入伤害：肢体绊卷到机器轮子、带子之中；

（4）撞击伤害：不正确的操作或者物料高空坠落造成的伤害。

（五）锅炉及压力容器危险有害因素辨识

1. 锅炉及压力容器的分类

锅炉及压力容器是广泛用于工业生产、公用事业和人民生活的承压设备，包括锅炉、压力容器、有机载热体炉和压力管道。我国政府将锅炉、压力容器、有机载热体炉和压力管道等定为特种设备，即在安全上有特殊要求的设备。

（1）锅炉及有机载热体炉：都是一种能量转换设备。其功能是用燃料燃烧或其他方式释放的热能加热给水或有机载热体，以获得规定参数和品质的蒸汽、热水或热油等。锅炉的分类方法较多，按用途可分为工业锅炉、电站锅炉、船舶锅炉、机车锅炉等；按出口工作压力的大小可分为低压锅炉、中压锅炉、高压锅炉、超高压锅炉、亚临界压力锅炉和超临界压力锅炉。

（2）压力容器：广义上的压力容器就是承受压力的密闭容器，因此广义上的压力容器包括压力锅、各类储罐、压缩机、航天器、核反应罐、锅炉和有机载热体炉等。但为了安全管理上的便利，往往对压力容器的范围加以界定。在《特种设备安全监察条例》(国务院令549号)中规定，最高工作压力大于或者等于 0.1MPa(表压)，且压力与容积的乘积大于或者等于于 2.5MPa·L 的气体、液化气体和最高工作温度高于或者等于标准沸点液体的固定式容器和移动式容器；盛装公称工作压力大于或者等于 0.2MPa（表压），且压力与容积的乘积大于或者等于 1.0MPa·L 的气体、液化气体和标准沸点等于或者低于 60℃液体的气瓶；氧舱等。

（3）压力管道：是在生产、生活中使用，用于输送介质，可能引起燃烧、爆炸或中毒等危险性较大的管道。压力管道的分类方法也较多，按设计压力的大小分为真空管道、低压管道、中压管道和高压管道；从安全监察的需要分为工业管道、公用管道和长输管道。

2. 锅炉与压力容器

对于锅炉与压力容器，主要从以下几方面对危险有害因素进行辨识：

（1）锅炉压力容器内具有一定温度的带压工作介质是否失效；

（2）承压元件是否失效；

（3）安全保护装置是否失效。

由于安全防护装置失效、承压元件的失效，使锅炉压力容器内的工作介质失控，从而导致事故的发生。

常见的锅炉压力容器失效有泄漏和破裂爆炸。所谓泄漏是指工作介质从承压元件内向外漏出或其他物质由外部进入承压元件部的现象。如果漏出的物质是易燃、易爆、有毒物质，不仅可以造成伤害，还可能引发火灾、爆炸、中毒、腐蚀或环境污染。所谓破裂爆炸是承压元件出现裂缝、开裂或破碎现象。承压元件最常见的破裂形式有韧性破裂、脆性破裂、疲劳破裂、腐蚀破裂、蠕变破裂等。

（六）登高装置危险有害因素辨识

1. 登高装置的危险有害因素

主要的登高装置有梯子、活梯、活动架、脚手架（通用的或塔式的）、吊笼、吊椅、升降工作平台、动力工作平台，其主要有以下危险有害因素：

（1）登高装置自身结构方面的设计缺陷；

（2）支撑基础下沉或毁坏；

（3）不恰当地选择了不够安全的作业方法；

（4）悬挂系统结构失效；

（5）因承载超重而使结构损坏；

（6）因安装、检查、维护不当而造成结构失效；

（7）因为不平衡造成的结构失效；

（8）所选设施的高度及臂长不能满足要求而超限使用；

（9）由于使用错误或者理解错误而造成的不稳；

（10）负载爬高；

（11）攀登方式不对或脚上穿着物不合适、不清洁造成跌落；

（12）未经批准使用或更改作业设备；

（13）与障碍物或建筑物碰撞；

（14）电动、液压系统失效；

（15）运动部件卡住。

2. 登高装置危险有害因素辨识方法

下面选择几种装置说明危险有害因素辨识，其他有关装置的危险有害因素辨识可查阅相关的标准规定。

（1）梯子

① 要考虑有没有更加稳定的其他代用方法，其次要考虑工作的性质，持续的时间及作业高度，如何才能达到作业高度，在作业高度上需要何种装备及材料，作业的角度及立脚的空间以及梯子的类型及结构是否合理；

② 用肉眼检查梯子是否完好而且不滑；

③ 在高度不及 5m 且需要用登高设备时，由一个人检查梯子顶部的防滑保障设施，由另一人检查梯子底部或腿的防滑措施；

④ 是否能够保证由梯子登上作业平台时或者到达作业点时，其踏脚板与作业点的高度相同，而梯子是否至少高过这一点 1m，除非有另外的扶手；

⑤ 是否每间隔 9m 设有一个可供休息的立足点；

⑥ 梯子的立足角，是否大致为 75°（相当于水平及垂直长度的比例为 1∶4）；

⑦ 梯子竖框是否平衡，其上、下两方的支持是否合适；

⑧ 是否对梯子定期进行检查，除了标志处，是否还有喷漆之处；

⑨ 不能修复后再使用的梯子应当销毁；

⑩ 金属的（或木头已湿的）梯子导电，不应当将其置于或者拿到靠近动力线的地方。

（2）通用脚手架

脚手架有三种主要类型，其结构是由钢管或其他型材制作成。这三种类型是：

① 独立扎起的脚手架，它是一个临时性的结构，与它所靠近的结构之间是独立的，如系于另一个结构也仅是为了增加其稳定性；

② 要依靠建筑物（通常是正在施工的建筑物）来提供结构支撑的脚手架；

③ 鸟笼状的脚手架，它是一个独立的结构，空间较大，有一个单独的工作平台，通常是用于内部工作的。

安装及使用通用脚手架时，主要从以下几方面考虑危险有害因素：

① 设计的机构能否保证其承载能力；

② 基础能否保证承担所加的载荷；

③ 脚手架结构元件的质量及保养情况是否良好；

④ 脚手架的安装是否由有资格的人或者是在其主持下完成的，是否其安装与设计相一致、设计与要求的负载相一致，符合有关标准；

⑤ 是否所有的工作平台铺设完整的地板，在平台的边缘有扶手、防护网或者其他防止坠落的保护措施；是否能够防止人员或料从平台上落下；

⑥ 是否提供合适的、安全的方法，使人员、物料等到达工作平台；

⑦ 所有置于工作平台上的物料是否安全堆放，且不超载；

⑧ 对于已完成的结构，是否未经允许就改动；

⑨ 对结构是否有检查，首次检查是在建好之后，然后是在适当的时间间隔内，通常是周检；检查的详情是否有记录并予以保存。

（3）升降工作平台

一般来讲，此类设施由三部分组成：柱或塔，用来支持平台或箱体；平台，用来载人或设备；底盘，用来支持塔或者柱。

升降工作平台在安装及使用时主要的危险、有害因素有：

① 未经培训的人员不得安装、使用或拆卸设备；

② 要按照制造商的说明来检查、维护及保养设备；

③ 要有水平的、坚实的基础面，在有外支架时，在测试及使用前，外支架要伸开；

④ 只有经过认证的人员才能从事维修及调试工作；

⑤ 设备的安全工作载荷要清楚标明在操作人员容易看见的地方，不允许超载；

⑥ 仅当有足够空间时，才能启动升降索；

⑦ 作业平台四周应有防护栏，并提供适当的进出装置；

⑧ 只能因紧急情况而不是工作目的来使用应急系统；

⑨ 使用地面围栏，禁止未经批准人员进入作业区；

⑩ 要防止接触过顶动力线，为此要事先检查，并与其保持规定的距离。

二、作业环境危险有害因素辨识

作业环境中的危险有害因素主要有危险物品、工业噪声与振动、温度与湿度和辐射等。

（一）危险物品的危险有害因素辨识

生产中的原料、材料、半成品、中间产品、副产品以及储运中的物质分别以气、液、固态存在，它们在不同的状态下分别具有相对应的物理、化学性质及危险、危害特性，因此，了解并掌握这些物质固有的危险特性是进行危险、危害辨识、分析、评价的基础。

危险物品的辨识应从其理化性质、稳定性、化学反应活性、燃烧及爆炸特性、毒性及健康危害等方面进行分析与辨识。

危险物品的物质特性可从危险化学品安全技术说明书中获取。危险化学品安全技术说明书主要由"成分/组成信息、危险性概述、理化特性、毒理学资料、稳定性和反应活性"等16项内容构成。

以下对粉尘危险有害因素进行介绍。

生产性粉尘：主要产生在开采、破碎、粉碎、筛分、包装、配料、混合、搅拌、散粉装卸及输送除尘等生产过程中的粉尘。

生产过程中，如果在粉尘作业环境中长时间工作吸入粉尘，就会引起肺部组织纤维化、硬化，丧失呼吸功能，导致肺病。尘肺病是无法治愈的职业病；粉尘还会引起刺激性疾病、急性中毒或癌症；爆炸性粉尘在空气中达到一定的浓度时，遇火源会发生爆炸。

生产性粉尘危险、危害因素辨识包括以下内容：

（1）根据工艺、设备、物料、操作条件，分析可能产生的粉尘种类和部位；

（2）用已经投产的同类生产企业、作业岗位的检测数据或模拟实验测试数据进行类比辨识；

（3）分析粉尘产生的原因、粉尘扩散传播的途径、作业时间、粉尘特性，确定其危害方式和危害范围；

（4）分析是否具备形成爆炸性粉尘及其爆炸条件。

爆炸性粉尘属生产性粉尘，其危险性主要表现为：

（1）与气体爆炸相比，其燃烧速度和爆炸压力均较低，但因其燃烧时间长、产生能量大，所以破坏力和损害程度大；

（2）爆炸时粒子一边燃烧一边飞散，可使可燃物局部严重炭化，造成人员严重烧伤；

（3）最初的局部爆炸发生之后，会扬起周围的粉尘，继而引起二次爆炸、三次爆炸，扩大伤害；

（4）与气体爆炸相比，易于造成不完全燃烧，从而使人发生一氧化碳中毒。

爆炸性粉尘形成的四个必要条件为：

（1）粉尘的化学组成和性质；

（2）粉尘的粒度和粒度分布；

（3）粉尘的形状与表面状态；

（4）粉尘中的水分。

可用上述 4 个条件来辨识是否为爆炸性粉尘。

注：固体可燃物及某些常态下不燃的物质如金属、矿物等经粉碎达到一定程度成为高度分散物系，具有极高的比表面自由焓，此时表现出不同于常态的化学活性。

爆炸性粉尘爆炸的条件为：

（1）可燃性和微粉状态；

（2）在空气或助燃气搅拌，悬浮式流动；

（3）达到爆炸极限；

（4）存在点火源。

（二）工业噪声与振动的危险有害因素辨识

噪声能引起职业性噪声聋或引起神经衰弱、心血管疾病及消化系统等疾病的高发，会使操作人员的失误率上升，严重的会导致事故发生。

工业噪声可以分为机械噪声、空气动力性噪声和电磁噪声等三类。

噪声危害的辨识主要根据已掌握的机械设备或作业场所的噪声确定噪声源、声级和频率。

振动危害有全身振动和局部振动，可导致中枢神经、植物神经功能紊乱、血压升高，也会导致设备、部件的损坏。

振动危害的辨识则应先找出产生振动的设备，然后根据国家标准，参照类比资料确定振动的危害程度。

（三）温度与湿度的危险有害因素辨识

1. 高温、高湿

（1）高温除能造成灼伤外，高温、高湿环境可影响劳动者的体温调节，水盐代谢及循环系统、消化系统、泌尿系统等。当劳动者的热调节发生障碍时，轻者影响劳动能力，重者可引起别的病变，如中暑。劳动者水盐代谢的失衡，可导致血液浓缩、尿液浓缩、尿量减少，这样就增加了心脏和肾脏的负担，严重时引起循环衰竭和热痉挛。在比较分析中发现，高温作业工人的高血压发病率较高，而且随着工龄的增加而增加。高温还可以抑制人的中枢神经系统，使工人在操作过程中注意力分散，肌肉工作内能力降低，有导致工伤事故的危险。

（2）高温、高湿环境会加速材料的腐蚀。

（3）高温环境可使火灾危险性增大。

（4）生产性热源主要有以下几种：

① 工业炉窑，如冶炼炉、焦炉、加热炉、锅炉等；

② 电热设备，如电阻炉、工频炉等；

③ 高温工，如铸锻、高温液等；

④ 高温气体，如蒸汽、热风、热烟气等。

2. 低温

(1) 低温可引起冻伤。

(2) 温度急剧变化时，因热胀冷缩，造成材料变形或热应力过大，会导致材料破坏，在低温下金属会发生晶型转变，甚至因破裂而引发事故。

3. 温度、湿度

温度、湿度危险有害因素的辨识应主要从以下几方面进行：

(1) 了解生产过程的热源、发热量、表面绝热层的有无，表面温度，与操作者的接触距离等情况；

(2) 是否采取了防灼伤、防暑、防冻措施，是否采取了空调措施；

(3) 是否采取了通风(包括全面通风和局部通风)换气措施，是否有作业环境温度、湿度的自动调节、控制。

（四）辐射的危险有害因素辨识

随着科学技术的进步，在化学反应、金属加工、医疗设备、测量与控制等领域，接触和使用各种辐射能的场合越来越多，存在着一定的辐射危害。

辐射主要分为电离辐射(如 α 粒子、β 粒子、γ 粒子和中子、X 粒子)和非电离辐射(如紫外线、射频电磁波、微波等)两类。

电离辐射伤害则由 α、β、X、γ 粒子和中子极高剂量的放射性作用所造成。

射频辐射危害主要表现为射频致热效应和非致热效应两个方面。

（五）与手工操作有关的危险有害因素识

在从事手工操作，搬、举、推、拉及运送重物时，有可能导致的伤害有：椎间盘损伤，韧带或筋损伤，肌肉损伤，神经损伤，挫伤、擦伤、割伤等。其危险有害因素辨识分述如下：

(1) 远离身体躯干拿取或操纵重物；

(2) 超负荷的推、拉重物；

(3) 不良的身体运动或工作姿势，尤其是躯干扭转、弯曲、伸展取东西；

(4) 超负荷的负重运动，尤其是举起或搬下重物的距离过高，搬运重物的距离过长；

(5) 负荷有突然运动的风险；

(6) 手工操作的时间及频率不合理；

(7) 没有足够的休息及恢复体力的时间；

(8) 工作的节奏及速度安排不合理。

第三节　生产过程危险有害因素辨识及控制

企业应对生产全过程开展危险有害因素辨识，包括生产过程的各项常规和非常规活动以及所有进入作业场所人员的活动，重点关注涉及"两重点一重大"的生产过程。

一、生产过程所涉及化学品危险因素辨识

(一) 危险有害因素辨识

生产过程涉及的各种化学品,包括原料、生产过程中的中间产物、产品,可能存在有易燃、易爆、有毒、有害、腐蚀性、粉尘或放射性等,防控不到位会引发泄漏、着火、爆炸、设备损毁、环境污染、人员中毒窒息以及职业病等。下面列出几种常见的重点监管危险化学品危险性。

1. 氯

燃烧和爆炸危险性:本品不燃,可助燃。一般可燃物大都能在氯气中燃烧,一般易燃气体或蒸气也都能与氯气形成爆炸性混合物。受热后容器或储罐内压增大,泄漏物质可导致中毒。

活性反应:强氧化剂,与水反应,生成有毒的次氯酸和盐酸。与氢氧化钠、氢氧化钾等碱反应生成次氯酸盐和氯化物,可利用此反应对氯气进行无害化处理。液氯与可燃物、还原剂接触会发生剧烈反应。与汽油等石油产品、烃、氨、醚、松节油、醇、乙炔、二硫化碳、氢气、金属粉末和磷接触能形成爆炸性混合物。接触烃基膦、铝、锑、胂、铋、硼、黄铜、碳、二乙基锌等物质会导致燃烧、爆炸,释放出有毒烟雾。潮湿环境下,严重腐蚀铁、钢、铜和锌。

健康危害:氯是一种强烈的刺激性气体,经呼吸道吸入时,与呼吸道黏膜表面水分接触,产生盐酸、次氯酸,次氯酸再分解为盐酸和新生态氧,产生局部刺激和腐蚀作用。

急性中毒:轻度者有流泪、咳嗽、咳少量痰、胸闷,出现气管-支气管炎或支气管周围炎的表现;中度中毒发生支气管肺炎、局限性肺泡性肺水肿、间质性肺水肿或哮喘样发作,病人除有上述症状的加重外,还会出现呼吸困难、轻度紫绀等;重者发生肺泡性水肿、急性呼吸窘迫综合征、严重窒息、昏迷或休克,可出现气胸、纵隔气肿等并发症。吸入极高浓度的氯气,可引起迷走神经反射性心搏骤停或喉头痉挛而发生"电击样"死亡。眼睛接触可引起急性结膜炎,高浓度氯可造成角膜损伤。皮肤接触液氯或高浓度氯,在暴露部位可有灼伤或急性皮炎。

慢性影响:长期低浓度接触,可引起慢性牙龈炎、慢性咽炎、慢性支气管炎、肺气肿、支气管哮喘等。可引起牙齿酸蚀症。该化学品列入《剧毒化学品目录》。

职业接触限值:MAC(最高容许浓度)为 $1mg/m^3$。

2. 氢

燃烧和爆炸危险性:极易燃,与空气混合能形成爆炸性混合物,遇热或明火即发生爆炸。比空气轻,在室内使用和储存时,漏气上升滞留屋顶不易排出,遇火星会引起爆炸。在空气中燃烧时,火焰呈蓝色,不易被发现。

活性反应:与氟、氯、溴等卤素会剧烈反应。

健康危害:为单纯性窒息性气体,仅在高浓度时,由于空气中氧分压降低才引起缺氧性窒息。在很高的分压下,呈现出麻醉作用。

3. 氨

燃烧和爆炸危险性:极易燃,能与空气形成爆炸性混合物,遇明火、高热引起燃烧爆炸。

活性反应:与氟、氯等接触会发生剧烈的化学反应。

健康危害：对眼、呼吸道黏膜有强烈刺激和腐蚀作用。急性氨中毒引起眼和呼吸道刺激症状，支气管炎或支气管周围炎，肺炎，重度中毒者可发生中毒性肺水肿。高浓度氨可引起反射性呼吸和心搏停止。可致眼和皮肤灼伤。

职业接触限值：$PC\text{-}TWA$（时间加权平均容许浓度）为 $20mg/m^3$；$PC\text{-}STEL$（短时间接触容许浓度）为 $30mg/m^3$。

4. 硫化氢

燃烧和爆炸危险性：极易燃，与空气混合能形成爆炸性混合物，遇明火、高热能引起燃烧爆炸。气体比空气重，能在较低处扩散到相当远的地方，遇火源会着火回燃。

活性反应：与浓硝酸、发烟硝酸或其他强氧化剂剧烈反应可发生爆炸。

健康危害：本品是强烈的神经毒物，对黏膜有强烈刺激作用。

急性中毒：高浓度（$1000mg/m^3$ 以上）吸入可发生闪电性死亡。严重中毒可留有神经、精神后遗症。急性中毒出现眼和呼吸道刺激症状，急性气管-支气管炎或支气管周围炎、支气管肺炎、头痛、头晕、乏力、恶心，意识障碍等。重者意识障碍程度达深昏迷或呈植物状态，出现肺水肿、多脏器衰竭。对眼和呼吸道有刺激作用。

慢性影响：长期接触低浓度的硫化氢，可引起神经衰弱综合征和植物神经功能紊乱等。

职业接触限值：MAC（最高容许浓度）（mg/m^3）为 10。

5. 甲烷、天然气

燃烧和爆炸危险性：极易燃，与空气混合能形成爆炸性混合物，遇热源和明火有燃烧爆炸危险。

活性反应：与五氧化溴、氯气、次氯酸、三氟化氮、液氧、二氟化氧及其他强氧化剂剧烈反应。

健康危害：纯甲烷对人基本无毒，只有在极高浓度时成为单纯性窒息剂。皮肤接触液化气体可致冻伤。天然气主要组分为甲烷，其毒性因其他化学组成的不同而异。

6. 苯

燃烧和爆炸危险性：高度易燃，蒸气与空气能形成爆炸性混合物，遇明火、高热能引起燃烧爆炸。蒸气比空气重，能在较低处扩散到相当远的地方，遇火源会着火回燃和爆炸。

健康危害：吸入高浓度苯对中枢神经系统有麻醉作用，引起急性中毒；长期接触苯对造血系统有损害，引起白细胞和血小板减少，重者导致再生障碍性贫血。可引起白血病。具有生殖毒性。皮肤损害有脱脂、干燥、皲裂、皮炎。

职业接触限值：$PC\text{-}TWA$（时间加权平均容许浓度）为 $6mg/m^3$（皮）；$PC\text{-}STEL$（短时间接触容许浓度）为 $10mg/m^3$（皮）。

IARC：确认人类致癌物。

7. 二氧化硫

燃烧和爆炸危险性：不燃。

健康危害：对眼及呼吸道黏膜有强烈的刺激作用，大量吸入可引起肺水肿、喉水肿、声带痉挛而致窒息。液体二氧化硫可引起皮肤及眼灼伤，溅入眼内可立即引起角膜浑浊，浅层细胞坏死。严重者角膜形成瘢痕。

职业接触限值：$PC\text{-}TWA$（时间加权平均容许浓度）为 $5mg/m^3$；$PC\text{-}STEL$（短时间接触容许浓度）为 $10mg/m^3$。

8. 一氧化碳

燃烧和爆炸危险性：极易燃，与空气混合能形成爆炸性混合物，遇明火、高热能引起燃烧爆炸。

健康危害：一氧化碳在血中与血红蛋白结合而造成组织缺氧。

急性中毒：轻度中毒者出现剧烈头痛、头晕、耳鸣、心悸、恶心、呕吐、无力，轻度至中度意识障碍但无昏迷，血液碳氧血红蛋白浓度可高于10%；中度中毒者除上述症状外，意识障碍表现为浅至中度昏迷，但经抢救后恢复且无明显并发症，血液碳氧血红蛋白浓度可高于30%；重度患者出现深度昏迷或去大脑强直状态、休克、脑水肿、肺水肿、严重心肌损害、锥体系或锥体外系损害、呼吸衰竭等，血液碳氧血红蛋白可高于50%。部分患意识障碍恢复后，约经2~60天的"假愈期"，又可能出现迟发性脑病，以意识精神障碍、锥体系或锥体外系损害为主。

慢性影响：能否造成慢性中毒，是否对心血管有影响，无定论。

职业接触限值：$PC\text{-}TWA$（时间加权平均容许浓度）为20mg/m³；$PC\text{-}STEL$（短时间接触容许浓度）为30mg/m³。

9. 甲醇

燃烧和爆炸危险性：高度易燃，蒸气与空气能形成爆炸性混合物，遇明火、高热能引起燃烧爆炸。蒸气比空气重，能在较低处扩散到相当远的地方，遇火源会着火回燃和爆炸。

健康危害：易经胃肠道、呼吸道和皮肤吸收。

急性中毒：表现为头痛、眩晕、乏力、嗜睡和轻度意识障碍等，重者出现昏迷和癫痫样抽搐，直至死亡。引起代谢性酸中毒。甲醇可致视神经损害，重者引起失明。

慢性影响：主要为神经系统症状，有头晕、无力、眩晕、震颤性麻痹及视觉损害。皮肤反复接触甲醇溶液，可引起局部脱脂和皮炎。

解毒剂：口服乙醇或静脉输乙醇、碳酸氢钠、叶酸、4-甲基吡唑。

职业接触限值：$PC\text{-}TWA$（时间加权平均容许浓度）为25mg/m³（皮）；$PC\text{-}STEL$（短时间接触容许浓度）为50mg/m³（皮）。

10. 环氧乙烷

燃烧和爆炸危险性：极易燃，蒸气能与空气形成范围广阔的爆炸性混合物，遇高热和明火有燃烧爆炸危险。蒸气比空气重，能在较低处扩散到相当远的地方，遇火源会着火回燃和爆炸。与空气的混合物快速压缩时，易发生爆炸。

活性反应：接触碱金属、氢氧化物或高活性催化剂如铁、锡和铝的无水氯化物及铁和铝的氧化物可大量放热。

健康危害：可致中枢神经系统、呼吸系统损害，重者引起昏迷和肺水肿。可出现心肌损害和肝损害。可致皮肤损害和眼灼伤。

职业接触限值：$PC\text{-}TWA$（时间加权平均容许浓度）为2mg/m³（皮）。

IARC：确认人类致癌物。

11. 乙炔

燃烧和爆炸危险性：易燃烧爆炸。能与空气形成爆炸性混合物，爆炸范围非常宽，遇明火、高热和氧化剂有燃烧、爆炸危险。

活性反应：与氧化剂接触猛烈反应。与氟、氯等接触会发生剧烈的化学反应。能与铜、银、汞等的化合物生成爆炸性物质。

健康危害：具有弱麻醉作用，麻醉恢复快，无后作用，高浓度吸入可引起单纯窒息。

12. 氯乙烯

燃烧和爆炸危险性：极易燃，与空气混合能形成爆炸性混合物，遇热源和明火有燃烧爆炸的危险。密度比空气大，能在较低处扩散到相当远的地方，遇火源会着火回燃。

活性反应：燃烧或无抑制时可发生剧烈聚合。

健康危害：经呼吸道进入体内，液体污染皮肤也可经皮肤吸收进入人体。可致肝血管肉瘤。

急性中毒：主要为麻醉作用，严重者可发生昏迷、抽搐、呼吸循环衰竭，甚至死亡。液体可致皮肤冻伤。

慢性影响：表现为神经衰弱综合征、肝损害、雷诺氏现象及肢端溶骨症。重度中毒可引起肝硬化。可致皮肤损害，少数人出现硬皮病样改变。

职业接触限值：$PC-TWA$（时间加权平均容许浓度）为 $10mg/m^3$。

IARC：确认人类致癌物。

13. 乙烯

燃烧和爆炸危险性：极易燃，与空气混合能形成爆炸性混合物，遇明火、高热或接触氧化剂，有引起燃烧爆炸的危险。

活性反应：与氟、氯等接触会发生剧烈的化学反应。

健康危害：具有较强的麻醉作用。

急性中毒：吸入高浓度乙烯可立即引起意识丧失，液态乙烯可致皮肤冻伤。

慢性影响：长期接触，可引起头昏、全身不适、乏力、思维不集中。

14. 三氯化磷

燃烧和爆炸危险性：不燃。

活性反应：遇水猛烈分解，产量大量的热和浓烟，在潮湿空气存在下对很多金属有腐蚀性。

健康危害：急性中毒引起结膜炎、支气管炎、肺炎和肺水肿。液体或较高浓度的气体可引起皮肤灼伤，亦可造成严重眼损害，甚至失明。该化学品列入《剧毒化学品目录》。

职业接触限值：$PC-TWA$（时间加权平均容许浓度）为 $1mg/m^3$；$PC-STEL$（短时间接触容许浓度）为 $2mg/m^3$。

15. 丙烯腈

燃烧和爆炸危险性：高度易燃，蒸气与空气能形成爆炸性混合物，遇明火、高热易引起燃烧或爆炸，并放出有毒气体。

活性反应：与氧化剂、强酸、强碱、胺类、溴反应剧烈。在高温下，可发生聚合放热反应。

健康危害：可经呼吸道、胃肠道和完整皮肤进入体内。在体内析出氰根，抑制呼吸酶；对呼吸中枢有直接麻痹作用。重度中毒出现癫痫大发作样抽搐、昏迷、肺水肿。

解毒剂：亚硝酸异戊酯、亚硝酸钠、硫代硫酸钠、4-二甲基氨基苯酚。该化学品列入《剧毒化学品目录》。

职业接触限值：$PC-TWA$（时间加权平均容许浓度）为 $1mg/m^3$（皮）；$PC-STEL$（短时间接触容许浓度）为 $2mg/m^3$（皮）。

16. 硝酸铵

燃烧和爆炸危险性：助燃。与易（可）燃物混合或急剧加热会发生爆炸。受强烈震动也会起爆。

活性反应：强氧化剂，与还原剂、有机物、易燃物如硫、磷或金属粉末等混合可形成爆炸性混合物。

健康危害：对呼吸道、眼及皮肤有刺激性。接触后可引起恶心、呕吐、头痛、虚弱、无力和虚脱等。大量接触可引起高铁血红蛋白血症，影响血液的携氧能力，出现紫绀、头痛、头晕、虚脱，甚至死亡。口服引起剧烈腹痛、呕吐、血便、休克、全身抽搐、昏迷，甚至死亡。

17. 三氧化硫

燃烧和爆炸危险性：不燃，能助燃。

活性反应：强氧化剂。与水发生爆炸性剧烈反应。与氧气、氟、氧化铅、次亚氯酸、过氯酸、磷、四氟乙烯等接触剧烈反应。与有机材料如木、棉花或草接触，会着火。吸湿性极强，在空气中产生有毒的白烟。遇潮时对大多数金属有强腐蚀性。

健康危害：毒性及中毒表现见硫酸。对皮肤、黏膜等组织有强烈的刺激和腐蚀作用。可引起结膜炎、水肿、角膜浑浊，以致失明；引起呼吸道刺激症状，重者发生呼吸困难和肺水肿；高浓度引起喉痉挛或声门水肿而死亡。口服后引起消化道的烧伤以至溃疡形成。慢性影响有牙齿酸蚀症、慢性支气管炎、肺气肿和肝硬化等。

职业接触限值：$PC-TWA$（时间加权平均容许浓度）为 $1mg/m^3$；$PC-STEL$（短时间接触容许浓度）为 $2mg/m^3$。

IARC：确认人类致癌物。

（二）控制措施

（1）根据化学品安全技术说明书、安全标签以及危险化学品分类标准辨识岗位所涉及的化学品的危险特性；

（2）设置安全阀、压力表、温度计、流量表、泄漏检测报警、安全联锁、紧急切断装置等安全设施设备，并确保其正常投用；

（3）设置洗眼器、通风、除尘等职业病防护设施，配备呼吸器、防护服等防护器具；

（4）根据以上危险信息，编制相应安全操作规程、职业防护制度、应急预案、应急管理制度、培训教育制度、考核制度等管理制度，责任到人；

（5）对相关作业人员进行培训教育，使其熟练掌握操作技能、防护知识及应急技能；

（6）作业过程穿戴好劳动防护用品、严格执行工艺规程及安全操作规程，发现隐患及时报告并整改。

二、生产工艺危险性辨识及控制措施

生产过程中因工艺过程本身的特点具有一定的危险性，如反应条件为高温、高压状态，反应物料的危险性、容易有副反应等，使得生产过程会因操作控制不当，引发泄漏、火灾爆炸、中毒窒息、设备损毁、人员伤亡等事故。针对不同的工艺过程采取不同的工艺控制方式，编写操作规程、安全规程、对作业人员进行培训教育，使其熟练掌握工艺原理，工艺指标、操作技能、应急技能。生产中严格控制工艺指标。

下面列出几种重点监管危险化工工艺过程的危险性及控制措施：

（一）电解工艺

电流通过电解质溶液或熔融电解质时，在两个极上所引起的化学变化称为电解反应。涉及电解反应的工艺过程为电解工艺。许多基本化学工业产品（氢、氧、氯、烧碱、过氧化氢等）的制备，都是通过电解来实现的。

1. 工艺危险性

（1）电解食盐水过程中产生的氢气是极易燃烧的气体，氯气是氧化性很强的剧毒气体，两种气体混合极易发生爆炸，当氯气中含氢量达到5%以上，则随时可能在光照或受热情况下发生爆炸。

（2）如果盐水中存在的铵盐超标，在适宜的条件（pH<4.5）下，铵盐和氯作用可生成氯化铵，浓氯化铵溶液与氯还可生成黄色油状的三氯化氮。三氯化氮是一种爆炸性物质，与许多有机物接触或加热至90℃以上以及被撞击、摩擦等，即发生剧烈的分解而爆炸。

（3）电解溶液腐蚀性强。

（4）液氯的生产、储存、包装、输送、运输可能发生泄漏。

2. 控制措施

（1）对重点参数进行控制：电解槽内液位；电解槽内电流和电压；电解槽进出物料流量；可燃和有毒气体浓度；电解槽的温度和压力；原料中铵含量；氯气杂质含量（水、氢气、氧气、三氯化氮等）等。

（2）安全控制要求及方式：电解槽温度、压力、液位、流量报警和联锁；电解供电整流装置与电解槽供电的报警和联锁；紧急联锁切断装置；事故状态下氯气吸收中和系统；可燃和有毒气体检测报警装置等。电解槽内压力、槽电压等形成联锁关系，系统设立联锁停车系统。安全设施，包括安全阀、高压阀、紧急排放阀、液位计、单向阀及紧急切断装置等。

（二）氯化工艺

氯化是化合物的分子中引入氯原子的反应，包含氯化反应的工艺过程即为氯化工艺，主要包括取代氯化、加成氯化、氧氯化等。

1. 工艺危险性

（1）氯化反应是一个放热过程，尤其在较高温度下进行氯化，反应更为剧烈，速度快，放热量较大。

（2）所用的原料大多具有燃爆危险性。

（3）常用的氯化剂（氯气）本身为剧毒化学品，氧化性强，储存压力较高，多数氯化工艺采用液氯生产是先汽化再氯化，一旦泄漏危险性较大。

（4）氯气中的杂质，如水、氢气、氧气、三氯化氮等，在使用中易发生危险，特别是三氯化氮积累后，容易引发爆炸危险。

（5）生成的氯化氢气体遇水后腐蚀性强。

（6）氯化反应尾气可能形成爆炸性混合物。

2. 控制措施

（1）对重点参数进行控制：氯化反应釜温度和压力；氯化反应釜搅拌速率；反应物料的配比；氯化剂进料流量；冷却系统中冷却介质的温度、压力、流量等；氯气杂质含量（水、氢气、氧气、三氯化氮等）；氯化反应尾气组成等。

（2）安全控制要求及方式：反应釜温度和压力的报警和联锁；反应物料的比例控制和联锁；搅拌的稳定控制；进料缓冲器；紧急进料切断系统；紧急冷却系统；安全泄放系统；事故状态下氯气吸收中和系统；可燃和有毒气体检测报警装置等。将氯化反应釜内温度、压力与釜内搅拌、氯化剂流量、氯化反应釜夹套冷却水进水阀形成联锁关系，设立紧急停车系统。安全设施包括安全阀、高压阀、紧急放空阀、液位计、单向阀及紧急切断装置等。

（三）合成氨工艺

氮和氢两种组分按一定比例（1∶3）组成的气体（合成气），在高温、高压下（一般为 400~450℃，15~30MPa）经催化反应生成氨的工艺过程。

1. 工艺危险性

（1）高温、高压使可燃气体爆炸极限扩宽，气体物料一旦过氧（亦称透氧），极易在设备和管道内发生爆炸。

（2）高温、高压气体物料从设备管线泄漏时会迅速膨胀与空气混合形成爆炸性混合物，遇到明火或因高流速物料与裂（喷）口处摩擦产生静电火花引起着火和空间爆炸。

（3）气体压缩机等转动设备在高温下运行会使润滑油挥发裂解，在附近管道内造成积炭，可导致积炭燃烧或爆炸。

（4）高温、高压可加速设备金属材料发生蠕变，改变金相组织，还会加剧氢气、氮气对钢材的氢蚀及渗氮，加剧设备的疲劳腐蚀，使其机械强度减弱，引发物理爆炸。

（5）液氨大规模事故性泄漏会形成低温云团引起大范围人群中毒，遇明火还会发生空间爆炸。

2. 控制措施

（1）对重点参数进行控制：合成塔、压缩机、氨储存系统的运行基本控制参数，包括温度、压力、液位、物料流量及比例等。

（2）安全控制要求及方式：合成氨装置温度、压力报警和联锁；物料比例控制和联锁；压缩机的温度、入口分离器液位、压力报警联锁；紧急冷却系统；紧急切断系统；安全泄放系统；可燃、有毒气体检测报警装置。宜将合成氨装置内温度、压力与物料流量、冷却系统形成联锁关系；将压缩机温度、压力、入口分离器液位与供电系统形成联锁关系；紧急停车系统。合成单元自动控制还需要设置以下几个控制回路，即氨分、冷交液位；废锅液位；循环量控制；废锅蒸汽流量；废锅蒸汽压力。安全设施，包括安全阀、爆破片、紧急放空阀、液位计、单向阀及紧急切断装置等。

（四）加氢工艺

加氢是在有机化合物分子中加入氢原子的反应，涉及加氢反应的工艺过程为加氢工艺，主要包括不饱和键加氢、芳环化合物加氢、含氮化合物加氢、含氧化合物加氢、氢解等。

1. 工艺危险性

（1）反应物料具有燃爆危险性，氢气的爆炸极限为 4%~75%，具有高燃爆危险特性。

（2）加氢为强烈的放热反应，氢气在高温高压下与钢材接触，钢材内的碳分子易与氢气发生反应生成碳氢化合物，使钢制设备强度降低，发生氢脆。

（3）催化剂再生和活化过程中易引发爆炸。

（4）加氢反应尾气中有未完全反应的氢气和其他杂质在排放时易引发着火或爆炸。

2. 控制措施

（1）对重点参数进行控制：加氢反应釜或催化剂床层温度、压力；加氢反应釜内搅拌速率；氢气流量；反应物质的配料比；系统氧含量；冷却水流量；氢气压缩机运行参数、加氢反应尾气组成等。

（2）安全控制要求及方式：温度和压力的报警和联锁；反应物料的比例控制和联锁系统；紧急冷却系统；搅拌的稳定控制系统；氢气紧急切断系统；加装安全阀、爆破片等安全设施；循环氢压缩机停机报警和联锁；氢气检测报警装置等。将加氢反应釜内温度、压力与釜内搅拌电流、氢气流量、加氢反应釜夹套冷却水进水阀形成联锁关系，设立紧急停车系统。加入急冷氮气或氢气的系统。当加氢反应釜内温度或压力超标或搅拌系统发生故障时自动停止加氢，泄压，并进入紧急状态。设置安全泄放系统。

（五）氧化工艺

氧化为有电子转移的化学反应中失电子的过程，即氧化数升高的过程。多数有机化合物的氧化反应表现为反应原料得到氧或失去氢。涉及氧化反应的工艺过程为氧化工艺。常用的氧化剂有空气、氧气、双氧水（过氧化氢）、氯酸钾、高锰酸钾、硝酸盐等。

1. 工艺危险性

（1）反应原料及产品具有燃爆危险性。

（2）反应气相组成容易达到爆炸极限，具有闪爆危险。

（3）部分氧化剂具有燃爆危险性，如氯酸钾、高锰酸钾、铬酸酐等都属于氧化剂，如遇高温或受撞击、摩擦以及与有机物、酸类接触，皆能引起火灾爆炸。

（4）产物中易生成过氧化物，化学稳定性差，受高温、摩擦或撞击作用易分解、燃烧或爆炸。

2. 控制措施

（1）对重点参数进行控制：氧化反应釜内温度和压力；氧化反应釜内搅拌速率；氧化剂流量；反应物料的配比；气相氧含量；过氧化物含量等。

（2）安全控制要求及方式：反应釜温度和压力的报警和联锁；反应物料的比例控制和联锁及紧急切断动力系统；紧急断料系统；紧急冷却系统；紧急送入惰性气体的系统；气相氧含量监测、报警和联锁；安全泄放系统；可燃和有毒气体检测报警装置等。将氧化反应釜内温度和压力与反应物的配比和流量、氧化反应釜夹套冷却水进水阀、紧急冷却系统形成联锁关系，在氧化反应釜处设立紧急停车系统，当氧化反应釜内温度超标或搅拌系统发生故障时自动停止加料并紧急停车。安全设施，包括配备安全阀、爆破片等。

（六）过氧化工艺

向有机化合物分子中引入过氧基（—O—O—）的反应称为过氧化反应，得到的产物为过氧化物的工艺过程为过氧化工艺。

1. 工艺危险性

（1）过氧化物都含有过氧基（—O—O—），属含能物质，由于过氧键结合力弱，断裂时所需的能量不大，对热、振动、冲击或摩擦等都极为敏感，极易分解甚至爆炸。

（2）过氧化物与有机物、纤维接触时易发生氧化、产生火灾。

（3）反应气相组成容易达到爆炸极限，具有燃爆危险。

（4）产物中易生成过氧化物，化学稳定性差，受高温、摩擦或撞击作用易分解、燃烧或爆炸。

2. 控制措施

(1) 对重点参数进行控制：过氧化反应釜内温度；pH 值；过氧化反应釜内搅拌速率；(过)氧化剂流量；参加反应物质的配料比；过氧化物浓度；气相氧含量等。

(2) 安全控制要求及方式：反应釜温度和压力的报警和联锁；反应物料的比例控制和联锁及紧急切断动力系统；紧急断料系统；紧急冷却系统；紧急送入惰性气体的系统；气相氧含量监测、报警和联锁；紧急停车系统；安全泄放系统；可燃和有毒气体检测报警装置等。将过氧化反应釜内温度与釜内搅拌电流、过氧化物流量、过氧化反应釜夹套冷却水进水阀形成联锁关系，设置紧急停车系统。过氧化反应系统应设置泄爆管和安全泄放系统。

(七) 聚合工艺

聚合是一种或几种小分子化合物变成大分子化合物(也称高分子化合物或聚合物，通常分子量为 $1\times10^4 \sim 1\times10^7$)的反应，涉及聚合反应的工艺过程为聚合工艺，不包括涉及涂料、黏合剂、油漆等产品的常压条件聚合工艺。聚合工艺的种类很多，按聚合方法可分为本体聚合、悬浮聚合、乳液聚合、溶液聚合等。

1. 工艺危险性

(1) 聚合原料具有自聚和燃爆危险性。

(2) 如果反应过程中热量不能及时移出，随物料温度上升，发生裂解和暴聚，所产生的热量使裂解和暴聚过程进一步加剧，进而引发反应器爆炸。

(3) 部分聚合助剂危险性较大。

(4) 产物中易生成过氧化物，化学稳定性差，受高温、摩擦或撞击作用易分解、燃烧或爆炸。

2. 控制措施

(1) 对重点参数进行控制：聚合反应釜内温度、压力，聚合反应釜内搅拌速率；引发剂流量；冷却水流量；料仓静电、可燃气体监控等。

(2) 安全控制要求及方式：反应釜温度和压力的报警和联锁；紧急冷却系统；紧急切断系统；紧急加入反应终止剂系统；搅拌的稳定控制和联锁系统；料仓静电消除、可燃气体置换系统，可燃和有毒气体检测报警装置；高压聚合反应釜设有防爆墙和泄爆面等。将聚合反应釜内温度、压力与釜内搅拌电流、聚合单体流量、引发剂加入量、聚合反应釜夹套冷却水进水阀形成联锁关系，在聚合反应釜处设立紧急停车系统。当反应超温、搅拌失效或冷却失效时，能及时加入聚合反应终止剂。设置安全泄放系统。

(八) 裂解(裂化)工艺

裂解是指石油系的烃类原料在高温条件下，发生碳链断裂或脱氢反应，生成烯烃及其他产物的过程。产品以乙烯、丙烯为主，同时副产丁烯、丁二烯等烯烃和裂解汽油、柴油、燃料油等产品。

烃类原料在裂解炉内进行高温裂解，产出组成为氢气、低/高碳烃类、芳烃类以及馏分为 288℃ 以上的裂解燃料油的裂解气混合物。经过急冷、压缩、激冷、分馏以及干燥和加氢等方法，分离出目标产品和副产品。

在裂解过程中，同时伴随缩合、环化和脱氢等反应。由于所发生的反应很复杂，通常把反应分成两个阶段：第一阶段，原料变成的目的产物为乙烯、丙烯，这种反应称为一次反应；第二阶段，一次反应生成的乙烯、丙烯继续反应转化为炔烃、二烯烃、芳烃、环烷烃，甚至最终转化为氢气和焦炭，这种反应称为二次反应。裂解产物往往是多种组分混合物。影响裂解的基本因素主要为温度和反应的持续时间。化工生产中用热裂解的方法生产小分子烯烃、炔烃和芳香烃，如乙烯、丙烯、丁二烯、乙炔、苯和甲苯等。

1. 工艺危险性

（1）在高温（高压）下进行反应，装置内的物料温度一般超过其自燃点，若漏出会立即引起火灾。

（2）炉管内壁结焦会使流体阻力增加，影响传热，当焦层达到一定厚度时，因炉管壁温度过高，而不能继续运行下去，必须进行清焦，否则会烧穿炉管，裂解气外泄，引起裂解炉爆炸。

（3）如果由于断电或引风机机械故障而使引风机突然停转，则炉膛内很快变成正压，会从窥视孔或烧嘴等处向外喷火，严重时会引起炉膛爆炸。

（4）如果燃料系统大幅度波动，燃料气压力过低，则可能造成裂解炉烧嘴回火，使烧嘴烧坏，甚至会引起爆炸。

（5）有些裂解工艺产生的单体会自聚或爆炸，需要向生产的单体中加阻聚剂或稀释剂等。

2. 控制措施

（1）重点监控工艺参数：裂解炉进料流量；裂解炉温度；引风机电流；燃料油进料流量；稀释蒸汽比及压力；燃料油压力；滑阀差压超驰控制、主风流量控制、外取热器控制、机组控制、锅炉控制等。

（2）安全控制的基本要求：裂解炉进料压力、流量控制报警与联锁；紧急裂解炉温度报警和联锁；紧急冷却系统；紧急切断系统；反应压力与压缩机转速及入口放火炬控制；再生压力的分程控制；滑阀差压与料位；温度的超驰控制；再生温度与外取热器负荷控制；外取热器汽包和锅炉汽包液位的三冲量控制；锅炉的熄火保护；机组相关控制；可燃与有毒气体检测报警装置等。

（3）宜采用的控制方式：

① 将引风机电流与裂解炉进料阀、燃料油进料阀、稀释蒸汽阀之间形成联锁关系，一旦引风机故障停车，则裂解炉自动停止进料并切断燃料供应，但应继续供应稀释蒸汽，以带走炉膛内的余热；

② 将燃料油压力与燃料油进料阀、裂解炉进料阀之间形成联锁关系，燃料油压力降低，则切断燃料油进料阀，同时切断裂解炉进料阀；

③ 分离塔应安装安全阀和放空管，低压系统与高压系统之间应有逆止阀并配备固定的氮气装置、蒸汽灭火装置；

④ 将裂解炉电流与锅炉给水流量、稀释蒸汽流量之间形成联锁关系；一旦水、电、蒸汽等公用工程出现故障，裂解炉能自动紧急停车；

⑤ 反应压力正常情况下由压缩机转速控制，开工及非正常工况下由压缩机入口放火炬控制；

⑥ 再生压力由烟机入口蝶阀和旁路滑阀（或蝶阀）分程控制；

⑦ 再生、待生滑阀正常情况下分别由反应温度信号和反应器料位信号控制，一旦滑阀

差压出现低限，则转由滑阀差压控制；

⑧ 再生温度由外取热器催化剂循环量或流化介质流量控制；

⑨ 外取热汽包和锅炉汽包液位采用液位、补水量和蒸发量三冲量控制；

⑩ 带明火的锅炉设置熄火保护控制；

⑪ 大型机组设置相关的轴温、轴震动、轴位移、油压、油温、防喘振等系统控制；

⑫ 在装置存在可燃气体、有毒气体泄漏的部位设置可燃气体报警仪和有毒气体报警仪。

（九）磺化工艺

磺化是向有机化合物分子中引入磺酰基($—SO_3H$)的反应。磺化方法分为三氧化硫磺化法、共沸去水磺化法、氯磺酸磺化法、烘焙磺化法和亚硫酸盐磺化法等。涉及磺化反应的工艺过程为磺化工艺。磺化反应除了增加产物的水溶性和酸性外，还可以使产品具有表面活性。芳烃经磺化后，其中的磺酸基可进一步被其他基团[如羟基($—OH$)、氨基($—NH_2$)、氰基($—CN$)等]取代，生产多种衍生物。

1. 工艺危险特点

（1）应原料具有燃爆危险性；磺化剂具有氧化性、强腐蚀性；如果投料顺序颠倒、投料速度过快、搅拌不良、冷却效果不佳等，都有可能造成反应温度异常升高，使磺化反应变为燃烧反应，引起火灾或爆炸事故。

（2）氧化硫易冷凝堵管，泄漏后易形成酸雾，危害较大。

2. 控制措施

（1）重点监控工艺参数：磺化反应釜内温度、磺化反应釜内搅拌速率、磺化剂流量、冷却水流量。

（2）安全控制的基本要求：反应釜温度的报警和联锁、搅拌的稳定控制和联锁系统、紧急冷却系统、紧急停车系统、安全泄放系统、三氧化硫泄漏监控报警系统等。

（3）宜采用的控制方式：将磺化反应釜内温度与磺化剂流量、磺化反应釜夹套冷却水进水阀、釜内搅拌电流形成联锁关系，紧急断料系统，当磺化反应釜内各参数偏离工艺指标时，能自动报警、停止加料，甚至紧急停车。磺化反应系统应设有泄爆管和紧急排放系统。

（十）新型煤化工工艺

以煤为原料，经化学加工使煤直接或者间接转化为气体、液体和固体燃料、化工原料或化学品的工艺过程。主要包括煤制油（甲醇制汽油、费托合成油）、煤制烯烃（甲醇制烯烃）、煤制二甲醚、煤制乙二醇（合成气制乙-醇）、煤制甲烷气（煤气甲烷化）、煤制甲醇、甲醇制醋酸等工艺。

1. 工艺危险特点

（1）反应介质涉及一氧化碳、氢气、甲烷、乙烯、丙烯等易燃气体，具有燃爆危险性。

（2）反应过程多为高温、高压过程，易发生工艺介质泄漏，引发火灾、爆炸和一氧化碳中毒事故。

（3）反应过程可能形成爆炸性混合气体。

（4）多数煤化工新工艺反应速度快，放热量大，造成反应失控。

（5）反应中间产物不稳定，易造成分解爆炸。

2. 控制措施

（1）重点监控工艺参数：反应器温度和压力；反应物料的比例控制；料位；液位；进料

介质温度、压力与流量；氧含量；外取热器蒸汽温度与压力；风压和风温；烟气压力与温度；压降；H_2/CO 比；NO/O_2 比；$NO/醇$ 比；H_2、H_2S、CO_2 含量等。

（2）安全控制的基本要求：反应器温度、压力报警与联锁；进料介质流量控制与联锁；反应系统紧急切断进料联锁；料位控制回路；液位控制回路；H_2/CO 比例控制与联锁；NO/O_2 比例控制与联锁；外取热器蒸汽热水泵联锁；主风流量联锁；可燃和有毒气体检测报警装置；紧急冷却系统；安全泄放系统。

（3）宜采用的控制方式：将进料流量、外取热蒸汽流量、外取热蒸汽包液位、H_2/CO 比例与反应器进料系统设立联锁关系，一旦发生异常工况启动联锁，紧急切断所有进料，开启事故蒸气阀或氮气阀，迅速置换反应器内物料，并将反应器进行冷却、降温。

（4）安全设施，包括安全阀、防爆膜、紧急切断阀及紧急排放系统等。

（十一）电石生产工艺

电石生产工艺是以石灰和碳素材料（焦炭、兰炭、石油焦、冶金焦、白煤等）为原料，在电石炉内依靠电弧热和电阻热在高温进行反应，生成电石的工艺过程。电石炉型式主要分内燃型和全密闭型两种。

1. 工艺危险性

（1）电石炉工艺操作具有火灾、爆炸、烧伤、中毒、触电等危险性。

（2）电石遇水会发生激烈反应，生成乙炔气体，具有燃爆危险性。

（3）电石的冷却、破碎过程具有人身伤害、烫伤等危险性。

（4）反应产物一氧化碳有毒，与空气混合到 12.5%～74% 时会引起燃烧和爆炸。

（5）生产中漏糊造成电极软断时，会使炉气出口温度突然升高，炉内压力突然增大，造成严重的爆炸事故。

（6）产物中易生成过氧化物，化学稳定性差，受高温、摩擦或撞击作用易分解、燃烧或爆炸。

2. 控制措施

（1）对重点参数进行控制：炉气温度；炉气压力；料仓料位；电极压放量；一次电流；一次电压；电极电流；电极电压；有功功率；冷却水温度、压力；液压箱油位、温度；变压器温度；净化过滤器入口温度、炉气组分分析等。

（2）安全控制要求及方式：设置紧急停炉按钮；电炉运行平台和电极压放视频监控、输送系统视频监控和启停现场声音报警；原料称重和输送系统控制；电石炉炉压调节、控制；电极升降控制；电极压放控制；液压泵站控制；炉气组分在线检测、报警和联锁；可燃和有毒气体检测和声光报警装置；设置紧急停车按钮等。将炉气压力、净化总阀与放散阀形成联锁关系；将炉气组分氢、氧含量高与净化系统形成联锁关系；将料仓超料位、氢含量与停炉形成联锁关系。安全设施，包括安全阀、重力泄压阀、紧急放空阀、防爆膜等。

三、重大危险源危险性辨识及控制措施

（一）危险因素辨识

危险化学品重大危险源是指长期地或临时地生产、储存、使用和经营危险化学品，且危险化学品的数量等于或超过临界量的单元。

其中单元可分为生产单元和储存单元。生产单元是指危险化学品的生产、加工及使用等

的装置及设施，当装置及设施之间有切断阀时，以切断阀作为分隔界限划分为独立的单元。储存单元是指用于储存危险化学品的储罐或仓库组成的相对独立的区域，储罐区以罐区防火堤为界限划分为独立的单元，仓库以独立库房(独立建筑物)为界限划分为独立的单元。

重大危险源根据其生产或储存的危险物质性质，主要危险有火灾爆炸、触电、机械伤害、高处坠落、中毒与窒息等。常见危险化学品名称及其临界量见表4-1。

表4-1 常见危险化学品名称及其临界量

序号	化学品名称	别名	CAS 号	临界量/t
1	氨	液氨；氨气	7664-41-7	10
2	二氧化氮	—	10102-44-0	1
3	二氧化硫	亚硫酸酐	7446-09-5	20
4	环氧乙烷	氧化乙烯	75-21-8	10
5	硫化氢	—	7783-06-4	5
6	氯	液氯；氯气	7782-50-5	5
7	煤气(CO，CO 和 H_2、CH_4 的混合物等)			20
8	三氧化硫	硫酸酐	7446-11-9	75
9	硝酸铵(含可燃物>0.2%，包含以碳计算的任何有机物，但不包含任何其他添加剂)		6484-52-2	5
10	硝酸铵(含可燃物≤0.2%)		6484-52-2	50
11	硝酸铵肥料(含可燃物≤0.4%)	—	—	200
12	氯乙烯	乙烯基氯	75-01-4	50
13	氢	氢气	1333-74-0	5
14	乙炔	电石气	74-86-2	1
15	乙烯		74-85-1	50
16	氧(压缩的或液化的)	液氧；氧气	7782-44-7	200
17	苯	纯苯	71-43-2	50
18	丙酮	二甲基酮	67-64-1	500
19	二硫化碳		75-15-0	50
20	环己烷	六氢化苯	110-82-7	500
21	甲苯	甲基苯；苯基甲烷	108-88-3	500
22	甲醇	木醇；木精	67-56-1	500
23	乙酸乙酯	醋酸乙酯	141-78-6	500
24	发烟硝酸	—	52583-42-3	20
25	硝酸(发红烟的除外，含硝酸>70%)	—	7697-37-2	100
26	碳化钙	电石	75-20-7	100

(二)控制措施

(1)重大危险源应配备温度、压力、液位、流量等信息的不间断采集和监测系统以及可燃气体和有毒有害气体泄漏检测报警装置，并具备信息远传、记录、安全预警、信息存储等功能；

（2）重大危险源的化工生产装置应装备满足安全生产要求的自动化控制系统；

（3）一级或者二级重大危险源，设置紧急停车系统；

（4）对重大危险源中的毒性气体、剧毒液体和易燃气体等重点设施，设置紧急切断装置；

（5）对涉及毒性气体、液化气体、剧毒液体的一级或者二级重大危险源，应具有独立安全仪表系统；

（6）对毒性气体的设施，设置泄漏物紧急处置装置；

（7）重大危险源中储存剧毒物质的场所或者设施，设置视频监控系统；

（8）处置监测监控报警数据时，监控系统能够自动将超限报警和处置过程信息进行记录并实现留痕。

四、试生产过程危险性及控制措施

（一）危险性辨识

试生产过程存在很多不确定因素，是一个不断试验、不断调整的过程，在此过程中，不断暴露的问题可能引发泄漏、燃烧爆炸、中毒窒息、机械伤害、触电，物体打击等危险，主要原因如下：

（1）现场有些安装扫尾工作需要完善；

（2）设备安装中存在互相不匹配、不配套问题，需要不断调整；

（3）试车方案需要通过试验进一步优化；

（4）试车过程需要企业、设计、施工、监理方等多方人员协调配合，岗位设置、人员职责分工需要进一步优化；

（5）操作规程、安全规程需要进一步完善；

（6）作业人员对于操作过程不够熟练，操作技能还需要进一步提高；

（7）其他不确定因素。

（二）控制措施

（1）建立建设项目试生产的组织管理机构，明确试生产安全管理范围，合理界定建设项目的建设单位、总承包商、设计单位、监理单位、施工单位等相关方的安全管理范围与职责。

（2）建设项目试生产前，组织开展"三查四定"（查设计漏项、查工程质量及隐患、查未完工程量；对检查出来的问题定任务、定人员、定时间、定措施，限期完成）工作，并对查出的问题落实责任进行整改完善。

（3）编制总体试生产方案和专项试车方案、明确试生产条件，并对相关参与人员进行方案交底并严格执行。

（4）设计、施工、监理等参建单位对建设项目试生产方案及试生产条件提出审查意见。对采用专利技术的装置，试生产方案应经专利供应商现场人员书面确认。编制建设项目联动试车方案、投料试车方案、异常工况处置方案等。

（5）建设项目试生产前完成各项生产技术资料、岗位记录表和技术台账（包括工艺流程图操作规程、工艺卡片、工艺和安全技术规程、安全事故应急预案、化验分析规程、主要设备运行操作规程、电气运行规程、仪表及计算机运行规程、联锁值整定记录等）的编制工作。

（6）试生产前对所有参加试车人员进行培训。

（7）编制系统吹扫冲洗方案，落实责任人员。在系统吹扫冲洗前，应在排放口设置警戒区，拆除易被吹扫冲洗损坏的所有部件，确认吹扫冲洗流程、介质及压力。蒸汽吹扫时，要落实防止人员烫伤的防护措施。

（8）编制气密试验方案。要确保气密试验方案全覆盖、无遗漏，明确各系统气密的最高压力等级。气密试验前应用盲板将气密试验系统与其他系统隔离，严禁超压。高压系统气密试验前，应分成若干等级压力，逐级进行气密试验。真空系统进行真空试验前，应先完成气密试验。气密试验时，要安排专人检查，发现问题，及时处理，做好气密检查记录。

（9）开展开车前安全条件审查，确认检查清单中所要求完成的检查项，将必改项和遗留项的整改进度以文件的形式报告给相关人员。

（10）建立单机试车安全管理程序。单机试车前，应编制试车方案、操作规程，并经各专业确认。单机试车过程中，应安排专人操作、监护、记录，发现异常立即处理。对专利设备或关键设备应由供应商负责调试。单机试车结束后，建设单位应组织设计、施工、监理及制造商等方面人员签字确认并填写试车记录。

（11）建立联动试车安全管理程序，明确负责统一指挥的协调人员。联动试车前，所有操作人员考核合格并已取得上岗资格；公用工程系统已稳定运行；试车方案和相关操作规程、经审查批准的仪表报警和联锁值已整定完毕；各类生产记录、报表已印发到岗位。联动试车结束后，建设单位应组织设计、施工、监理及制造商等方面人员签字确认并填写试车记录。

（12）投料前，应全面检查工艺、设备、电气、仪表、公用工程、所需原辅材料和应急预案、装备准备等情况，对各项准备工作进行审查确认，明确负责统一指挥的协调人员，具备各项条件后方可进行投料。投料过程应严格按照试车方案进行，并做好各项记录。

（13）引入燃料或窒息性气体后，企业应建立并执行每日安全调度例会制度，统筹协调全部试车的安全管理工作。

（14）投料试生产过程中，企业应严格控制现场人数，严禁无关人员进入现场。

五、开停车过程危险性辨识及控制措施

（一）危险性辨识

（1）管道、设备、阀门、人孔、手孔是否损坏；

（2）供水、供电、仪表用气是否存在故障；

（3）电气仪表等设备指示是否正确；

（4）安全附件是否启用，运行是否正常；

（5）作业场所是否整洁，是否存在杂物、易燃物质、无关设备工器具，无关人员等；

（6）作业方案是否合理。

（二）控制措施

（1）开停车前进行安全条件的检查确认。

（2）制定开停车方案，编制安全措施和开停车步骤确认表。开车前企业应对如下重要步骤进行签字确认：

① 进行冲洗、吹扫、气密试验时，要确认已制定有效的安全措施；

② 引进蒸汽、氮气、易燃易爆介质前，要指定有经验的专业人员进行流程确认；

③ 引进物料时，要随时监测物料流量、温度、压力、液位等参数变化情况，确认流程是否正确。

（3）应严格控制进退料顺序和速率，现场安排专人不间断巡检，监控有无泄漏等异常现象。

（4）停车过程中的设备、管线低点的排放应按照顺序缓慢进行，并做好个人防护；设备、管线吹扫处理完毕后应用盲板切断与其他系统的联系。抽堵盲板作业应在编号、挂牌、登记后按规定的顺序进行，并安排专人逐一进行现场确认。

（5）在单台设备交付检维修前与检维修后投入使用前，应进行安全条件确认。

六、作业过程危险性及控制措施

（一）危险性

（1）作业方案或步骤不清，操作错误；

（2）对过程涉及危险物质危险性认识不清，缺乏防护措施；

（3）相关设施设备、管道阀门的安全条件未确认，引发事故发生；

（4）人员未经培训不熟悉操作步骤、应急技能，造成误操作。

（二）控制措施

（1）特殊作业按照第七章进行辨识和管控；

（2）实施作业前，对从业人员进行培训，使其熟悉工作岗位和作业环境中存在的危险有害因素，掌握、落实应采取的管控措施；

（3）作业前确认安全条件，包括设施、设备、阀门、仪器仪表、安全监测、检测设施、安全联锁，泄放系统、防护器具等都处于正确状态；

（4）操作过程穿戴好劳动防护用品、严格按照操作规程进行，出现问题及时报告；

（5）对厂区内人员密集场所及可能存在的较大风险进行管控：

① 试生产投料期间，区域内不得有施工作业；

② 涉及硝化、加氢、氟化、氯化等重点监管化工工艺及其他反应工艺危险度 2 级及以上的生产车间（区域），同一时间现场操作人员控制在 3 人以下；

③ 系统性检修时，同一作业平台或同一受限空间内不得超过 9 人；

④ 装置出现泄漏等异常状况时，严格控制现场人员数量。

（6）储罐切水作业、液化烃充装作业、安全风险较大的设备检维修等危险作业应制定相应的作业程序，作业时应严格执行作业程序。

第四节 建筑施工作业风险辨识及控制措施

一、建筑施工作业风险辨识

在建筑工程施工过程中，建筑物结构处于最脆弱的状态，荷载承受能力最低，任何不利的作用或意料之外的荷载都将对建筑物造成不利的影响，带来不同程度的损害，甚至造成破坏，引起该建筑物周围其他财产的损失和人员的伤亡等。

建筑施工所存在的风险主要有两大类：一是自然原因形成的风险，二是人为因素（包括管理因素）形成的风险。在这两类风险中，有些因素是可以通过风险控制加以避免或者减少损失的，有些则是不可避免的。一个建设项目，从立项到投入使用，各种各样的风险是必然存在的。

建筑施工中存在的风险主要有：

（1）深基坑工程的风险。建筑工程深基坑是指挖掘深度超过 1.5m 的沟槽和开挖深度超过 5m 的基坑，或深度虽未超过 5m，但在基坑开挖影响范围内有重要建（构）筑物、住宅或有需要严加保护的管线的基坑。深基坑工程包括施工方案、临边防护、坑壁支护、排水措施、坑边荷载、上下通道、土方开挖、基坑支护变形监测和作业环境等。主要危害有坍塌、高处坠落。

（2）超高跨模板支撑工程的风险。超高、超重、大跨度模板支撑工程是指高度超过 8m 或跨度超过 18m，施工总荷载大于 10kN/m² 或集中线荷载大于 15kN/m 的模板支撑工程。超高跨模板支撑工程包括施工方案、支撑系统、立柱稳定、施工荷载、模板存放、支拆模板、模板验收、混凝土强度、运输道路和作业环境等。主要危害有坍塌、高处坠落。

（3）脚手架工程的风险。脚手架工程包括搭设高度在 20m 以上的落地式脚手架，悬挑脚手架，高度在 6.5m 以上、均布荷载大于 3kN/m² 的满堂红脚手架和附着式整体提升脚手架。主要危害有坍塌、高处坠落。

（4）起重机械装拆工程的风险。起重机械主要指物料提升机、人货两用施工电梯和塔式起重机。起重机械装拆工程包括安装、顶升、吊装、拆除作业。主要危害有坍塌、高处坠落、起重伤害。

（5）施工临时用电的风险。施工临时用电的风险包括外电防护、接地与接零保护系统、配电线路、配电箱、开关箱、现场照明、电气设备、变配电装置等安全保护（如漏电、绝缘、接地保护、一机一闸等）不符合要求，造成人员触电、局部火灾等意外。主要危害有触电、火灾。

（6）"四口"和"五临边"的风险。"四口"是指通道口、预留洞口、楼梯口和电梯井口。"五临边"是指基坑周边，尚未安装栏杆或栏板的阳台、料台与挑平台周边，雨篷与挑檐边，无外脚手架的屋面和楼层周边及水箱和水塔周边。高度大于 2m 的"四口"和"五临边"作业面，因安全防护设施不符合要求或无防护设施、人员未配系防护绳（带）等造成人员踏空、滑倒、失稳等意外。主要危害是高处坠落。

（7）悬挂作业的风险。悬挂作业主要指吊篮外墙涂料作业。主要危害有高处坠落、物体打击。

（8）人工挖孔桩的风险。人工挖孔桩因孔内通风排气不畅，易造成人员窒息或气体中毒或孔壁坍塌掩埋施工人员等。主要危害有坍塌、中毒。

（9）仓库、食堂的风险。施工用易燃易爆化学物品临时存放或使用不当、防护不到位，造成火灾或人员中毒事故；工地饮食因卫生不达标，造成集体中毒或疾病。主要危害有火灾、爆炸、中毒。

（10）临时民工宿舍、围墙的风险。工地临时民工宿舍和围墙失稳，造成切塌、倒塌事故以及临时民工宿舍发生重大火灾。主要危害有坍塌、火灾。

二、建筑施工风险控制

（一）建筑施工风险控制基本原则

面对建筑施工存在的各种风险，需要在重大危险源辨识和风险评价的基础上，编制科学的危险源管理方案，未雨绸缪，预先控制，及时消除施工过程中存在的不安全因素，达到实施风险控制的目的。

1. 建筑施工风险控制基本原则

（1）消除优先原则。首先考虑通过合理的设计和科学的管理，尽可能从根本上消除危险源，实现本质安全。如采用无害工艺技术、生产中以无害物质代替有害物质、实现自动化、遥控技术等。

（2）降低风险原则。如果无法从根本上消除危险源，就要考虑降低风险。采取技术和管理措施，努力降低伤害或损坏发生的概率或潜在风险的严重程度。

（3）个体防护原则。在采取消除或降低风险措施后，还不能完全保证作业人员的安全健康时，就需要考虑将个体防护设备作为补充对策，如穿戴特种劳动防护用品等。

2. 建筑施工风险控制的管理措施

（1）建立健全危险源管理的规章制度。危险源确定后，在对危险源进行系统危险性分析的基础上建立健全各项规章制度，包括岗位安全生产责任制、危险源重点控制实施细则、安全操作规程、操作人员培训考核制度、日常管理制度、交接班制度、检查制度、信息反馈制度、危险作业审批制度、异常情况应急措施和考核奖惩制度等。

（2）明确安全责任，定期检查。应根据各危险源的等级，分别确定各级负责人，并明确其应负的具体责任。特别是要明确各级危险源的定期检查责任，除了作业人员必须每天自查外，还要规定各级领导定期参加检查。对危险源的检查要制定检查表，对照规定的方法和标准逐条逐项进行检查，并做记录。如发现隐患则应及时反馈，及时进行消除。

（3）加强危险源的日常管理。要严格要求作业人员，贯彻执行有关危险源日常管理的规章制度，按专项施工方案、安全操作规程进行操作，按安全检查表进行日常安全检查，危险作业经过审批等。所有活动均应按要求认真做好记录，领导和安检部门定期进行严格检查和考核，发现问题后及时给予指导教育，根据检查和考核情况进行奖惩。

（4）抓好信息反馈，及时整改隐患。要建立、健全危险源信息反馈系统，制定信息反馈制度并严格贯彻实施。对信息反馈和隐患整改的情况，各级领导和安检部门要进行定期考核和奖惩。安检部门要定期收集、处理信息，及时提供给各级领导研究决策，改进危险源的控制管理工作。

（5）搞好危险源控制管理的基础建设工作。建立健全危险源的安全档案并设置安全标志牌。应按安全档案管理的有关要求建立危险源档案，并指定专人保管，定期整理。在危险源的显著位置悬挂安全标志牌，标明危险等级，注明负责人员，标明主要危险，并扼要注明防范措施。

（6）搞好危险源控制管理的考核评价和奖惩。对危险源控制管理的各方面工作制定考核标准，并力求量化，划分等级。定期严格考核评价，促使危险源控制管理的水平不断提高。

3. 建筑施工风险控制的技术措施

建筑施工风险控制的技术措施主要有：

（1）消除的技术措施。消除系统中的危险源，可以从根本上防止事故的发生。但是按照现代安全工程的观点，彻底消除所有危险源是不可能的。因此，人们往往首先选择危险性较大、在现有技术条件下可以消除的危险源作为优先考虑的对象。可以通过选择合适的工艺、技术、设备、设施，合理的结构形式，以及选择无害、无毒或不能致人伤害的物料来彻底消除某种危险源，如淘汰毛竹脚手架、钢管扣件式物料提升机等。

（2）预防的技术措施。当消除危险源有困难时，可采取预防危险因素的措施，如使用安全阀、安全屏护、漏电保护装置、安全电压、熔断器、排风装置等。

（3）减弱的技术措施。在无法消除危险源和难以预防的情况下，可采取减轻危险因素的措施，如降温措施、避雷装置、消除静电装置、减振装置等。

（4）隔离的技术措施。在无法消除、预防和减轻危险因素的情况下，应将人员与危险源隔开，并将不能共存的物质分开，如遥控作业、安全罩、防护屏、隔离操作室、安全距离等。

（5）联锁的技术措施。当操作者失误或设备运行达到危险状态时，应通过联锁装置终止危险、危害的发生。

（6）警告的技术措施。在易发生故障和危险性较大的地方配置醒目的安全色、安全标志，必要时，设置声、光或声光组合报警装置。

（7）应急救援的技术措施。制定重大危险源应急救援预案，当事故不可避免发生时，应立即启动应急救援预案，组织有效的应急救援力量，实施迅速的救护。这是减少事故人员伤亡和财产损失的有效措施。

复习思考题

1. 根据《生产过程危险和有害因素分类与代码》（GB/T 13861—2009）的规定，将生产过程中的危险有害因素分为哪几类？
2. 对危险化学品重大危险源风险的控制措施有哪些？
3. 化工生产系统开停车过程危险性及控制措施有哪些？

第五章 常见防护器具及灭火设施的使用

本章学习要点

1. 了解并掌握常见劳动防护用品的使用方法；
2. 了解并掌握便携式气体检测仪的报警设定及警报处理；
3. 了解并掌握常用灭火设施的使用方法。

第一节 常见劳动防护用品

劳动防护用品是为了保护工人在生产过程中的安全和健康而发给劳动者个人使用的防护用品。用于防护有灼伤、烫伤或者容易发生机械外伤等危险的操作，在强烈辐射热或者低温条件下的操作，散放毒性、刺激性、感染性物质或者大量粉尘的操作以及经常使衣服腐蚀、潮湿或者特别肮脏的操作等。

一、劳动防护用品的品类及防护性能

按人体生理部位分类，化工各企业现场监护人可以选用的防护用品可见表 5-1。

表 5-1　常见劳动防护用品的品类及防护性能（参照 AQ/T 3048—2013）

种类	编号	名称	防护性能
头部防护	A01	工作帽	防止头部擦伤、头发被绞碾
	A02	安全帽	防御物体对头部造成冲击、刺穿、挤压等伤害
呼吸器官防护	B01	防尘口罩	用于空气中含氧 19.5% 以上的粉尘作业环境，防止吸入一般性粉尘，防御颗粒物等危害呼吸系统或眼面部
	B02	过滤式防毒面具	利用净化部件吸附、吸收、催化或过滤等作用除去环境空气中有害物质后作为气源的防护用品
	B03	长管式防毒面具	使佩戴者呼吸器官与周围空气隔绝，并通过长管得到清洁空气供呼吸的用品
	B04	空气呼吸器	在缺氧时或防止吸入对人体有害的毒气、烟雾、悬浮于空气中的有害污染物
眼面部防护	C01	一般防护眼镜	戴在脸上并紧紧围住眼眶，对眼起一般的防护作用
	C02	防冲击护目镜	防御铁屑、灰砂、碎石对眼部产生的伤害
	C04	防强光、紫（红）外线护目镜或面罩	防止可见光、红外线、紫外线中的一种或几种对眼的伤害
	C05	防腐蚀液眼镜/面罩	防御酸、碱等有腐蚀性化学液体飞溅对人眼/面部产生的伤害
	C06	焊接面罩	防御有害弧光、熔融金属飞溅或粉尘等有害因素对眼睛、面部的伤害

种类	编号	名称	防护性能
听器官防护	D01	耳塞	防止暴露在强噪声环境中的工作人员的听力受到损伤
	D02	耳罩	适用于暴露在强噪声环境中的工作人员，以保护听觉、避免噪声过度刺激，在不适合戴耳塞时使用。一般在噪声大于100dB（A）时使用
手部防护	E01	普通防护手套	防御摩擦和脏污等普通伤害
	E02	防化学品手套	具有防毒性能，防御有毒物质伤害手部
	E03	防静电手套	防止静电积聚引起的伤害
	E04	耐酸碱手套	接触酸（碱）时戴用，免受酸（碱）伤害
	E06	防机械伤害手套	保护手部免受磨损、切割、刺穿等机械伤害
	E07	隔热手套	防御手部受过热或过冷伤害
	E08	绝缘手套	使作业人员的手部与带电物体绝缘，免受电流伤害
	E09	焊接手套	防御焊接作业的火花、熔融金属、高温金属辐射对手部的伤害
足部防护	F01	防砸鞋	保护脚趾免受冲击或挤压伤害
	F02	防刺穿鞋	保护脚底，防足底刺伤
	F03	防水胶靴	防水、防滑和耐磨的胶鞋
	F04	防寒鞋	鞋体结构与材料都具有防寒保暖作用，防止脚部冻伤
	F05	隔热阻燃鞋	防御高温、熔融金属火花和明火等伤害
	F06	防静电鞋	鞋底采用静电材料，能及时消除人体静电积累
	F07	耐酸碱鞋	在有酸碱及相关化学品作业中穿用，用各种材料或复合型材料做成，保护足部防御化学品飞溅所带来的伤害
	F08	防滑鞋	防止滑倒，用于登高或在油渍、钢板、冰上等湿滑地面上行走
	F09	绝缘鞋	在电气设备上工作时作为辅助安全用具，防触电伤害
	F10	焊接防护鞋	防御焊接作业的火花、熔融金属、高温辐射对足部的伤害
	F11	防护鞋	具有保护特征的鞋，用于保护穿着者免受意外事故引起的伤害，装有保护包头
躯干防护	G01	一般防护服	以织物为面料，采用缝制工艺制成，起一般性防护作用
	G02	防静电服	能及时消除本身静电积聚危害，用于可能引发电击、火灾及爆炸的危险场所穿用
	G03	阻燃防护服	用于作业人员从事有明火、散发火花、在熔融金属附近操作有辐射热和对流热的场合和在有易燃物质并有着火危险的场所穿用，在接触火焰及炙热物体后，一定时间内能阻止本身被点燃、有焰燃烧和阴燃
	G04	化学品防护服	防止危险化学品的飞溅和与人体接触对人体造成的伤害
	G05	防尘服	透气性织物或材料制成的防止一般性粉尘对皮肤的伤害，能防止静电积聚
	G06	防寒服	具有保暖性能，用于冬季室外作业人员或常年低温作业环境人员的防寒
	G07	防酸碱服	用于从事酸碱作业人员穿用，具有防酸碱性能

续表

种类	编号	名称	防护性能
躯干防护	G08	焊接防护服	用于焊接作业，防止作业人员遭受熔融金属飞溅及其热伤害
	G09	防水服(雨衣)	以防水橡胶涂覆织物为面料，防御水透过和漏入
	G11	绝缘服	可防 7000V 以下高电压，用于带电作业时的身体防护
	G12	隔热服	防止高温物质接触或热辐射伤害
坠落防护	H01	安全带	用于高处作业、攀登及悬吊作业，保护对象为体重及负重之和最大 100kg 的使用者，可以减小高处坠落时产生的冲击力，防止坠落者与地面或其他障碍物碰撞，有效控制整个坠落距离
	H02	安全网	用来防止人、物坠落，或用来避免、减轻坠落物及物击伤害

二、劳动防护用品的选用

现场监护人可根据化工生产过程中涉及的主要作业类别来选用相应的劳动防护用品。化工各企业常见的作业类别以及各作业类别适用的劳动防护用品说明见表 5-2。

表 5-2　作业类别以及各作业类别适用的劳动防护用品(参照 AQ/T 3048—2013)

作业类别	说明	适用的劳动防护用品	作业举例
易燃易爆场所作业	易燃易爆品失去控制的燃烧引发火灾	B01 防尘口罩 B02、B03 防毒面具 B04 空气呼吸器 E03 防静电手套 F06 防静电鞋 G02 防静电服 G03 阻燃防护服 G04 化学品防护服 G05 防尘服	接触化学品分类中具有爆炸、可燃危险性质化学品的作业
有毒有害气体作业	工作场所中存有常温、常压下呈气体或蒸气状态、经呼吸道吸入能产生毒害物质的作业，包括刺激性气体和窒息性气体	A01 工作帽 B01 防尘口罩 B02、B03 防毒面具 B04 空气呼吸器 E02 防化学品手套 G04 化学品防护服	接触氮的氧化物、硫的化合物、强氧化剂、酯类、酮类、氨等刺激性气体，以及氮气、丙烯、一氧化碳、硫化氢、丙烯腈、氯气等窒息气体的作业
沾染液态毒物作业	工作场所中存有能黏附于皮肤、衣物上，经皮肤吸收产生毒害或对皮肤产生伤害的液态物质的作业	A01 工作帽 B01 防尘口罩 B02、B03 防毒面具 B04 空气呼吸器 C05 防腐蚀液护目镜/面罩 E02 化学品 G04 化学品防护服	接触芳香类化合物、硝基化合物、醇类化合物、醛类化合物、酮类化合物等液态毒物的作业

续表

作业类别	说明	适用的劳动防护用品	作业举例
涉固态毒物作业	接触固态毒物的作业,包括工作场所中存在的常温、常压下呈气溶胶状态、经呼吸道吸入能对人体产生毒害物质的作业以及通过皮肤进入人体产生毒害作用的固态物质的作业	A01 工作帽 A03 披肩帽 B01 防尘口罩 B02、B03 防毒面具 B04 空气呼吸器 E02 化学品 G04 化学品防护服 G05 尘服	接触固体的催化剂、吸附剂等固态毒物的作业
粉尘作业	长时间接触生产性粉尘,当吸入量超过一定浓度的粉尘时,将引起肺部弥漫性的纤维性病变,影响呼吸道及其他器官机能的作业	A01 工作帽 A03 披肩帽 B01 防尘口罩 G05 尘服	接触聚氯乙烯粉尘、煤尘、电焊烟尘、石灰石粉尘、催化剂粉尘石粉尘的作业
密闭场所作业	在空气不流通的场所中作业,包括在缺氧即空气中含氧浓度小于18%和毒气、有毒物质超标且不能排出等场中的作业	A02 安全帽 B03 长管式防毒面具 B04 空气呼吸器 E02 防化学品手套 G04 化学品防护服	生产区域内封闭、半封闭的设施及场所内的作业,如炉、塔、釜、罐、槽车等设备设施以及管道、烟道等孔道
腐蚀性作业	产生或使用腐蚀性物质的作业	A01 工作帽 C05 防腐蚀液护目镜/面罩 E04 耐酸碱手套 F07 耐酸碱鞋 G07 防酸碱服	生产或使用硫酸、盐酸、硝酸、液体强碱、固体强碱等的作业
噪声作业	存在噪声源可能对作业人员听力产生危害的作业	D01 耳塞 D02 耳罩	涉及压缩机、鼓风机、氨压机、氢压机、空压机、造粒机、空冷器、磨煤机、锅炉、汽轮机等的作业
高温作业	生产劳动过程中,工作地点平均 WBGT 指数(湿球黑球温度)大于或等于 25℃ 的作业	A02 安全帽 C04 防强光、紫(红)线护目镜或面罩 E07 隔热手套 F05 隔热阻燃鞋 G12 隔热服	热的液体、气体对人体的烫伤,热的固体与人体接触引起的灼伤,火焰对人体的烧伤以及炽热源的热辐射对人体的伤害
低温作业	在生产过程中,其工作平均气温小于或等于5℃的作业	F04 防寒鞋 G06 防寒服	在冷冻车间工作和北方冬季露天作业(室外巡检、维修)等
存在物体坠落、撞击的作业	物体坠落或横向上可能有物体相撞的作业	A02 安全帽 F01 防砸鞋 F02 防刺穿鞋 F11 防护鞋 H02 安全网	安装施工、起重、检修现场的作业

续表

作业类别	说明	适用的劳动防护用品	作业举例
地面存在尖利器物的作业	工作平面上可能存在对工作者脚部或腿部产生刺伤的作业	A02 安全帽 B01 防尘口罩 C02 防冲击护目镜 F02 防刺穿鞋	施工、检修现场
铲、装、吊、推机械操作	建筑、装载起重设备的操纵与驾驶作业	A02 安全帽 G01 一般防护服	操作铲机、推土机、装卸机、天车、龙门吊、塔吊、单臂起重机等机械
带电作业	在电气设施或线路带电情况下进行的作业	A02 安全帽 C02 防冲击护目镜 E08 绝缘手套 F09 绝缘鞋 G11 绝缘服	电气设备或线路带电作业、维修等

注：在选用防毒面具时应根据接触毒物的性质，选择相应的可以起到有效防护作用的防毒面具。

刺激性气体是指接触对眼、呼吸道黏膜和皮肤具有刺激作用的有害气体；窒息性气体是指接触经吸入使机体产生缺氧而直接引起窒息作用的气体，可分为单纯窒息性气体和化学窒息性气体。

第二节　个体防护用品的使用

一、安全帽的使用

安全帽是指对人头部受坠落物及其他特定因素引起的伤害起防护作用的帽子。安全帽由帽壳、帽衬、下颏带、后帽箍等组成。见图 5-1。

图 5-1　安全帽

（一）安全帽的正确佩戴方法

（1）安全帽帽衬圆周大小调节到对头部稍有约束感，用双手试着转动安全帽，以基本不能转动，但不难受的程度，以不系下颏带低头时安全帽不会脱落为宜；

（2）帽衬必须与帽壳连接良好，同时帽衬与帽壳不能紧贴，应有一定间隙，该间隙一般为 2.5~5cm。当有物体落到安全帽壳上时，帽衬可起到缓冲作用，不使颈椎受到伤害；

（3）必须系好下颏带，下颏带必须紧贴下颏，松紧以下颏有约束感但不难受为宜；

（4）后帽箍的大小应根据佩戴人的头型调整箍紧，特别注意女工佩戴安全帽应将头发放进帽衬。

（二）安全帽的使用注意事项

（1）佩戴安全帽前，应检查各配件有无损坏，装配是否牢固，帽衬调节部分是否卡紧，绳带是否系紧等，确认各部件完好后方可使用；

（2）热塑性安全帽可用清水冲洗，不得用热水浸泡，不能放在暖气或火炉上烘烤，防止安全帽变形；

（3）在厂区或其他任何地点，不得将安全帽作为坐垫使用；

（4）安全帽使用超过规定限值，或受过较重冲击时，虽然肉眼看不到损伤痕迹，也应予以更换。一般塑料安全帽使用期限为两年半，玻璃钢安全帽的有效期为三年半。

二、防尘口罩的使用

（一）使用方法

（1）先将头带每隔 2~4cm 处拉松，手穿过口罩头带，金属鼻位向前。

（2）戴上口罩并紧贴面部，口罩上端头带位放于头后，然后下端头带拉过头部，置于颈后，调校至舒适位置。

（3）双手指尖沿着鼻梁金属条，由中间至两边，慢慢向内按压，直至紧贴鼻梁。

（4）双手尽量遮盖口罩并进行正压及负压测试。（正压测试：双手遮着口罩，大力呼气。如空气从口罩边缘逸出，即佩戴不当，须再次调校头带及鼻梁处。）

（二）化工企业工作场所空气中可能存在粉尘的职业接触限值举例

见表 5-3。

表 5-3　工作场所空气中粉尘职业接触限值

物质名称	$PC\text{-}TWA/(\text{mg/m}^3)$		关键有害健康效应
	总尘	呼尘	
电焊烟尘	4		电焊工尘肺
活性炭粉尘	5		尘肺病
聚氯乙烯粉尘	5		下呼吸道刺激；肺功能改变
聚乙烯粉尘	5		呼吸道刺激
煤尘（游离 SiO_2 含量<10%）	4	2.5	煤工尘肺
石灰石粉尘	8	4	眼、皮肤刺激；尘肺

注：PC-TWA 是指时间加权平均容许浓度（Permissible Concentration-Time Weighted Average 的简称），以时间为权数规定的 8h 工作日的平均容许接触水平。

三、防毒面具的使用

防毒面具从造型上可以分为全面具（图 5-2）和半面具，全面具又分为正压式和负压式，但使用方法基本一致。

（一）防毒面具使用前检查

（1）使用前需检查面具是否有裂痕、破口，确保面具与脸部贴合良好；

（2）检查呼气阀片有无变形、破裂及裂缝；

（3）检查头带是否有弹性；

（4）检查滤毒罐座密封圈是否完好；

（5）检查滤毒罐是否在使用期内。

（二）防毒面具的使用

（1）风干的面具请仔细检查连接部位及呼气阀、吸

图 5-2　全面罩防毒面具

气阀的密合性，并将面具放于洁净的地方以便下次使用。

（2）清洗时请不要用有机溶液清洗剂进行清洗，否则会降低使用效果。

（3）佩戴时将面具盖住口鼻，然后将带头带框套拉至头顶；用双手将下面的头带拉向颈后，然后扣住。

（三）防毒面具的密合性测试

测试方法一：将手掌盖住呼气阀并呼气。如面部感到有一定的压力，但是没有感到空气在面部和面罩间泄漏，表示佩戴密合性良好。

测试方法二：用手掌盖住滤毒罐座的连接口，缓缓吸气。若感到呼吸有困难，则表示佩戴面具密封性良好。若感觉能吸入空气，则需重新调整面具位置及调节头带松紧度，消除漏气现象。

（四）滤毒罐使用方法和注意事项

（1）连接防毒面具：拧下滤毒罐盖，将滤毒罐接在面罩下面，取下滤毒罐底部进气孔橡皮塞。

（2）使用前要先检查全套面具的气密性。方法是：将面具和滤毒罐连接好，戴好防毒面具，用手或橡皮塞堵住滤毒罐进气孔，深呼吸，如果没有空气进入，则此套面具气密性很好，可以使用，否则应退换更新滤毒罐。

（3）使用前应查看有效期限，如有过期和破损及时更换。佩戴时如能闻到毒气微弱气味，应立即离开有毒区域。在有毒区域的氧气占体积的 18% 以下，有毒气体占总体积 2% 以上的地方，各型滤毒罐都不能起到防护作用。

（4）滤毒罐应储存在干燥、清洁、空气流通的地方，严防潮湿、过热、有效期为 5 年，超过 5 年应报废。

（5）每次使用后应将滤毒罐上部螺帽拧上，并塞上橡皮塞后储存。超过防毒时间直接报废处理。使用时间与所处环境防护介质浓度有关。

四、空气呼吸器的使用

图 5-3 为正压式空气呼吸器。

图 5-3　正压式空气呼吸器

（一）使用前检查

1. 检查气源压力

打开气瓶阀开关，观察高压表，要求气瓶内空气压力为 28～30MPa。随着管路、减压系统中压力的上升，会听到余压报警器报警。

2. 检查整机系统气密性

打开气瓶阀开关，观察压力表的读数，稍后关闭。在 5min 内，压力表读数下降应不超过 2MPa，表明系统气密良好。否则，应检查各接头部位的气密性。

3. 检查残气报警装置

通过供给阀的杠杆，轻轻按动供给阀膜片组，使管路中的空气缓慢地排出，当压力下降至4~6MPa时，余压报警器应发出报警声音，并且连续响到压力表指示值接近零时。否则，就要重新校验报警器。

4. 检查全面罩的密封性

佩戴好全面罩，用手掌心捂住面罩接口处，或在不打开供气阀的情况下深呼吸数次，感到吸气困难，证明全面罩气密性良好。

5. 检查供气阀的供气情况

打开气瓶阀开关，佩戴好面罩-供气阀，深吸一口气，供气阀"啪"的一声即打开供气。深呼吸几次检查供气阀性能，吸气和呼气都应舒畅无不舒适感觉。在这个过程中，供气阀应随佩戴人员的呼吸自由地供气和停气，即在吸气时供气，在呼气和屏住呼吸时停止供气，以保证压缩空气的有效利用。关闭供气阀开关，按下旁通阀开关，面罩内有股气流持续供气，供气阀开关关闭后持续气流终止，证明供气阀和放气阀工作正常。

6. 旁通阀的检查

关闭供气阀手动开关。按下供气阀上放气开关，检查应有连续的气流流出，然后关闭。

7. 检查完好状态

① 背带和全面罩头带完全放松；

② 气瓶正确定位并牢靠地固定在背托上；

③ 高压管路和中压管路无扭结或其他损坏；

④ 全面罩的面窗应清洁明亮；

⑤ 接通快速接头，打开气阀开关。

（二）使用方法

（1）将空气呼吸器气瓶瓶底向上背在肩上。

（2）将大拇指插入肩带调节带的扣中向下拉，调节到背部舒服为宜。

（3）插上塑料快速插口，腰带系紧度以舒适和背托不摆动为佳（首次佩戴前预先调节腰带两侧的三档口）。

（4）把下巴放入面罩，由下向上拉上头网罩，将网罩两边的松紧带拉紧，使全面罩双层密封环紧贴面部。

（5）深吸一口气将供气阀打开。呼吸几次，感觉舒适、呼吸正常后即可进入操作区作业。

（6）使用结束后的卸装方法：

① 将面罩两边的松紧带扣向外扒开，松开松紧带，将面罩从下向上脱下；

② 将供气阀上带有指示箭头的手动开关按下，关闭供气阀；

③ 将腰带插头从插座中退出；

④ 放松肩带，将呼吸器从肩上卸下；

⑤ 关闭气瓶阀开关，打开旁通阀，放空系统管内余气，再关闭旁通阀。

（三）注意事项

（1）使用前应经过专业培训，合格后方可佩戴使用。

（2）使用过程中必须确保气瓶阀处于完全打开状态。

（3）必须经常查看气瓶气源压力表，一旦发现高压表指针快速下降或发现不能排除的漏气时，应立即撤离现场。

（4）使用中感觉呼吸阻力增大、呼吸困难、出现头晕等不适现象，以及其他不明原因时应及时撤离现场。

（5）使用中听到残气报警器哨声后，应尽快撤离现场（到达安全区域时，迅速卸下面罩）。

（6）在作业过程中供气阀发生故障不能正常供气时，应立即打开旁通阀作人工供气，并迅速撤出作业现场。

五、氧气呼吸器的使用

氧气呼吸器又称隔绝式压缩氧呼吸器。呼吸系统与外界隔绝，仪器与人体呼吸系统形成内部循环，由高压气瓶提供氧气，有气囊存储呼吸时的气体。见图5-4。

图5-4　隔绝式正压氧气呼吸器

（一）使用方法

（1）打开气瓶阀，检查气瓶气压（压力应大24MPa），然后关闭阀门，放尽余气。

（2）气瓶阀门和背托朝上，利用过肩式或交叉穿衣式背上呼吸器，适当调整肩带的上下位置和松紧，直到感觉舒适为止。

（3）插入腰带插头，然后将腰带一侧的伸缩带向后拉紧扣牢。

（4）撑开面罩头网，由上向下将面罩戴在头上，调整面罩位置。用手按住面罩进气口，通过吸气检查面罩密封是否良好，否则再收紧面罩紧固带，或重新戴面罩。

（5）打开气瓶开关及供给阀。

（6）将供气阀接口与面罩接口吻合，然后握住面罩吸气根部，左手把供气阀向里按，当听到"咔嚓"声即安装完毕。

（7）应呼吸若干次检查供气阀性能。吸气和呼气都应舒畅，无不适感觉。

（二）注意事项

（1）佩戴之前，先检查气瓶的压力表指针应在绿色格之内，呼吸器各部件完好，按要求佩戴好呼吸器，调整好头带。半面具完全贴和在面部；面罩必须保证密封，面罩与皮肤之间无头发或胡须等，确保面罩密封。

（2）供气阀要与面罩按口黏合牢固。

（3）使用过程中要注意报警器发出的报警信号，听到报警信号后应立即撤离现场。

（4）面具测漏：

① 将手掌贴在面具的接气口机构上。

② 吸气然后屏住呼吸几秒钟，面具应该贴在脸上不动并保持一段时间，证明没有泄漏。

③ 如果面罩滑动说明有泄漏，调整面具头带后，重新测漏直至不漏为止。

（5）呼吸测压：

① 打开气瓶的阀门，确定胸前压力表指针在绿色格子之内。

② 将需供阀从腰部固定器中取出塞入面具上的机构内听到"喀哒"声表示需供阀连接面具到位。

③ 作一急促的深呼吸去起动打开呼吸阀。

④ 反复呼吸 12 次检查空气流量。

⑤ 快速转动红色圆钮打开时你会感觉空气的气流有所增加。以上检测完全通过，可放心使用了。

（三）供氧方式

1. 定量供氧

呼吸器以一定的氧气流量向气囊中供氧，可以满足佩戴人员在中等劳动强度下的呼吸需要。

2. 自动补给供氧

当劳动强度增大，定量供氧满足不了佩戴人员需要时，自动补给装置以大于 60L/min 的流量向气囊中自动补给氧气，气囊充满时自动关闭。

3. 手动补给供氧

当气囊中聚集废气过多而需要清除或自动补给供氧也不能满足需要或发生故障时，可以采用手动补给供氧。

六、化学防护服

（一）分类

化学防护服按照用途分为轻型防护服和重型防护服。

（1）轻型防护服一般采用尼龙涂覆 PVC 制成，质量较轻，适用于危险场所作业的全身保护，可以防止一般性质的酸碱侵害，不用配备呼吸器。质量一般在 5kg 左右。

（2）重型防护服可以采用多层高性能防化复合材料制成，具有防撕裂、防扎耐磨、阻燃、耐热、绝缘、防水密封等优异性能，能够全面防护各种有毒有害的液态、气态、烟态、固态化学物质、生物毒剂、军事毒气和核污染。

气密型防护服一般采用氯丁橡胶制成，对多种不同化学物质都具有防腐蚀性，并且非常适合在寒冷、高温环境下劳动时使用。重型防护服一般配备呼吸器，防护服质量一般在 6kg 左右。图 5-5 为全封闭重型防护服。

图 5-5　全封闭重型防护服

（二）穿戴步骤

（1）必须对防护服进行检视和气压检测，确定没有缺陷，还必须按用途选择防护服。

（2）如果有必要，应按照所建议的说明在防护服的目视镜里面涂上防雾剂。

（3）择行两个人"合作组织"，即在穿着防护服时有另一个人帮忙。

（4）内衣裤应该穿在防护服的里面，建议穿长袖衫和长裤或长"内衣裤"，如果需要应该考虑穿耐火内衣裤。

（5）去掉可能损坏防护服的个人物品，如笔、首饰等。

（6）脱掉鞋（当穿附带有长筒胶靴的防护服时，可省去这一步），一些长筒胶靴不允许户外用鞋穿入。

（7）把裤腿卷入长袜中，以便能方便地穿上防护服的裤腿和长筒胶靴。

（8）如果使用一个自给式空气呼吸装置，检查并装上该装置，完成所有连接。根据制造厂要求进行调节，除非该呼吸装置要求，暂勿戴上面罩。

（9）坐着将两条腿放入防护服，将两只脚放入外套靴里，拉下套靴上面的防溅罩。（注：工作靴应比通常所穿的靴子大1~2号，有足够的空间将防护服软保护套的靴子放入套靴）

（10）站起来，扎上内腰带。

（11）打开空气供应装置，戴上面罩，确定供气系统工作正常。

（12）将手臂和头套入防护服里，拉上拉链，然后合上拉链覆盖。

（13）请助手检查确定拉链及手镯覆盖是否完全拉紧，面罩视野是否清晰，所有空气管路是否紧密接合。

（14）检查防护服是否处于最佳的工作状态，身着防护服时移动手臂。气密式防护服的设计使身着防护服时手臂可灵活地移动，这对紧急情况时，调节内置空气呼吸器开关及清洁视镜等非常必要。

（15）着服者检查是否能够非常容易地从袖筒里将手臂拿出来，用另一只手抓住手套套环部分，便可将手从手套及防护服中拿出来。抓住手指，而不是手套环，这样可防止手套翻过来。

七、安全带的选用

安全带是防止高处作业人员发生坠落或发生坠落后将作业人员安全悬挂的个体防护装备。以下所述内容适用于高处作业、攀登及悬吊作业中使用的安全带；适用于体重及负重之和不大于100kg的使用者。参照GB 6095。

（一）术语和定义

1. 围杆作业用安全带

通过围绕在固定构造物上的绳或带将人体绑定在固定构造服附近，防止人员滑落，使作业人员的双手可以进行其他操作的个体坠落防护系统。

2. 区域限制用安全带

通过限制作业人员的活动范围，避免其到达可能发生坠落区域的个体坠落防护系统。

3. 坠落悬挂用安全带

当作业人员发生坠落时，通过制动作用将作业人员安全悬挂的个体坠落防护系统。

4. 安全绳

在安全带中连接系带与挂点的绳或带。

注：安全绳一般起扩大或限制佩戴者活动范围、吸收冲击能量的作用。

5. 缓冲器

串联在系带和挂点之间，发生坠落时吸收部分冲击能量、降低冲击力的部件。

6. 速差自控器

串联在系带和挂点之间，具备可随人员移动而伸缩长度的绳或带，在坠落发生时可由速度变化引发锁止制动作用的部件。

7. 自锁器

附着在导轨上、由坠落动作引发制动作用的部件。

8. 系带

将安全带穿戴在人体上，并在坠落时支撑和控制人体、分散冲击力的部件。

9. 主带

系带中直接承受冲击力的织带。

10. 辅带

系带中不直接承受冲击力的织带。

11. 调节扣

用于调节主带或辅带长度的零件。

12. 护腰带

同腰带一起使用的宽带。

13. 连接器

具有常闭活门的，用于系统中各组成部分之间进行相互连接与分离的部件。

14. 挂点装置

用于连接安全带与附着物（墙、脚手架、地面等固定设施）的部件。

15. 导轨

与自锁器相互连接的柔性绳索或刚性滑道。

（二）分类及构成

1. 分类

安全带按作业类别分为围杆作业用安全带、区域限制用安全带、坠落悬挂用安全带。安全带的一般样式见图 5-6～图 5-8。

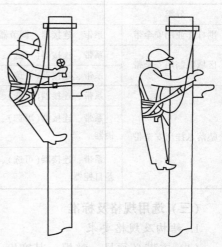

图 5-6 围杆作业用安全带示意图

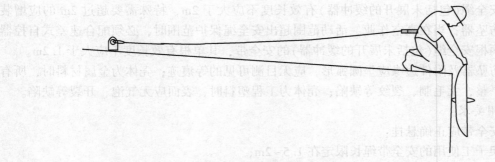

图 5-7 区域限制用安全带示意图

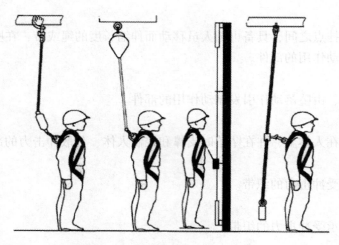

图 5-8　坠落悬挂用安全带示意图

2. 构成

安全带的一般组成见表 5-4。

表 5-4　安全带的组成

分类	部件组成	挂点装置
围杆作业用安全带	系带、连接器、调节器(调节扣)、围杆带(围杆绳)	杆(柱)
区域限制用安全带	系带、连接器(可选)、安全绳、调节器、连接器、围杆带(围杆绳)	挂点
	系带、连接器(可选)、安全绳、调节器、连接器、围杆带(围杆绳)滑车	导轨
坠落悬挂用安全带	系带、连接器(可选)、缓冲器(可选)、安全绳、连接器、围杆带(围杆绳)	挂点
	系带、连接器(可选)、缓冲器(可选)、安全绳、连接器、围杆带(围杆绳)、自锁器	导轨
	系带、连接器(可选)、缓冲器(可选)、安全绳、连接器、围杆带(围杆绳)、速差自控器	挂点

(三) 选用规格及标准

1. 结构及规格要求

(1) 主带必须是一整根,其宽度不小于 40mm,长度为 1300~1600mm;

(2) 护腰带宽度不小于 80mm,长度为 600~700mm,辅带宽度不应小于 20mm;

(3) 安全绳(包括未展开的缓冲器)有效长度不应大于 2m,特殊需要超过 2m 的应增装缓冲器或防坠器;当在高空作业,活动范围超出安全绳保护范围时,必须配合速差式自控器使用;有两根安全绳(包括未展开的缓冲器)的安全带,其单根有效长度不应大于 1.2m。

(4) 防坠器及附件边缘应呈圆弧形,应无目测可见的等痕迹;壳体为金属材料时,所有铆接面应平整,无毛刺、裂纹等缺陷;壳体为工程塑料时,表面应无气泡、开裂等缺陷。

2. 使用要求

使用安全带应正确悬挂:

(1) 架子工使用的安全带绳长限定在 1.5~2m;

(2) 应做垂直悬挂,高挂低用较为安全;当作水平位置悬挂使用时,要注意摆动碰撞;

不宜低挂高用；不应将绳打结使用，以免绳结受力后剪断；不应将钩直接在不牢固物和直接挂在非金属绳上，防止绳被割断。

3. 安全带标准

（1）冲击力的大小主要由人体体重和坠落距离而定，坠落距离与安全挂绳长度有关。使用 3m 以上长绳应加缓冲器，单腰带式安全带冲击试验荷载不超过 9.0kN。

（2）做冲击负荷试验。对架子工安全带，抬高 1m 试验，以 100kg 质量拴挂，自由坠落不破断为合格。

（3）腰带和吊绳破断力不应低于 1.5kN。

（4）安全带的带体上应缝有永久字样的商标、合格证和检验证。合格证上应注明：产品名称、生产年月、拉力试验、冲击试验、制造厂名、检验员姓名。

（5）对于动火作业和可能接触高温的场所，不得使用尼龙安全带。

（6）安全带一般使用五年应报废。使用两年后，按批量抽验，以 80kg 质量，自由坠落试验，不破断为合格。

第三节　便携式气体检测仪的使用

进入爆炸性气体环境和（或）有毒气体环境的现场工作人员，应配备便携式可燃气体和（或）有毒气体探测器（检测仪）。进入的环境同时存在爆炸性气体和有毒气体时，便携式可燃气体和有毒气体探测器可采用多气体检测仪。便携式气体检测仪的优点是使用人员可以随身携带，随时监控，从而实现个体保护。

一、便携式气体检测仪基础知识

（一）术语

1. 可燃气体

又称易燃气体，甲类气体或甲、乙$_A$类可燃液体汽化后形成的可燃气体或可燃蒸气。

2. 有毒气体

劳动者在职业活动过程中，通过皮肤接触或呼吸可导致死亡或永久性健康伤害的毒性气体或毒性蒸气。

3. 检测范围

又称测量范围，探测器能够检测出被测气体的浓度范围。

4. 报警设定值

预先设定的报警浓度值。报警设定值分为一级报警设定值和二级报警设定值。

5. 爆炸下限（Lower Explosive Limit，LEL）

可燃物质（气体、蒸气或粉尘）与空气组成的混合物遇火源即能发生爆炸的最低浓度。当空气中可燃气体浓度达到其爆炸下限值时，称这个场所可燃气环境爆炸危险度为百分之百，即 100%LEL。

6. 爆炸上限（Upper Explosive Limit，UEL）

可燃物质（气体、蒸气或粉尘）与空气组成的混合物遇火源即能发生爆炸的最高浓度。

7. 体积百分比浓度（Volume Percentage，Vol%）

高浓度体积单位，是指被测气体体积与空气体积的百分比，通常用来测定可燃气体、蒸气的体积浓度。

8. 百万分之一的体积比浓度（Part Per Million，ppm）

1ppm＝1/1000000 密闭空间，如果将 1m^3 看作一个密闭空间，则 1cm^3 就是 1ppm。ppm 是极微小的体积浓度单位，一般用在可燃气微小泄漏及有毒气体泄漏检测。

根据 7、8 定义：1ppm＝1/1000000Vol

1%Vol＝10000ppm

9. 职业接触限值（Occupational Exposure Limit，OEL）

劳动者在职业活动中长期反复接触，不会对绝大多数接触者的健康引起有害作用的容许接触水平。化学因素的职业接触限值分为最高容许浓度 MAC、短时间接触容许浓度 PC-STEL 和时间加权平均容许浓度 PC-TWA 三种。

10. 最高容许浓度（Maximum Allowable Concentration，MAC）

工作地点在一个工作日内，任何时间有毒化学物质均不应超过的浓度。

11. 时间加权平均容许浓度（Permissible Concentration-Time Weighted Average，PC-TWA）

以时间为权数规定的 8h 工作日、40h 工作周的平均容许接触浓度。

12. 短时间接触容许浓度（Permissible Concentration-Short Term Exposure Limit，PC-STEL）

在遵守时间加权平均容许浓度（PC-TWA）前提下容许短时间（15min）接触的浓度。

13. 超限倍数

对未制定 PC-STEL 的化学有害因素，在符合 8h 时间加权平均容许浓度（PC-TWA）的情况下，任何一次短时间（15min）接触的浓度均不应超过的 PC-TWA 的倍数值。

14. 直接致害浓度（Immediately Dangerous to Life or Health concentration，IDLH）

在工作地点，环境中空气污染物浓度达到某种危险水平，如可致命或永久损害健康，或使人立即丧失逃生能力。

（二）化工企业常见有毒气体、蒸气特性（表5-5）

表5-5 常见有毒气体、蒸气特性一览表（参照 GB/T 50493—2019）

物质名称	蒸气密度/（kg/cm^3）	熔点/℃	沸点/℃	OEL/（mg/m^3）			IDLH/（mg/m^3）
				MAC	PC-TWA	PC-STEL	
一氧化碳	1.17	−199.5	−191.4	—	20	30	1700
氯乙烯	2.60	−160	−13.9	—	10	25	
硫化氢	1.44	−85.5	−60.4	10	—	—	430
氯	3.00	−101	−34.5	1	—	—	88
氰化氢	1.13	−13.2	26.1	1	—	—	56
丙烯腈	2.21	−83.6	77.2	—	1	2	1100
二氧化氮	3.87	−11.2	21.2	—	5	10	96
苯	3.35	5.5	80.1	—	6	10	9800
氨	0.73	−78	−33.4	—	20	30	360

物质名称	蒸气密度/(kg/cm³)	熔点/℃	沸点/℃	OEL/(mg/m³)			IDLH/(mg/m³)
				MAC	PC-TWA	PC-STEL	
碳酰氯	4.11	−104	8.3	0.5	—	—	8
二氧化硫	2.73	−75.5	−10	—	5	10	270
甲醛	1.29	−92	−19.5	—	2		37
环氧乙烷	1.84	−112.2	10.8	—	0.6	2	1500
溴	8.64	−7.2	58.8	0.3	—		66

注：对环境大气(空气)中有毒气体浓度的表示方法有两种：质量浓度(每立方米空气中所含有毒气体的质量数，即 mg/m³)和体积浓度(一百万体积的空气中所含有毒气体的体积数，即 ppm 或 μmol/mol)。通常，大部分气体检测仪器测得的气体浓度是体积浓度(ppm)。而我们国家的标准规范采用的气体浓度为质量浓度单位(mg/m³)。

(三)化工企业常见易燃气体、蒸气的特性表(表5-6)

表5-6　常见易燃气体、蒸气的特性表(参照 GB/T 50493—2019)

物质名称	沸点/℃	闪点/℃	爆炸浓度/%(体积)		火灾危险性分类	蒸气密度/(kg/Nm³)	备注
			下限	上限			
甲烷	−161.5	气体	5.0	15.0	甲	0.77	液化后为甲ᴬ
乙烷	−88.9	气体	3.0	12.5	甲	1.34	液化后为甲ᴬ
丙烷	−42.1	气体	2.0	11.1	甲	2.07	液化后为甲ᴬ
丁烷	−0.5	气体	1.9	8.5	甲	2.59	液化后为甲ᴬ
戊烷	36.07	<−40.0	1.4	7.8	甲ᴮ	3.22	—
己烷	68.9	−22.8	1.1	7.5	甲ᴮ	3.88	—
庚烷	98.3	−3.9	1.1	6.7	甲ᴮ	4.53	—
辛烷	125.67	13.3	1.0	6.5	甲ᴮ	5.09	—
壬烷	150.77	31.0	0.7	2.9	乙ᴬ	5.73	—
环丙烷	−33.9	气体	2.4	10.4	甲	1.94	液化后为甲ᴬ
环戊烷	469.4	<−6.7	1.4	—	甲ᴮ	3.10	—
异丁烷	−11.7	气体	1.8	8.4	甲	2.59	液化后为甲ᴬ
环己烷	81.7	−20.0	1.3	8.0	甲ᴮ	3.75	—
异戊烷	27.8	<−51.1	1.4	7.6	甲ᴮ	3.21	—
异辛烷	99.24	−12.0	1.0	6.0	甲ᴮ	5.09	—
乙烯	−103.7	气体	2.7	36	甲	1.29	液化后为甲ᴬ
丙烯	−47.2	气体	2.0	11.1	甲	1.94	液化后为甲ᴬ
乙炔	−84	气体	2.5	80	甲	1.16	液化后为甲ᴬ
丙炔	−2.3	气体	1.7	—	甲	1.81	液化后为甲ᴬ
苯	80.1	−11.1	1.2	7.8	甲ᴮ	3.62	—
甲苯	110.6	4.4	1.2	7.1	甲ᴮ	4.01	—

物质名称	沸点/℃	闪点/℃	爆炸浓度/%(体积)		火灾危险性分类	蒸气密度/(kg/Nm³)	备注
			下限	上限			
乙苯	136.2	21	0.8	6.7	甲B	4.73	—
苯乙烯	146.1	32	0.9	6.8	乙A	4.64	—
甲醇	63.9	11	6.0	36	甲B	1.42	—
乙醇	78.3	12.8	3.3	19	甲B	2.06	—
乙酸	118.3	42.8	5.4	17	乙A	2.72	—
硫化氢	−60.4	气体	4.3	45.5	甲	1.54	—
氢	−253	气体	4.0	75	甲	0.09	—
天然气	—	气体	3.8	13	甲	—	—
城市煤气	<−50	气体	4.0	—	甲	0.65	—
轻石脑油	36~68	<−20.0	1.2	5.9	甲B	≥3.22	—
重石脑油	65~177	−22~20	0.6		甲B	≥3.61	—
气油	50~150	<−20	1.1	5.9	甲B	4.14	—

二、便携式气体检测仪的选用和报警设定标准

(一)便携式气体检测仪的选用

(1)泄漏气体中可燃气体浓度可能达到报警设定值时,应佩戴可燃气体检测仪;

(2)泄漏气体中有毒气体浓度可能达到报警设定值时,应佩戴有毒气体检测仪;

(3)既属于可燃气体又属于有毒气体的单组分气体介质,只佩戴有毒气体检测仪;

(4)可燃气体与有毒气体同时存在的多组分混合气体,泄漏时可燃气体浓度和有毒气体浓度有可能同时达到报警设定值,应分别佩戴可燃气体及有毒气体检测仪;

(5)对于含多种有毒气体组分的混合气体,或不同工况条件下泄漏气体的组成差异大时,当各毒性气体组分的气体浓度都有可能达到各组分的有毒气体浓度报警设定值时,为确保生产安全,需要分别佩戴有毒气体检测仪。

(二)报警值设定标准

(1)可燃气体和有毒气体的检测报警应采用两级报警。同级别的有毒气体和可燃气体同时报警时,有毒气体的报警级别应优先。

(2)有毒气体的三种职业接触限值(OEL)数值由低到高依次为:最高容许浓度 MAC、时间加权平均容许浓度 PC - TWA(每天 8h,每周 40h)、短时间接触容许浓度 PC - STEL(15min)。根据目前国内、外有毒气体探测器的制造水平,如果采用 MAC 市场上无检测仪可选,在确保操作人员健康安全前提下,同时有多个职业接触限值的有毒气体,应按 MAC、PC - TWA、PC - STEL 优先顺序选用;没有提供 OEL 值的有毒气体,可按直接致死浓度 IDLH 选用。

(3)常见气体检测仪的检测范围、报警设定情况见表 5-7。

表 5-7　常用气体检测仪的检测范围、报警设定表

气体类型	检测范围	报警等级	报警值	报警说明
可燃气体	0~100% LEL	一级报警设定值（低报值）	≤25%LEL	气体泄漏警示，提示操作人员及时到现场巡检处理，寻查释放点
		二级报警设定值（高报值）	≤50%LEL	气体泄漏紧急报警，提示操作人员采取紧急处理措施，启动相应的应急预案
有毒气体	0~300% OEL	一级报警设定值（低报值）	≤100%OEL	提示该场所空气中有毒气体已达到或超过国家职业卫生标准，应立即寻查释放点，采取相应的防止释放、通风排风和人员防护等措施
		二级报警设定值（高报值）	≤200%OEL	提示该场所有毒气体大量释放，已达到危险程度，应迅速启动应急救援预案，做好工作人员的防护和相关人群的疏散
	0~30% IDLH 没有提供 OEL 值的有毒气体	一级报警设定值	≤5%IDLH	提示该工作场所空气中有毒气体超过国家职业卫生标准，应立即寻查释放点，采取相应的防止释放、通风排风和人员防护等措施
		二级报警设定值	≤10%IDLH	提示该场所有毒气体大量释放，应迅速启动应急救援预案，做好工作人员的防护和相关人群的疏散
环境氧气	0~25% Vol	欠氧报警设定值	19.5%Vol	提示操作人员空气中氧气不足，采取通风排风、及时撤离和佩戴相应防护器具等措施
		过氧报警设定值	23.5%Vol	提示操作人员空气中氧气超量，采取通风排风、及时撤离和佩戴相应防护器具等措施

（三）气体检测仪报警器常见提示信息

（1）Zero（或 Z）：零，调零；

（2）Span（或 S）：量程，调量程；

（3）BATTERY OFF：电池没电；

（4）LOW ALARM：低报；HIGH ALARM：高报；

（5）MAX：最大值；

（6）MIN：最小值；

（7）PEAK：峰值；

（8）CHARGE：充电；

（9）TWA 报警值：8h 暴露平均浓度极限报警设置；

（10）STEL 报警值：15min 最大暴露平均浓度极限报警设置。

三、便携式气体检测仪的使用

市场上销售的国内、外便携式气体检测仪的种类很多，款式也很多，根据同时监测样品种类可分为单一检测仪、二合一检测仪、三合一检测仪、四合一检测仪、复合检测仪等。下面举例说明常用便携式气体检测仪的使用。

图 5-9　四合一气体检测仪

（一）四合一气体检测仪的使用

四合一气体检测仪（图 5-9 为某型号可燃气、O_2、H_2S、CO 气体检测仪）是指同时可检测四种气体的便携式仪表。其优点为在屏幕上同时显示多种气体的浓度，适用于较复杂的环境。

1. 开机操作

（1）按［MODE］键并保持 1s，LCD 显示"on"，LED 亮，蜂鸣器响一声，仪器开机；

（2）LCD 显示版本号，同时进行预热和自检；

（3）预热和自检完成致 10s 倒计时结束，仪器进入检测模式，确认仪器运行正常；

（4）确认确实在抽新鲜空气，确认氧气指示计的指示值确实为 20.9%；

（5）将取样管端部插入测试点中，待测试值变化稳定后，读数并记录；

（6）从测试点中拿出取样管，置于空气中，待 LED 显示值恢复到空气中状态后，再进行下一测试点测试。

2. 关机操作

按住按键不放，LCD 显示 5s 倒计时，倒计时结束后 LCD 显示"off"，随后仪器无显示，仪器关机。

3. 注意事项

（1）仪器更换电池或简单维修时应在安全场所进行；

（2）传感器和仪器要注意防水和杂质；

（3）仪器长期不工作时，应关机，置于干燥、无尘、符合储存温度的环境中；

（4）调整好的仪器不要随便打开盖。

4. 报警说明

（1）检测仪具有两个瞬时的气体报警等级。

① 可燃气和有毒气二级报警点（高浓度）报警比一级报警点（低浓度）报警更需紧急处理；

② 氧气二级报警点报警与一级报警点报警同样重要；

③ 一氧化碳和硫化氢还有 PC-STEL 报警点和 PC-TWA 报警点。

用户可在设置工作模式中完成对一级报警点、二级报警点、PC-STEL 报警点、PC-TWA报警点和报警锁闭的设置。

（2）对于可燃气、一氧化碳、硫化氢气体，一级报警点设定值要不能超过二级报警点设定值，如果两者设定值相同，仪器将执行二级报警功能。

（3）如果有报警发生，报警提示符号将显示并闪烁，同时相应的报警符号［（一级）、（二级）、（氧气低报）、（STEL）、（TWA）］将会按照发生报警的气体类型和等级相应显示。表 5-8 举例说明某次报警后检测仪的声、光报警情况。

表 5-8　气体检测仪的声、光报警情况

报警类型	声音	灯光	振动
一级报警	每秒 2 声	每秒 2 次	每 2 秒一次
二级报警	每秒 4 声	每秒 4 次	每秒一次
STEL 报警	每秒 4 声	每秒 4 次	每秒一次
TWA 报警	每秒 4 声	每秒 4 次	每秒一次

（4）其他

① 在锁闭报警模式，一旦发生报警，即便离开危险环境，声、光、振动报警提示将一直保持。如果要解除报警，按下开/关键即可。

② 在非锁闭报警模式，一旦发生气体的浓度低于报警设定值，将自动解除报警。

③ 如果检测气体的浓度超过测量范围，在报警的同时，满量程值还将闪烁。

（二）单一式气体检测仪的使用

单一式气体检测仪（图 5-10 为某型号硫化氢气体检测仪）是针对单独一种气体进行检测的便携式仪表。其优点：针对性强，读数精准，造价低廉。

1. 开启电源

按下电源"开机"触摸键即可接通电源，此时电源指示灯发光，仪器将有显示。

2. 检查电源电压

电源接通后或在仪器工作过程中，如果蜂鸣器发出连续叫声，同时液晶显示"LOBAT"字样报警指示灯连续发光时，说明电压不足，应立即关机进行充电（14~16h）或更换电池。

注意：充电工作必须在安全场所进行。

3. 零点校正

如果在新鲜清洁的空气中数字指示不为 000。则应用螺丝刀调整调零电位器"Z1"使显示为 000。如果达不

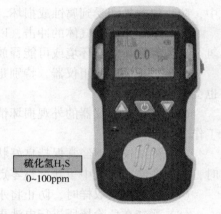

图 5-10　硫化氢气体检测仪

到，或数字跳动变化较大，则说明传感器可能有问题，请更换传感器。为保证仪器测量精度，以期在使用过程中应定期进行调校并严格记录。

4. 正常检测

开机并在空气中调节 000 显示后即可进行正常测试。此时测试气体是从仪器前面窗口扩散进仪器的周围环境的硫化氢气体含量。如果需要测量操作人员不能进入地区的硫化氢含量时，可将本机采样管接入吸气嘴，将采样头伸到被测地点，按动"开泵"触摸开关，泵开始工作时开泵指示灯发出红光，此时仪器测量气体是从吸入嘴吸入的硫化氢气体含量。

注意：防止接头处漏气，不可将脏物和液体吸入仪器内。

5. 使用注意事项

（1）硫化氢检测仪为精密仪器，不能随意拆动，以免破坏防爆结构；

（2）使用前应详细阅读使用说明书，严格遵守使用方法；

（3）特别潮湿环境中存放请加防潮袋；

（4）防止从高处跌落，或受到剧烈震动；

（5）仪器长时间不用也应定期对仪器进行充电处理（每月一次）；

（6）仪器使用完毕后应关闭电源开关；

（7）一般仪器校正电位器"S1"出厂时已标定好不得随意任意调整；

（8）在可能存在硫化氢的环境里工作的人员必须随时佩戴气体检测仪，通常将其附着在衣服上，并把它们戴在身上尽可能低的部位，但任何情况下都不能高于腰部位置。

（9）当一组员工或承包商在一起工作或参观时，可以要求其中一人佩带硫化氢探测器或持有一个移动式气体监测仪。

（10）硫化氢气体探测器的设计寿命一般为两年，到期后报废。

四、便携式气体检测仪的使用注意事项

（1）首先要注意轻拿轻放，严禁摔打、碰撞仪器，保持存放环境的干燥通风，防止仪器受潮。

（2）可燃气体检测仪使用时要避免仪器存放在温度过高或过低，或有腐蚀性气体的环境中，防止仪器外壳受到腐蚀或损坏。

（3）禁止高浓度气体的冲击，以免损坏传感器。可燃气体检测仪还要远离硫化氢、卤代氢、硅类等有毒气体环境或可能释放此有毒气体的物质，防止传感器中毒。

（4）禁止欠压使用仪器，特别是用到仪器自动关机，这样不仅会损坏电池，对检测元件也会造成影响。

（5）经常检查仪器的外观损坏情况，定期给仪器进行检定工作，保证仪器处在最佳状态工作。

（6）测试仪必须经常保持良好状态，每次测试完毕后应检查仪器是否回零，如果不回零时，必须在洁净空气中重新调整零点，以确保分析数据准确。

（7）使用泵吸取样时，防止将水或其他液体吸入测试仪。

（8）严禁在危险场所进行电池更换。

（9）分析监测人员应站在上风方向。

（10）严禁在非新鲜空气中强制归零。

（11）严禁不回零时关机。

第四节　常见消防器材和消除设施的使用

根据《中华人民共和国消防法》第十六条：按照国家标准、行业标准配置消防设施、器材，设置消防安全标志，并定期组织检验、维修，确保完好有效；对建筑消防设施每年至少进行一次全面检测，确保完好有效，检测记录应当完整准确，存档备查。

一、移动式灭火器的使用

灭火器是最常用的扑救初起火灾的可移动消防器材，使用方便、适用范围广、数量大。

（一）灭火器的选择

1. 扑救 A 类火灾，即固体燃烧的火灾

应选用水型、泡沫、磷酸铵盐干粉灭火器。

A 类火灾：指固体物质火灾。这种物质往往具有有机物性质，一般在燃烧时能产生灼热的余烬。如木材、纸张火灾等。

2. 扑救 B 类火灾，即液体火灾和可熔化的固体物质火灾

应选用干粉、泡沫、二氧化碳型灭火器。

（注意：化学泡沫灭火器不能灭 B 类极性溶性溶剂火灾，因为化学泡沫与有机溶剂接触，泡沫会迅速被吸收，使泡沫很快消失，这样就不能起到灭火的作用。醇、醛、酮、醚、酯等都属于极性溶剂。）

B 类火灾：指液体火灾和可熔化的固体物质火灾。如甲醇、乙醇、苯等。

3. 扑救 C 类火灾，即气体燃烧的火灾

应选用干粉、二氧化碳型、蒸汽灭火器。

C 类火灾：指气体火灾。如煤气、甲烷、氢气等。

4. 扑救 D 类火灾，即金属燃烧的火灾

在国内尚未定型生产灭火器和灭火剂情况下可采用干砂或铸铁沫灭火。

D 类火灾：指金属火灾。如钾、钠、铝镁合金等。

5. 扑救 E 类火灾，即带电火灾

应选用磷酸铵盐干粉、二氧化碳灭火器。

E 类火灾：指带电物体的火灾。如发电机房、变压器室、配电间、仪器仪表间和电子计算机房等在燃烧时不能及时或不宜断电的电气设备带电燃烧的火灾。

6. 扑救 F 类火灾，即烹饪器具内的烹饪物（动植物油脂）火灾

灭火时忌用水、泡沫及含水性物质，应使用窒息灭火方式隔绝氧气进行灭火。

（二）常见灭火器的使用

灭火器的分类方法有很多种，最常见的是按灭火器的移动形式分类，可将灭火器分为手提式灭火器和车推式灭火器。

下面介绍几种常用灭火器的使用方法：

1. 干粉灭火器的使用及注意事项

（1）手提式干粉灭火器（图5-11）使用方法：

① 灭火时，可手提或肩扛灭火器快速奔赴火场，在距燃烧处 2~5m 左右，放下灭火器。如在室外，应选择在上风方向喷射。

② 使用的干粉灭火器若是外挂式储压式的，操作者应一手紧握喷枪，另一手提起储气瓶上的开启提环；如果储气瓶的开启是手轮式的，则向逆时针方向旋开，并旋到最高位置，随即提起灭火器。当干粉喷出后，迅速对准火焰的根部扫射。

③ 使用的干粉灭火器若是内置式储气瓶的或者是储压式的，操作者应先将把上的保险销拔下，然后握住喷射软管前端喷嘴部，另一只手将压把压下，进行灭火。

图 5-11 手提式干粉灭火器

④ 有喷射软管的灭火器或储压式灭火器在使用时，一手应始终压下压把，不能放开，否则会中断喷射。

（2）推车式干粉灭火器与手提式干粉灭火器的使用方法略有不同，具体如下：

① 使用前将推车摇动数次，防止干粉长时间放置后发生沉积，影响灭火效果。

② 推车式灭火器一般由两人操作，使用时两人一起将灭火器推或拉到燃烧处，在离燃烧物 10m 左右停下。

③ 一人取下喷枪，展开喷带，注意喷带不能弯折或打圈，打开喷管处阀门。

④ 另一人取出铅封拔出保险销，向上提起手柄，将手柄扳到正冲上位置。

⑤ 对准火焰根部，扫射推进，注意死角，防止复燃。

⑥ 灭火完成后，首先关闭灭火后期阀门，然后关闭喷管处阀门。

（3）注意事项

① 使用磷酸铵盐干粉灭火器扑救固体可燃物火灾时，应对准燃烧最猛烈处喷射，并上下、左右扫射；

② 如条件许可，使用者可提着灭火器沿着燃烧物的四周边走边喷，使干粉灭火剂均匀地喷在燃烧物的表面，直至将火焰全部扑灭。

③ 存放于干燥通风处，不可受潮或曝晒。

④ 经常检查压力表压力，当指针低于绿区，即进入红区时，应送专业机构检修。

2. 泡沫灭火器的使用及注意事项

（1）手提式泡沫灭火器使用方法

① 可手提筒体上部的提环，迅速奔赴火场。这时应注意不得使灭火器过分倾斜，更不可横拿或颠倒，以免两种药剂混合而提前喷出。

② 当距离着火点 10m 左右，即可将筒体颠倒过来，一只手紧握提环，另一只手扶住筒体的底圈，将射流对准燃烧物。

③ 在扑救可燃液体火灾时，如已呈流淌状燃烧，则将泡沫由远而近喷射，使泡沫完全覆盖在燃烧液面上；如在容器内燃烧，应将泡沫射向容器的内壁，使泡沫沿着内壁流淌，逐步覆盖着火液面。切忌直接对准液面喷射，以免由于射流的冲击，反而将燃烧的液体冲散或冲出容器，扩大燃烧范围。

④ 在扑救固体物质火灾时，应将射流对准燃烧最猛烈处。灭火时随着有效喷射距离的缩短，使用者应逐渐向燃烧区靠近，并始终将泡沫喷在燃烧物上，直到扑灭。

⑤ 使用时，灭火器应始终保持倒置状态，否则会中断喷射。

（2）注意事项

① 手提式泡沫灭火器存放应选择干燥、阴凉、通风并取用方便之处，不可靠近高温或可能受到曝晒的地方，以防止碳酸分解而失效。

② 冬季要采取防冻措施，以防止冻结；并应经常擦除灰尘、疏通喷嘴，使之保持通畅。

（3）推车式泡沫灭火器使用方法

① 一般由两人操作，先将灭火器迅速推拉到火场，在距离着火点 10m 左右处停下，由一人施放喷射软管后，双手紧握喷枪并对准燃烧处。

② 另一人则先逆时针方向转动手轮，将螺杆升到最高位置，使瓶盖开足，然后将筒体

向后倾倒，使拉杆触地，并将阀门手柄旋转90°，即可喷射泡沫进行灭火。

③ 如阀门装在喷枪处，则由负责操作喷枪者打开阀门。

3. 二氧化碳灭火器的使用及注意事项

（1）手提式使用方法

① 灭火时只要将灭火器提到火场，在距燃烧物2~5m左右，放下灭火器，之后除掉铅封，拔掉保险销，站在火焰上风向，一手握住喇叭筒根部的手柄，另一只手紧握启闭阀的压把；对没有喷射软管的二氧化碳灭火器，应把喇叭筒往上板70°~90°。使用时，不能直接用手抓住喇叭筒外壁或金属连线管，防止手被冻伤。

② 灭火时，当可燃液体呈流淌状燃烧时，使用者将二氧化碳灭火剂的喷流由近而远向火焰喷射；如果其在容器内燃烧时，使用者应将喇叭筒提起，从容器的一侧上部向燃烧的容器中喷射。但不能将二氧化碳射流直接冲击可燃液面，以防止将可燃液体冲出容器而扩大火势，造成灭火困难。

（2）推车式（图5-12）使用方法

① 一般由两人操作，两人一起将灭火器推或拉到燃烧处，在离燃烧物10m左右停下，一人快速取下喇叭筒并展开喷射软管后，握住喇叭筒根部的手柄；

② 另一人快速除掉铅封，拔出保险销，按逆时针方向旋动手轮，并开到最大位置。

图5-12 推车式二氧化碳灭火器

灭火方法与手提式的方法一样。

（3）注意事项

① 在灭火时，要连续喷射，防止余烬复燃。

② 灭火器在喷射过程中应保持直立状态，切不可平放或颠倒。

③ 当不戴防护手套时，不要用手直接握喷筒或金属管，以防冻伤。

④ 在室外使用时应选择在上风方向喷射，在室外大风条件下使用时，因为喷射的二氧化碳气体被吹散，灭火效果很差。

⑤ 在狭小的室内空间使用时，灭火后操作者应迅速撤离，以防二氧化碳窒息而发生意外；

⑥ 用二氧化碳扑救室内火灾后，应先打开门窗通风，然后再进入，以防窒息。

（三）常见灭火器的检测及更换

灭火器是一种承压的容器，并可重复使用。

1. 灭火器的维护保养与检查

（1）检查灭火器的铅封是否完好。灭火器一经开启即使喷射不多，也必须按规定要求再充装。充装后做密封试验，并重新铅封。

（2）检查灭火器的压力表指针是否在绿色区域。

① 红色区域：则表明灭火器筒内的压力已低于规定值，已经失效，应查明原因，检修后重新灌装。

② 绿色区域：表示压力正常，灭火器可以正常使用。

③ 黄色区域：表示灭火器内的压力过大，有爆破、爆炸的危险。

总体来说，指向是绿色区域表示状态正常，手提式与推车式的一致。

（3）检查灭火器可见部件是否完整，有无松动、变形、锈蚀或损坏。

（4）检查灭火器的喷管是否畅通，如有堵塞，应及时疏通。

（5）检查灭火器可见部位防腐层的完好程度，轻度脱落的应及时补好，有明显腐蚀的应送专业维修部门进行耐压试验。

（6）检查灭火器钢瓶的存量，如果质量减少十分之一时，应及时补充罐装。

（7）检查灭火器是否在有效期内。

2. 灭火器的维修与报废

根据《灭火器维修》（GA 95—2015）要求，具体如下：

（1）灭火器在每次使用后，必须送到已取得维修许可证的维修单位检查，更换已损件，重新充装灭火剂和驱动气体。

（2）灭火器不论已经使用过还是未经使用，距出厂的年月已达规定期限时，必须送维修单位进行水压试验检查。

（3）灭火器的报废期限及维修期限详见表5-9。

表5-9　灭火器的报废期限及维修期限

灭火器类型	报废期限/年	维修期限
水基型灭火器	6	出厂期满3年；首次维修以后每满1年进行一次维修
干粉灭火器	10	出厂期满5年；首次维修以后每满2年进行一次维修
洁净气体灭火器	10	出厂期满5年；首次维修以后每满2年进行一次维修
二氧化碳灭火器	12	出厂期满5年；首次维修以后每满2年进行一次维修

二、常见消火栓的使用

消火栓中最常见的主要是室内、室外消防栓。

（一）室内消火栓的使用

室内消火栓是建筑物内的一种固定灭火供水设备，它通常放置于消防栓箱内（图5-13）。消火栓箱是由室内消火栓、水枪、水带及电控按钮等器材组成，其中室内消火栓由手轮、阀盖、阀杆、本体、阀座和接口等组成。

1. 室内消火栓使用步骤

（1）根据消火栓箱箱门的开启方式，用按钮开启箱门或击碎玻璃；

（2）展开消防水带；

（3）水带一头接到消防栓接口上；

（4）另一头接上消防水枪；

（5）把消火栓阀门手轮按开启方向缓慢旋转；

（6）对准火源根部，进行喷水灭火；

（7）灭火完成后，晾干水带，按照安装方式安装到位。

图5-13　消火箱

2. 室内消火栓的检查

主要包括消火栓、管路和水源三部分。

（1）消火栓的检查

室内消火栓箱内应经常保持清洁、干燥，防止锈蚀、碰伤或其他损坏。每半年至少进行一次全面的检查维修。主要内容有：

① 检查消火栓和消防卷盘供水闸阀是否渗漏水，若渗漏水及时更换密封圈；

② 对消防水枪、水带、消防卷盘及其他进行检查，全部附件应齐全完好，卷盘转动灵活；

③ 检查报警按钮、指示灯及控制线路，应功能正常、无故障；

④ 消火栓箱及箱内装配的部件外观无破损、涂层无脱落，箱门玻璃完好无缺；

⑤ 对消火栓、供水阀门及消防卷盘等所有转动部位应定期加注润滑油。

（2）供水管路的检查

① 对管路进行外观检查，若有腐蚀、机械损伤等及时修复；

② 检查阀门是否漏水及时修复；

③ 室内消火栓设备管路上的阀门为常开阀，平时不得封闭，应检查其开启状态；

④ 检查管路的固定是否牢固，若有松动及时加固。

（3）水源的检查

① 对水泵设施按有关要求进行检查，要特别留意启动水泵设备的工作状态是否良好；

② 对水箱(或气压给水设备)进行检查，若有损坏及时修复。特别留意水箱内的检测信号设施，应检查其功能是否正常。

（二）室外消火栓的使用

室外消火栓是设置在建筑物外面消防给水管网上的供水设施，主要供消防车从市政给水管网或室外消防给水管网取水实施灭火，也可以直接连接水带、水枪出水灭火，是扑救火灾的重要消防设施之一。室外消火栓有地上消火栓(图5-14)和地下消火栓两种类型，这里主要讲地上消火栓的使用方法。

1. 地上消火栓的使用

（1）携带消防水带、水枪到达火场附近消火栓；

（2）将消防水带展开；

（3）一人将消防水带，向着火点展开，并奔向起火点的同时连接枪头和水带，手握水枪头及水管，对准起火点；

（4）另一人将水带和室外消火栓连接，连接时将连接扣准确插入槽，按顺时针方向拧紧；

（5）把消防栓开关用扳手逆时针旋开，对准火源进行喷水灭火；

（6）火灾扑灭后要用扳手沿顺时针方向关闭消火栓。

2. 注意事项

（1）扑灭火灾后把水带晾干并复原状态；

图5-14 地上消火栓

（2）电气起火要确定切断电源；

（3）室外消火栓使用完后，需打开排水阀，将消火栓内的积水排出。

3. 室外消火栓的检查

主要包括消火栓外观是否有漏水及锈蚀；消火栓盖内的阀门是否能正常转动。

复习思考题

1. 安全带按作业类别分为哪几类？

2. 简述安全帽的使用方法。

3. 常见灭火器的检查内容包括哪些要点？

4. 在有毒区域，各型滤毒罐能起到防护作用的场合是什么样的？

第六章　现场应急救援

本章学习要点

1. 了解现场应急救援的原则及基本任务；
2. 掌握现场急救程序；
3. 掌握现场处置及急救知识。

　　安全生产事故是指生产经营单位在生产经营活动（包括与生产经营有关的活动）中，突然发生的伤害人身安全和健康或者损坏设备设施或者造成经济损失，导致原生产经营活动暂时中止或永远终止的意外事件。根据《中华人民共和国突发事件应对法》《安全生产法》《环境保护法》《危险化学品安全管理条例》《生产安全事故应急条例》等有关法律、法规和《国家安全生产事故灾难应急预案》；以及所属企业上级部门的相关规定，如《阳煤集团生产安全事故应急综合预案》等的要求，为了有效预防和妥善处置安全生产事故突发事件，及时有效实施救援工作，最大限度减少安全生产事故造成的人员伤亡和财产损失，维护企业利益和公共利益，维护社会秩序，作为现场监护人应该掌握现场应急救援的相关内容。

第一节　应急救援管理

一、应急救援工作的原则及基本任务

（一）基本原则

（1）以人为本，安全第一。突发事件应急救援工作要始终把保障企业职工和人民群众的生命安全、身体健康放在首位，切实加强应急救援人员的安全防护，最大限度地减少人员伤亡和危害。

（2）统一领导，分级管理。应急救援指挥中心和应急救援指挥部对突发事件应急救援工作实行统一指挥，分级管理。各部门和各企业按照各自职责和权限，负责突发事件的应急管理和应急处置工作。

（3）条块结合，属地为主。突发事件应急救援现场指挥以所在地人民政府为主，有关部门和专家参与。发生事故的企业是事故应急救援的第一响应者。

（4）依靠科学，依法规范。遵循科学原理，充分发挥各方面专家的作用，实现科学民主决策。依靠科技进步，不断改进和完善应急救援的装备、设施和手段。依法规范应急救援工作，确保预案的科学性、权威性和可操作性。

（5）预防为主，平战结合。贯彻落实"安全第一，预防为主，综合治理"的方针，坚持事故应急与预防相结合。按照长期准备、重点建设的要求，做好应对突发事件的思想准备、

预案准备、物资和经费准备、实战工作准备，加强培训演练，做到警钟长鸣，常备不懈。

（二）基本任务

1. 控制危险源

及时控制造成事故的危险源是应急救援工作的首要任务，只有及时控制住危险源，防止事故的继续扩展，才能及时、有效地进行救援。特别对发生在城市或人口稠密地区的化学事故，应尽快组织工程抢险队与事故单位技术人员一起及时堵源，控制事故继续扩展。

2. 抢救受害人员

抢救受害人员是应急救援的重要任务。在应急救援行动中，及时、有序、有效地实施现场急救与安全转送伤员是降低伤亡率，减少事故损失的关键。

3. 指导群众防护，组织群众紧急疏散撤离

由于化学事故发生突然、扩散迅速、涉及范围广、危害大，因此应及时指导和组织群众采取各种措施进行自身防护，并向上风方向迅速撤离出危险区或可能受到危害的区域。在撤离过程中应积极组织群众开展自救和互救工作。

4. 做好现场清洁，消除危害后果

对事故外逸的有毒有害物质和可能对人和环境继续造成危害的物质，应及时组织人员予以清除，消除危害后果，防止危害性物质对人的继续危害和对环境的污染。对于火灾事故，当灭火战斗结束后，对在毒物危害区域内活动的人员，应进行必要的健康检查，对灭火使用的装备器具，必须逐一进行洗清，彻底清除危害性物质。

二、组织指挥体系及基本职责

本部分内容以阳煤化工集团为例进行介绍。

（一）应急组织体系

化工集团成立突发事件应急救援指挥中心，负责化工系统重大突发性事件应急救援工作的组织实施。应急救援指挥中心设在调度指挥中心。各化工企业成立应急救援指挥部，由各企业行政正职担任总指挥，负责各企业的应急救援工作。如遇突发事件，现场应急救援指挥部设立在事故单位调度室，受指挥中心的直接领导。

（二）现场抢险救灾总指挥（所属企业行政正职）职责

（1）负责本单位应急救援预案的启动与执行，确定事故应急反应决策和行动战术；对事发现场应急行动进行直接指挥；并组织控制现场紧急情况；

（2）负责突发事件应急上报工作，及时掌握灾情信息，向化工集团和政府相关部门汇报，做好舆情控制工作；

（3）执行上级应急行动指挥；并及时向上级指挥中心提出正确有效的对策和建议，减缓事故后果；

（4）保持与政府参与应急救援工作相关部门的人员联系，协调、组织和及时获取应急所需的其他资源；

（5）安排部署各项保障和善后处置工作等。确定事故应急反应决策和行动战术。

三、现场救援程序

本部分内容以阳煤化工集团为例进行介绍。

发生生产安全事故后，事故现场企业负责人和监护人应立即按有关规定及时上报事故信

息，成立指挥部，在确保安全前提下抢救人员，疏散撤离可能受到事故波及的人员，控制危险源，封锁危险场所，划定警戒区，开展先期处置，防止事故扩大。

（一）信息监控与报告

（1）一般突发公共事件（包括承包商事故）发生后，现场有关人员立即报告本单位第一负责人，在采取措施控制事态的同时，立即报告化工集团调度。

（2）火灾、爆炸、泄漏、环境污染等较大以上突发公共事件发生后，事发企业必须立即启动相应预案，在控制事态的同时，如实向化工集团应急指挥中心报告，报告时间不得超过40min，同时报告市、区人民政府及公安、安全、环保等相关部门，不得迟报、谎报、瞒报和漏报。

（3）事件情况暂时不清楚的，进行电话快报，随后在30min内进行书面报告。报告内容主要包括时间、地点、事件简要经过、伤亡人数、初步损失、影响范围、已经采取的措施和应急救援情况等。

（4）应急处置过程中要及时续报有关情况。重大事件、特别重大事件每日续报两次，较大事件、大事件每日续报一次。

（5）化工集团调度接到突发事件信息报告后，立即按程序报告化工集团领导和相关处室，其中较大以上事件的信息要进行电话确认事故信息要素，并同时按规定上报阳煤集团调度。

上报程序见图6-1突发事件应急抢险和报告程序图。

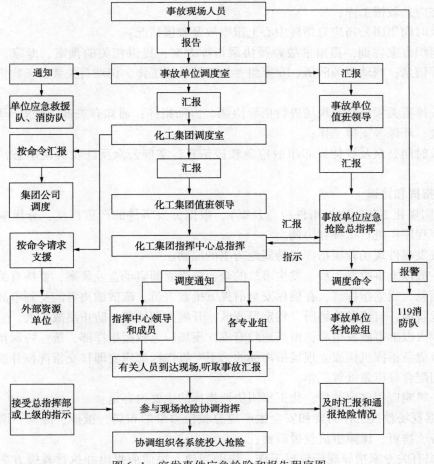

图6-1 突发事件应急抢险和报告程序图

（二）应急响应

按照《阳煤化工集团突发事件应急预案》，根据突发事件的严重程度，分级响应，执行相应的响应程序。

1. 二级响应程序

发生一般级（Ⅴ级）突发事件或险情，化工集团启动二级响应，具体如下：

（1）化工集团应急救援中心领导组派分管领导、安全环保处和相关单位负责人组成现场工作组赶赴现场，指导应急救援工作；

（2）迅速收集事故有关信息，了解掌握事故基本情况和初步原因，密切关注、及时掌握事态发展和现场救援情况，并及时向化工集团主要领导报告事故及救援情况；

（3）针对事故特点、前期处置情况、发展态势，提出救援和预防的建议措施，必要时请化工集团应急救援中心领导组派专家或专业救援队伍支持；

（4）指导事故现场处置工作，并协助企业做好信息发布和善后处理工作。

2. 一级响应程序

发生特别重大事件（Ⅰ级）、重大事件（Ⅱ级）、大事件（Ⅲ级）、较大事件（Ⅳ级）突发事件或险情，化工集团启动一级响应，具体如下：

（1）化工集团主要领导、分管领导、安全环保处和相关单位负责人组成现场工作组赶赴现场，实施应急救援工作；

（2）及时向集团公司应急指挥中心上报事故及救援情况；

（3）组织专家咨询，提出事故救援协调指挥方案，提供相关的预案、专家、队伍、装备、物资等信息；调动有关队伍、专家组参加现场救援工作，调动有关装备、物资支援现场救援；

（4）安排有关领导赶赴现场进行指导协调、协助指挥；通知有关部门做好车辆、信息、物资、资金、环保等支援工作；

（5）及时向公众及媒体发布事故应急救援信息，掌握公众反映及舆论动态，回复有关质询。

（三）指挥和协调

按照《阳煤化工集团突发事件应急预案》，根据突发事件的严重程度，分级响应，执行相应的响应程序，进行指挥和协调。

（1）突发事件现场救援指挥坚持属地为主的原则。

（2）一般以上事故发生后，发生事故的企业应当立即启动企业预案，要按有关规定及时上报事故信息，成立指挥部，在确保安全前提下抢救人员，疏散撤离可能受到事故波及的人员，控制危险源，封锁危险场所，划定警戒区，开展先期处置，防止事故扩大。

（3）较大以上事故发生后，由当地政府成立现场应急救援指挥部，统一协调指挥事故救援。上一级应急指挥机构成立现场指挥部的，下一级指挥部应立即移交指挥权并服从上一级指挥，密切配合好应急处置工作。

（4）一级响应程序启动后，化工集团协调指挥的主要内容是：

① 根据现场救援工作需要和安全生产应急救援力量的布局，指挥、协调、调动有关的队伍、装备、物资，保障事故救援需要；

② 组织有关专家指导现场救援工作，协助当地人民政府提出并执行救援方案，制定防

止事故引发次生灾害的方案，责成企业组织实施；

③ 针对事故引发或可能引发的次生灾害，及时通知事故单位启动紧急应急预案；

④ 协助安排事故发生地相邻企业配合、支援救援工作；

⑤ 根据事故情况及时向公众及媒体发布事故应急救援信息，掌握公众反映及舆论动态，回复有关质询；

⑥ 协助有关部门调配医务人员、医疗器材、急救药品，协助组织现场救护及伤员转移及统计伤亡人员情况。

第二节　现场处置与现场急救知识

一、现场处置

（一）基本任务

抢救受伤人员，控制危险源，隔离危险区，安全撤离人员，排除现场隐患，消除危害后果。

在应急救援过程中，应遵循人身安全第一的原则，要把抢救伤员确保人员安全作为首要任务，科学施救，防止事故扩大。

（二）基本办法

1. 危险化学品泄漏事故处置

（1）泄漏现场处理

① 进入现场的救援人员必须佩戴必要的个人防护器具。

② 如果泄漏物是易燃易爆的，事故中心区域应严禁火种、切断电源、禁止车辆进入；如果泄漏物是有毒的，应使用专用防护服、隔绝式空气面具；立即在边界设置警戒线。根据事故情况和事故发展，确定事故波及区域人员的撤离。

③ 应急处理时严禁单独行动，要有监护人，必要时用水枪、水炮掩护。

④ 化学品泄漏时，除受过特别训练的人员外，其他任何人员不得清理泄漏物。

（2）泄漏源控制

① 关闭阀门(尽可能使用紧急切断阀)、停止作业或改变流程、物料走副线、倒罐、局部停车、打循环、减负荷运行等。

② 采用合适的材料和技术手段堵住泄漏处。

（3）泄漏物处理

① 围堤堵截：筑堤堵截液体或者引流到安全地点。储罐区发生液体泄漏时，要及时关闭雨水阀，防止物料沿明沟外流。

② 稀释与覆盖：向有害物蒸气云喷射雾状水，加速气体向高空扩散。对于可燃物，也可以在现场释放大量水蒸气或氮气，破坏燃烧条件。对于液体泄漏，为降低物料向大气中的蒸发速度，可用泡沫或者其他覆盖物覆盖外泄的物料，抑制其蒸发。

③ 收容：对于大型泄漏，可选用隔膜泵将泄漏的物料回收；当泄漏量小时，可用沙子、吸附材料、中和材料处理；冲洗废水要排入事故池。

2. 危险化学品火灾事故处置

① 先切断着火源，要选择正确的灭火剂，扑救初期火灾。

② 针对危险化学品火灾的火势发展及现场情况，灭火战术如下：尽快报火警，统一指挥、以快制快、堵截火势、防止蔓延；重点突破、排除险情；分割包围、速战速决。

③ 救火人员应占领上风向或者侧风区域，进行火情观察，迅速查明燃烧范围、燃烧原因以及周围情况，扑救时应有针对性的采取自我保护措施。

④ 灭火后期处置。火灾扑灭后，仍然要派人监护现场，应当保护现场，接受事故调查，核定火灾损失，未经相关部门同意，不得擅自清理火灾现场。

3. 压缩气体和液化气体火灾事故处置

（1）灭火

① 首先应扑灭外围被火源引燃的可燃物火势，切断火势蔓延途径，控制燃烧范围，并积极抢救受伤和被困人员。

② 如果有压力容器受到热辐射的威胁，应转移或者部署足够的水枪进行冷却保护。为防止容器爆裂伤人，进行冷却的人员尽量采用低姿射水或利用现场坚实的掩体防护。对卧式储罐，冷却人员应选择储罐四角作为射水阵地。

③ 扑救气体火灾切忌盲目灭火，即使在扑救周围火势以及冷却过程中不小心把泄漏处的火焰扑灭了，在没有采取堵漏措施的情况下，也必须立即用长点火棒点燃，使其恢复稳定燃烧。否则，大量可燃气体泄漏与空气混合，遇火源就会发生爆炸。

④ 现场指挥人员密切注意各种危险征兆，遇有火势熄灭后较长时间未能恢复稳定燃烧或者受到热辐射的容器安全阀火焰变亮耀眼、尖叫、晃动等爆裂征兆时，指挥人员必须适时做出准确判断，及时下达撤退命令。现场人员看到或者听到信号后，应迅速撤退到安全地带。

（2）堵漏

① 堵漏工作准备就绪后，即可用水扑救火势，也可用干粉、二氧化碳灭火，但仍需用水冷却烧烫的罐（管）壁。

② 火扑灭后，应立即用堵漏材料堵漏，同时用雾水稀释和驱散泄漏出来的气体。如果一次堵漏失败，再次堵漏需要一定时间，应立即用长点火棒点燃，使其恢复稳定燃烧，以防止较长时间泄漏的可燃气体与空气混合后形成爆炸性气体，从而发生爆炸危险。

③ 如果确认泄漏口很大，根本无法堵漏，只需冷却着火容器及其周围容器和可燃物品，控制着火范围，一直到可燃气体燃尽，或是自动熄灭。

（三）人员紧急疏散、撤离

按照事故现场、工厂临近区的区域人员及公众对毒物应急剂量控制的规定，制定人员紧急撤离、疏散计划。包括人员紧急撤离、疏散，确定紧急事故情况下的安全疏散路线。

（1）事故现场人员撤离：设立警戒区，迅速将警戒区内与事故应急处理无关的人员撤离，以减少不必要的人员伤亡。

（2）非事故现场人员紧急疏散的方式、方法：事故发生时现场操作人员以班组、车间为单位清点人数，有序紧急疏散。

（3）抢救人员在撤离前、撤离后的报告：抢救人员在现场人员撤离时应进行疏导，撤离后进行人数清查并将有关情况上报。为使疏散工作顺利进行，车间应至少有两个畅通无阻的紧急出口，并有明显标志。

（4）周边区域的单位、社区人员疏散的方式、方法：根据事故事态发展状况，及时通知周边区域单位、社区人员撤离及采取相应安全措施。紧急疏散时应注意应向上风方向转移。

（四）危险区的隔离

事故发生时的隔离区，是以事故发生地为圆心、事故区隔离距离为半径的圆，非事故处理人员不得入内，指挥所有人员向逆风方向撤离至该区域以外。

常见危化品泄漏的隔离与疏散距离见表6-1。

表 6-1　常见危化品泄漏的隔离与疏散距离

名　称	类　型		距　离
液氨	小泄漏	初始隔离	大于 30m
		白天下风向疏散	大于 100m
		夜晚下风向疏散	大于 200m
	大泄漏	初始隔离	大于 150m
		白天下风向疏散	大于 800m
		夜晚下风向疏散	大于 2300m
液氯	小泄漏	初始隔离	大于 60m
		白天下风向疏散	大于 400m
		夜晚下风向疏散	大于 1600m
	大泄漏	初始隔离	大于 600m
		白天下风向疏散	大于 3500m
		夜晚下风向疏散	大于 8000m
氯乙烯	泄漏	初始隔离	大于 100m
	大泄漏	下风向疏散	大于 800m
甲烷、乙炔、乙烯、丙烯	泄漏	初始隔离	大于 100m
	大泄漏	下风向疏散	大于 800m
苯(含粗苯)	泄漏	初始隔离	大于 50m
	大泄漏	下风向疏散	大于 300m
甲醇	泄漏	初始隔离	大于 50m
	大泄漏	下风向疏散	大于 50m，根据检测浓度增大疏散距离

（五）现场保护与洗消

1. 事故现场的保护措施

事故抢险过程中，在不影响抢险的情况下，事故现场的各种设施（包括已损失或未损失的）能不移位的不要移位，特殊情况需移位时要做出标记，并画出草图。抢险过后，要由相关专业组（必要时由外援专业人员配合）采取保卫措施，为事故的调查提供依据。未经许可，任何人不得进入。

2. 确定现场净化方式、方法

为防止事故抢险后，特别是泄漏的危险化学品（主要指液体物质）造成中毒、污染等二次灾害，要进行洗消工作。利用喷洒洗消液、抛洒粉状消毒剂等方式消除毒气污染。一般在事故救援现场可采用三种洗消方式。

（1）源头洗消。在事故发生初期，对事故发生点、设备或厂房洗消，将污染源严密控制在最小范围内。

（2）隔离洗消。当污染蔓延时，对下风向暴露的设备、厂房、特别高大建筑物喷洒洗消液，抛撒粉状消毒剂，形成保护层，污染降落物流经时即可产生反应，减低甚至消除危害。

（3）延伸洗消。在控制住污染源后，从事故发生地开始向下风方向对污染区逐次推进全面而彻底的洗消。

3. 明确事故现场洗消工作的负责人和专业队伍

重特大事故发生后，事故现场洗消工作一定要由专业消防人员进行，其负责人要有专业的资质，洗消队伍必须装备齐全。所有进入轻危区的人员必须佩戴空气呼吸器，对进入重危区的消防人员要加强个人防护，佩戴空气呼吸器、穿着全封闭式防化服，进行逐一登记。

4. 洗消后的二次污染防治

当重特大事故发生时，使用大量消防水，消防水中含有大量有毒、有害物质，不得排出厂外。根据本单位消防水设计用量，以及外部救援消防用水，在厂区内设置消防水罐，提供消防水源；设置事故水池及配套的管网布设，保证事故水全部进入事故水池，满足消防及事故状态下废水的接纳。

（六）环境监测

对受到事故影响的区域，由事故应急环境监测组对大气、地表水按照规定频次进行连续监测，分析各污染物含量，直到各项指标达标为止。监测力量不足时向上级环保部门申请援助。

二、现场急救的基本方法

现场急救，是指在生产过程中和工作场所发生的各种意外伤害事故、急性中毒、外伤和突发危重病员等现场，没有医务人员时，为了防止病情恶化，减少病人痛苦和预防休克等所应采取的一种初步紧急救护措施，又称院前急救。

现场应急救援人员安全进入事故毒物污染区，切断毒物来源，迅速将伤员脱离污染区，转移到通风良好的场所，彻底清除毒物污染，防止继续吸收，对患者进行现场急救治疗，迅速抢救生命。进行现场应急救援时应注意：

（1）选择有利的地形设置急救点，急救之前救援人员应确信受伤者所在的环境是安全的，并且所有的现场急救方法应防止伤员发生继发性损害。

（2）进入染毒区域的救援人员应根据染毒区域的地形、建筑物的分布、有无爆炸及燃烧的危险、毒物种类及浓度等情况，正确选择合适的防毒面具和防护服。

（3）救援人员应至少2~3人为一组集体行动，以便互相监护照应，并明确一位负责人，指挥协调在染毒区域的救援行动，最好配备一部对讲机随时与现场指挥部及其他救援队伍联系。

现场救护要遵循先抢后救、先急后缓、先重后轻、边救边送、严密观察的原则。

（一）判断处境、脱离险地

在一些事故现场往往由于环境危险，有可能对伤患造成进一步的威胁，因此，应先加以判断。如有危险因素存在，应立即脱离险境或除去危险因素，否则宜就地加以急救，不可任意移动患者，以免延误抢救时机或造成不必要的损伤。

（二）给予伤患最优先的急救措施

（1）维持呼吸道通畅；

（2）重建呼吸功能：呼吸停止者，施以人工呼吸；

（3）重建血液循环功能：心跳停止者，施以胸外心脏按压；止住严重的出血；

（4）防止休克；

（5）防止继续损伤（如：头胸部或腹腰部的严重创伤、心脏疾病、糖尿病、中毒、灼伤、骨折、脊椎损伤等）。

（三）就医

尽快送往医院或请求医院、急救中心援救，以获得最妥善的治疗。

三、现场急救处理措施

（一）创伤止血技术

1. 指压止血法

适用于动脉出血。用手指在出血的近心端，把动脉紧压在骨面上，达到迅速和临时止血目的。见图6-2。

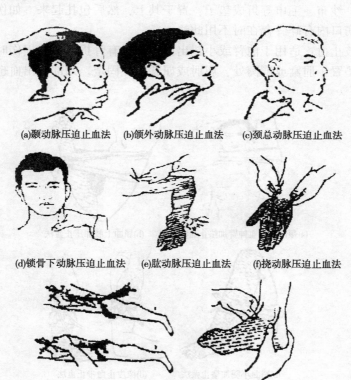

(a)颞动脉压迫止血法　　(b)颌外动脉压迫止血法　　(c)颈总动脉压迫止血法

(d)锁骨下动脉压迫止血法　　(e)肱动脉压迫止血法　　(f)桡动脉压迫止血法

(g)股动脉压迫止血法　　(h)足胫前、后动脉压迫止血法

图6-2　指压止血法示意

（1）颞动脉压迫止血法：适用于同侧头顶部及颞部出血，方法是用拇指或食指压迫耳前正对下颌关节处。

（2）颌外动脉压迫止血法：适用于同侧腮部及颜面部出血，方法是用拇指或食指在下颌角前约 1.8cm 处，将颌外动脉压于下颌骨上。

（3）颈总动脉压迫止血法：适用于同侧头面部及颈部大出血，而采用其他方法无效时使用。方法是在同侧气管外侧与胸锁乳突肌前缘中点之间将颈总动脉压在第 6 颈椎处，控制出血。

（4）锁骨下动脉压迫止血法：适用于腋窝、肩部及上肢出血。方法是在锁骨上凹动脉跳动处，四指放在伤员颈后，以拇指向下方压向第一肋骨。

（5）肱动脉压迫止血法：适用于手、前臂及上臂下部的出血。方法是在上臂中部肱二头肌肉侧沟处用拇指压向肱骨干上。

（6）尺、挠动脉压迫止血法：适用于手部出血。方法是在手腕横纹止方内、外两侧挠、尺二动脉搏动处，将其分别压于挠、尺二骨上。

（7）股动脉压迫止血法：适用于同侧下肢的出血。方法是在腹股沟中点股动脉搏动处，将股动脉向后压于股骨上。

（8）足胫前、后动脉压迫止血法：适用于足部出血。在足内踝处胫前、胫后动脉搏动处分别将二动脉压迫在内踝与跟骨之间和足背皮肤皱纹中间处。

2. **包扎止血**（图6-3）

（1）加压包扎止血：主要适用于小动静脉、毛细血管出血。止血时先将消毒纱布垫敷于伤口处，用棉团、纱布、毛巾等折成垫子，置于其上，然后包扎起来。如伤处有骨折时，须另加夹板固定。伤口内有碎骨存在时不用此法。

（2）加垫屈肢止血：适用于前臂或小腿出血，在没有骨折及关节损伤时，可将一块厚棉垫、绷带或布类垫置于肘窝或腘窝处，屈肘或屈膝包扎固定。颈部大出血也可采用伸臂包扎止血法。

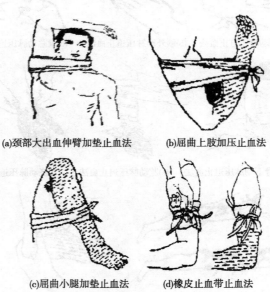

(a)颈部大出血伸臂加垫止血法　　(b)屈曲上肢加压止血法

(c)屈曲小腿加垫止血法　　(d)橡皮止血带止血法

图6-3　包扎止血方法示意

（3）止血带止血：四肢动脉大出血，用一橡皮带或一紧束带在出血部位的近心端扎紧，使血流受阻，达到止血的目的。

上止血带注意事项：

A. 止血带不要直接扎在肢体上，先在止血带与皮肤之间加布，保护皮肤以防损伤。

B. 止血带可扎在靠伤口的上方，一般上肢在上臂的上1/3部位，下肢在大腿的上1/3部位。

C. 扎止血带后，应作明显的标记，注明扎止血带的时间。尽量缩短扎止血带的时间，总时间不要超过3h。止血带每50min放松一次，每次2~3min，避免止血时间过长，肢体远端缺血坏死。

（二）伤患的搬运技术

1. 伤患搬运的意义和注意事项

搬运的意义：托运和输送是挽救病人生命的关键步骤，在救护伤员工作中具有很重要的意义，伤员经过急救处理后，应尽快送往医院，进行进一步检查和更有效的治疗，搬运不当轻者延误检查和治疗，重者可以使病情恶化，甚至死亡，切不可低估搬运的作用。

（1）搬运的要求

① 根据现场条件选择适宜的搬运方法和搬运工具；

② 搬运病人时，动作要轻捷、协调一致；

③ 对脊柱、骨盆骨折病人，应选择平整的硬担架，尽量减少震动，以免加重病情和给病人带来痛苦；

④ 转运路途较远的病人，应寻找适应的交通工具；

⑤ 运送途中，最好有卫生人员护送，并要严密观察病情，应采取急救处理，以防止休克发生；

⑥ 到达医院后，向医务人员介绍急救处理经过，以供下一步检查诊断参考。

（2）注意事项

① 密切观察伤员的呼吸、脉搏和神志的变化，伤口渗血的情况，并要及时地妥善处理后再运送；

② 注意保持伤员的特定体位；

③ 注意颈部伤员的体位和呼吸道的通畅情况；

④ 应经常观察上有夹板（或石膏）伤员肢体的末端循环情况，如有障碍时要立即处理；

⑤ 除腹部伤外，可给伤员适量饮水。

2. 搬运技术

（1）侧身匍匐搬运法：根据伤员受伤部位，应用左或右侧的匍匐法，搬运时，使伤部向上，将伤员的腰部放在搬运者的大腿上，并使伤员的躯干紧靠在胸前，使伤员的头部和上肢不与地面接触。见图6-4(a)。

（2）牵拖法：将伤员放在油布或雨衣上，将两个对角或两袖结扎固定伤员的身体，然后用绳索与近侧一角连结，搬运者牵拖或匍匐前进。见图6-4(b)。

（3）单人背、抱法：背伤员时，应将其上肢放在搬运者的胸前。抢救伤员时，搬运者一手抱其腰部，另一手托起大腿中部。头部伤员神志清楚，可采用这种方法。见图6-4(c)。

图 6-4(a)

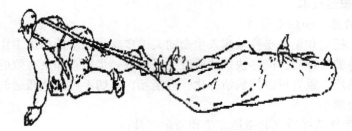

图 6-4(b)

图 6-4(c)

(4) 椅子式搬运法[图 6-4(d)]：多用于头部伤而无颅脑损伤的伤员。

(5) 搬抬式搬运法[图 6-4(e)]：对脊柱伤或腹部伤员不宜采用。

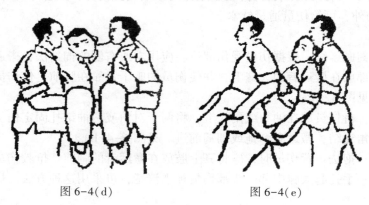

图 6-4(d)   图 6-4(e)

(三) 心肺复苏

大脑是对缺氧最敏感的高度分化和高氧耗的组织，大脑缺氧 4~6min 后脑细胞会发生不可逆的损害。因此要求在心脏骤停 4min 内开始心肺复苏。心肺复苏开始得越早，其成功率越高。以下介绍心肺复苏的步骤。

1. 畅通气道

畅通气道是三大步骤中非常重要一步，畅通气道的方法有仰头举颏法、抬颈法和双下颌上提，见图 6-5。通常使用仰头举颏法。

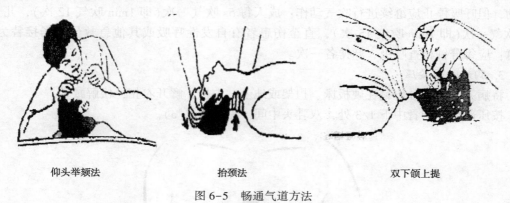

仰头举颏法   抬颈法   双下颌上提

图 6-5　畅通气道方法

2. 人工呼吸

人工呼吸方法很多，有直接入气法，如：口对口(鼻)吹气法；间接人工呼吸法，如仰卧压胸法、俯卧压背法。目前公认最有效的人工呼吸法是直接入气法，且以口对口吹气式人工呼吸最为方便和有效。此法操作简便容易掌握，而且气体的交换量大，接近或等于正常人呼吸的气体量步骤示意见图 6-6。

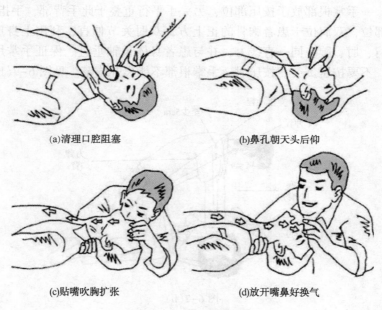

(a)清理口腔阻塞   (b)鼻孔朝天头后仰

(c)贴嘴吹胸扩张   (d)放开嘴鼻好换气

图 6-6　人工呼吸示意

第一步，将耳贴近伤患者与鼻尖上3cm处，观察其胸部的起伏，听及感觉其呼吸流动情况10s（即观察—听—感觉）。

第二步，捏紧鼻孔及用双唇紧盖伤患者口部。吹气2次。每次吹气用1.5~2s，吹气完毕观察胸部3s，吹气量为0.8~1.2L。每次吹气后，急救员将双唇离开伤患者口部使其自发性排气并留意患者胸部的起伏。

第三步，将托下颌的手取下，用食指及中指轻轻放在伤患者近身的颈动脉上。另一手继续按额保持气道畅通。同时间检查呼吸。检查颈动脉至少要5s，但不可超过10s。若有脉搏跳动，但呼吸停止应继续进行吹气动作：成人每5s吹气一次（即1min吹气12次），儿童每4s吹气一次（即1min吹气15次），直至伤患者有自发性呼吸或其他急救员到场接替为止。注意：应每分钟检查呼吸、脉搏各一次。

3. 胸外心脏按压

将病人置于平卧位躺在硬板床、担架或地上，去枕，解开衣扣，松解腰带。

按压部位：胸骨中下1/3处，双乳头中间。见图6-7（a）。

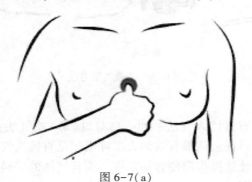

图6-7（a）

按压手法：一手掌根部放于按压部位，另一手平行重叠于此手背部，手指并拢，只以掌根部接触按压部位，双肩位于患者胸骨的正上方，双肘关节伸直，利用上身重力垂直下压。胸外按压时，肩、肘、腕在同一直线上，并与患者身体长轴垂直。保证手掌用力在胸骨上，避免肋骨骨折，不要按压剑突。按压时，手掌根部不能离开胸壁。见图6-7（b）。

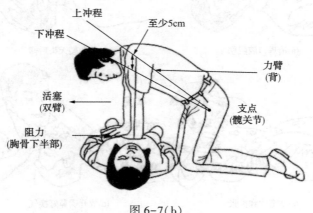

图6-7（b）

按压幅度：使胸骨下陷至少 5cm，而后迅速放松(放松时双手不要离开胸壁)，反复进行。(原因是通过增加胸廓内压力以及直接压迫心脏产生血流。通过按压，可以为心脏和大脑提供重要血流以及氧和能量)

按压时间：放松时间＝1∶1

按压频率：至少 100 次/min；胸外按压∶人工呼吸＝30∶2

按压过程中努力减少中断(除一些特殊的操作，如建立人工气道或者进行除颤)，操作 5 个循环后再次判断颈动脉搏动及呼吸，判断时间不超过 10s，如已经恢复，进行进一步生命支持；如颈动脉搏动及呼吸未恢复，继续上述操作 5 个循环后再次判断，直至高级生命支持人员及设备的到达。

以正常呼吸，然后做 2 次人工呼吸，再进行 30 次胸外按压，随后再做 2 次人工呼吸，如此 30∶2 循环，即"ABC"。新指南将 C 步骤提到了第一位，即在打开气道和做人工呼吸之前就进行胸外按压，即"CAB"。

心肺复苏停止操作的条件：

① 伤患已恢复自主呼吸与心跳；

② 有其他人接替心肺复苏的工作；

③ 运送到达医院或急救中心；

④ 抢救者已精疲力竭无力抢救；

⑤ 医生到达宣布伤患已死亡。

四、现场应急救护

(一) 触电现场急救

1. 步骤

(1) 立即切断电源

切断电源的方法一是关闭电源开关、拉闸或拔去插销；二是用干燥的木棒、竹竿、扁担等不导电的物体挑开电线，使触电者尽快脱离电源。急救者切勿直接接触伤员，防止自身触电。

(2) 紧急救护

当触电者脱离电源后，应根据触电者的具体情况，迅速组织现场救护工作。

人触电后不一定会立即死亡，出现神经麻痹、呼吸中断、心脏停搏等症状，外表上呈现昏迷的状态，此时要看作是假死状态，如现场抢救及时，方法得当，人是可以获救的。现场急救对抢救触电者是非常重要的。有统计资料指出，触电后 1min 开始救治者，90% 有良好效果；触电后 12min 开始救治者，救活的可能性就很小。

触电失去知觉后进行抢救，一般需要很长时间，必须耐心持续地进行。只有当触电者面色好转，口唇潮红，瞳孔缩小，心跳和呼吸逐步恢复正常时，才可暂停数秒进行观察。如果触电者还不能维持正常心跳和呼吸，则必须继续进行抢救。触电急救应尽可能就地进行，只有条件不允许时，才可将触电者抬到可靠地方进行急救。

2. 救护方法

(1) 触电者神志清醒，但有些心慌、四肢发麻、全身无力或触电者在触电过程中曾一度昏迷，但已清醒过来。应使触电者安静休息、不要走动、严密观察，必要时送医院诊治。

（2）触电者已经失去知觉，但心脏还在跳动，还有呼吸，应使触电者在空气清新的地方舒适、安静地平躺，解开妨碍呼吸的衣扣、腰带。如果天气寒冷要注意保持体温，并迅速请医生到现场诊治。

（3）如果触电者失去知觉，呼吸停止，但心脏还在跳动，应立即进行口对口人工呼吸，并及时请医生到现场。

（4）如果触电者呼吸和心脏跳动完全停止，应立即进行口对口人工呼吸和胸外心脏按压急救，并迅速请医生到现场。

3. 抢救过程中注意事项

（1）在进行人工呼吸和急救前，应迅速将触电者衣扣、领带、腰带等解开，清除口腔内假牙、异物、黏液等，保持呼吸道畅通。

（2）不要使触电者直接躺在潮湿或冰冷地面上急救。

（3）人工呼吸和急救应连续进行，换人时节奏要一致。如果触电者有微弱自主呼吸时，人工呼吸还要继续进行，但应和触电者的自主呼吸节奏一致，直到呼吸正常为止。

（4）对触电者的抢救要坚持进行。发现瞳孔放大、身体僵硬、出现尸斑应经医生诊断，确认死亡方可停止抢救。

（二）急性中毒现场急救

在化工生产和检修现场，有时由于设备突发性损坏或泄漏致使大量毒物外溢（逸）造成作业人员急性中毒。急性中毒往往病情严重，且发展变化快。因此必须全力以赴，争分夺秒地及时抢救。及时、正确地抢救化工生产或检修现场中急性中毒事故，对于挽救重危中毒者，减轻中毒程度防止合并症的产生具有十分重要的意义。另外，争取了时间，为进一步治疗创造有利条件。

1. 救护者的个人防护

急性中毒发生时毒物多由呼吸系统和皮肤进入人体。因此，救护者在进入危险区抢救之前，首先要做好呼吸系统和皮肤的个人防护，佩戴好供氧式防毒面具或氧气呼吸器，穿好防护服。进入设备内抢救时要系上安全带，然后再进行抢救。否则，不但中毒者不能获救，救护者也会中毒，致使中毒事故扩大。

2. 切断毒物来源

救护人员进入现场后，除对中毒者进行抢救外，同时应侦查毒物来源，并采取果断措施切断其来源，如关闭泄漏管道的阀门、堵加盲板、停止加送物料、堵塞泄漏设备等，以防止毒物继续外溢（逸）。对于已经扩散的有毒气体或蒸气应立即启动通风排毒设施或开启门、窗，以降低有毒物质在空气中的含量，为抢救工作创造有利条件。

3. 采取有效措施防止毒物继续侵入人体

（1）救护人员进入现场后，应迅速将中毒者转移至有新鲜空气处，并解开中毒者颈、胸部纽扣及腰带，以保持呼吸通畅。同时对中毒者要注意保暖和保持安静，严密注意中毒者神志、呼吸状态和循环系统的功能。在抢救搬运过程中，要注意人身安全，不能强硬拖拉以防造成外伤，致使病情加重。

（2）清除毒物，防止其沾染皮肤和黏膜。当皮肤受到腐蚀性毒物灼伤，不论其吸收与否，均应立即采取下列措施进行清洗，防止伤害加重。

① 迅速脱去被污染的衣服、鞋袜、手套等。

② 立即彻底清洗被污染的皮肤，清除皮肤表面的化学刺激性毒物，冲洗时间要达到 15～30min 左右。

③ 如毒物是水溶性，现场无中和剂，可用大量水冲洗。用中和剂冲洗时，酸性物质用弱碱性溶液冲洗，碱性物质用弱酸性溶液冲洗。非水溶性刺激物的冲洗剂，须用无毒或低毒物质。对于遇水能反应的物质，应先用干布或者其他能吸收液体的东西抹去污染物，再用水冲洗。

④ 对于黏稠的物质，如有机磷农药，可用大量肥皂冲洗(敌百虫不能用碱性溶液冲洗)，要注意皮肤皱褶、毛发和指甲内的污染物。

⑤ 较大面积的冲洗，要注意防止着凉、感冒，必要时可将冲洗液保持适当温度，但以不影响冲洗剂的作用和及时冲洗为原则。

⑥ 毒物进入眼睛时，应尽快用大量流水缓慢冲洗眼睛 15min 以上，冲洗时把眼睑撑开，让伤员的眼睛向各个方向缓慢移动。

4. 促进生命器官功能恢复

中毒者若停止呼吸，应立即进行人工呼吸。人工呼吸的方法有压背式、振臂式、口对口(鼻)式三种。最好采用口对口式人工呼吸法。其方法是，抢救者用手捏住中毒者鼻孔，以每分钟 12～16 次的速度向中毒者口中吹气，或使用苏生器。同时针刺人中、涌泉、太冲等穴位，必要时注射呼吸中枢兴奋剂(如"可拉明"或"洛贝林")。

心跳停止应立即进行人工复苏胸外挤压。将中毒患者放平仰卧在硬地或木板床上。抢救者在患者一侧或骑在患者身上，面向患者头部，用双手以冲击式挤压胸骨下部部位，每分钟 60～70 次。挤压时注意不要用力过猛，以免造成肋骨骨折、血气胸等。与此同时，还应尽快请医生进行急救处理。

5. 及时解毒和促进毒物排出

发生急性中毒后应及时采取各种解毒及排毒措施，降低或消除毒物对机体的作用。如采用各种金属配位剂与毒物的金属离子配全成稳定的有机配合物，随尿液排出体外。

毒物经口引起的急性中毒。若毒物无腐蚀性，应立即用催吐或洗胃等方法清除毒物。对于某些毒物亦可使其变为不溶的物质以防止其吸收，如氯化钡、碳酸钡中毒，可口服硫酸钠，使胃肠道尚未吸收的钡盐成为硫酸钡沉淀而防止吸收。氨、铬酸盐、铜盐、汞盐、羧酸类、醛类、脂类中毒时，可给中毒者喝牛奶、生鸡蛋等缓解剂。烷烃、苯、石油醚中毒时，可给中毒者喝一汤匙液体石蜡和一杯含硫酸镁或硫酸钠的水。一氧化碳中毒应立即吸入氧气，以缓解机体缺氧并促进毒物排出。

(三) 灼伤现场急救

(1) 迅速脱离现场，立即脱去被污染的衣服。

(2) 立即用大量流动的清水清洗创伤面，冲洗时间不应小于 20～30min。液态化学物质溅入眼睛应当首先在现场迅速进行冲洗，不要搓揉眼睛，以免造成失明。冲洗时眼皮一定要掰开，冲洗要有一定的水压及较大流量的水，才能使化学物质稀释或冲洗掉。另外也可把头部埋入水盆中，用手把眼皮掰开，眼球来回活动，使酸碱物质冲洗掉。

(3) 酸性物质引起的灼伤，其腐蚀作用只在当时，经急救处理，伤势往往不加重。碱性物质引起的灼伤会逐渐向周围和深部组织蔓延，应迅速处理，用大量清水冲洗。化学灼伤的急救处理见表6-2。

表6-2　化学灼伤急救处理表

灼伤物质名称	急救处理方法
碱类：氢氧化钠、氢氧化钾、氨、碳酸钠、碳酸钾、氧化钙	立即用大量水冲洗，然后用2%醋酸溶液洗涤中和，也可用2%以上的硼酸水湿敷。氧化钙灼伤时，可用植物油洗涤
酸类：硫酸、盐酸、硝酸、高氯酸、磷酸、醋酸、蚁酸、草酸、苦味酸	立即用大量水冲洗，再用5%碳酸氢钠水溶液洗涤中和，然后用净水冲洗
碱金属、氰化物、氰氢酸	用大量的水冲洗后，0.1%高锰酸钾溶液冲洗后再用5%硫化铵溶液冲洗
溴	用水冲洗后，再以10%硫代硫酸钠溶液洗涤，然后涂碳酸氢钠糊剂或用1体积(25%)+1体积松节油+10体积乙醇(95%)的混合液处理
铬酸	先用大量的水冲洗，然后用5%硫代硫酸钠溶液或1%硫酸钠溶液洗涤
氢氟酸	立即用大量水冲洗，直至伤口表面发红，再用5%碳酸氢钠溶液洗涤，再涂以甘油与氧化镁(2∶1)悬浮剂，或调上如意金黄散，然后用消毒纱布包扎
磷	如有磷颗粒附着在皮肤上，应将局部浸入水中，用刷子清除，不可将创面暴露在空气中，或用油脂涂抹，再用1%~2%硫酸铜溶液冲洗数min，然后以5%碳酸氢钠溶液洗去残留的硫酸铜，最后用生理盐水湿敷，用绷带扎好
苯酚	用大量水冲洗，或用4体积乙醇(7%)与1体积氯化铁(1/3mol/L)混合液洗涤，再用5%碳酸氢钠溶液湿敷
氯化锌、硝酸银	用水冲洗，再用5%碳酸氢钠溶液洗涤，涂油膏及磺胺粉
三氯化砷	用大量水冲洗，再用2.5%氯化铵溶液湿敷，然后涂上2%二巯丙醇软膏
焦油、沥青(热烫伤)	以棉花沾乙醚或二甲苯，消除黏在皮肤上的焦油或沥青，然后涂上羊毛脂

（四）烧烫伤现场急救

1. 冲

立即脱离热源，将烧烫伤的部位用清洁的流动冷水轻轻冲或浸泡10~30min左右。冷水可将热迅速散去，降低创面温度，减轻高温进一步渗透所造成的深部组织损伤加重。无法冲洗或浸泡的部位则用冷敷，将冰湿的布敷于伤处。如果疼痛持续较重，可延长冲浸的时间。

注意：

（1）若碰到二度（有水泡）、三度严重程度时，请勿直接冲水。在冲水前必须覆盖毛巾再冲水；

（2）不要使用冰块冷敷创口处，以免温度过低致使已经破损的皮肤伤口恶化（烧烫伤+冻伤）。

2. 脱

将烧伤部位的衣物移除。在充分的冲洗和浸泡后，在冷水中小心除去衣物。可以用剪刀剪开衣服，若衣物与皮肉已粘在一起，千万不要强行剥去任何的衣物，以免弄破水泡。不可挑破水泡或在伤处吹气，以免污染伤处；不可在伤处涂抹油膏、药剂。

3. 泡

将烧伤部位泡在冷水中。对于疼痛明显者可持续浸泡在冷水中10~30min。此时，主要作用是缓解疼痛，而在烧伤极早期的冲洗能够减轻烧伤程度，十分重要。

4. 盖

将无菌敷料覆盖在伤口上。使用干净的或无菌的纱布或棉质的布类覆盖于伤口，并加以固定。这样可以减少外界的污染和刺激，有助于保持创口的清洁和减轻疼痛。

注意：不得在烧伤区域涂抹红药水、紫药水、酱油、牙膏等任何液体、膏药，烧烫伤后医生先要根据皮肤的颜色和质地，来判断烧烫伤的深度和面积，以确定下一步治疗方案。如果使用红药水、紫药水、酱油等会将烫伤部位染色，医生难以判断烧烫伤程度；敷在伤口上面的牙膏没有经过严格的药用杀菌，很不卫生，有可能还有利于细菌的生长，其他一些不对症的药膏也会对伤口起到副作用，反而使创伤面更容易受到感染。也不要贴创可贴，会把受损表皮或刚生长的新鲜组织撕裂，加深创伤。同时烧烫伤后周围组织会出现肿胀，创可贴黏太紧会造成血运不畅，出现更严重损伤。

5. 送

所有超过1%的烧烫伤都应该送医处置。将伤者转送到专业治疗烧伤的烧伤专科医院进行进一步正规治疗。

（五）冻伤现场急救

冻伤是人体遭受低温侵袭后发生的损伤。当液氧、液氮、液氨等低温液态气体容器、管道发生泄漏时，会造成冻伤事故。一般将冻伤分为冻疮、局部冻伤和冻僵三种。

1. 冻疮

冻疮在一般的低温，如零上3~5℃，和潮湿的环境中即可发生。冻疮常在不知不觉中发生，部位多在耳廓、手、足等处。表现为局部发红或发紫、肿胀、发痒或刺痛，有些可起水泡，尔后发生糜烂或结痂。发生冻疮后，可在局部涂抹冻疮膏；糜烂处可涂用抗菌类和可地松类软膏。

2. 局部冻伤

局部冻伤一般分为四度：

一度冻伤：表现为局部皮肤从苍白转为斑块状的蓝紫色，以后红肿、发痒、刺痛和感觉异常；

二度冻伤：表现为局部皮肤红肿、发痒、灼痛。早期有水泡出现；

三度冻伤：表现为皮肤由白色逐渐变为蓝色，再变为黑色。感觉消失。冻伤周围的组织可出现水肿和水泡，并有较剧烈的疼痛；

四度冻伤：伤部的感觉和运动功能完全消失，呈暗灰色。由于冻伤组织与健康组织交界处的冻伤程度相对较轻，交界处可出现水肿和水泡。

发生冻伤时，如有条件可让患者进入温暖的房间，给予温暖的饮料，使伤员的体温尽快提高。同时将冻伤的部位浸泡在38~42℃的温水中，水温不宜超过45℃，浸泡时间不能超过20min。如果冻伤发生在野外无条件进行温水浸浴，可将冻伤部位放在自己或救助者的怀中取暖，同样可起到作用，使受冻部位迅速恢复血液循环。

注意：在对冻伤进行紧急处理时，绝不可将冻伤部位用热水浸泡、用火烤或用雪搓。应该用温水或接近体温的暖水慢慢回温；用火烤会使冻伤处血管扩张，导致局部需氧量增加，加重冻伤；人被冻伤时血管收缩，周围组织缺血缺氧，用雪搓会造成进一步损伤。

3. 冻僵

冻僵亦称全身冻伤，是身体长时间暴露于寒冷环境中引起，致全身新陈代谢机能降低，热量大量丧失，体温无法维持，最后意识昏迷，全身冻僵。

全身性冻伤紧急处理办法：全身保暖，迅速妥善将伤者移至温暖环境，脱掉衣服，盖被子。如果衣物已冻结在伤员的肢体上，不可强行脱下，以免损伤皮肤，可连同衣物一起侵入温水，待解冻后取下。用布或衣物裹热水袋，水壶等，放在腋下，腹股沟处迅速升温。千万不要将热水袋直接放在皮肤上，防止烫伤。或浸泡在34～35℃水中也可，将病人浸入水温34～35℃的浴盆中逐渐复温。5～10min后提高水温到42℃，待肛温升到34℃，并有了规则的呼吸和心跳时，停止加温。伤者意识存在后可饮用热饮料或少量酒。猝死时立即心肺复苏。

第三节　典型危险化学品事故应急处置方案

一、火灾事故

（一）扑救危险化学品火灾事故总处置措施

（1）迅速扑救初期火灾，关闭火灾部位的上下游阀门，切断进入火灾事故地点的一切物料；在火灾尚未扩大到不可控制之前，应使用移动式灭火器，或现场其他各种消防设备、器材，扑灭初期火灾和控制火源。

（2）应迅速查明燃烧范围、燃烧物品及其周围物品的品名和主要危险特性、火势蔓延的主要途径，燃烧的危险化学品及燃烧产物是否有毒。

（3）先控制，后消灭。针对危险化学品火灾的火势发展蔓延快和燃烧面积大的特点，为防止火灾危及相邻设施，可采取以下保护措施：

① 对周围设施及时采取冷却保护措施；

② 迅速疏散受火势威胁的物资；

③ 有的火灾可能造成易燃液体外流，这时可用沙袋或其他材料筑堤拦截飘散流淌的液体，或挖沟导流将物料导向安全地点；

④ 用毛毡、海草帘堵住下水井、窨井口等处，防止火焰蔓延。

（4）进行火情侦察、火灾扑救、火场疏散人员应有针对性地采取自我防护措施，如佩戴防护面具，穿戴专用防护服等。扑救人员应占领上风或侧风阵地进行灭火，正确选择最适合的灭火剂和灭火方法。火势较大时，应先堵截火势蔓延，控制燃烧范围，然后逐步扑灭火势。

（5）对有可能发生爆炸、爆裂、喷溅等特别危险需紧急撤退的情况，应按照统一的撤退信号和撤退方法及时撤退。（撤退信号应格外醒目，能使现场所有人员都看到或听到，并应经常演练。）

（6）火灾扑灭后，仍然要派人监护现场，消灭余火。扑救化学品火灾时要特别注意：扑救危险化学品火灾决不可盲目行动，应针对每一类化学品，选择正确的灭火剂和灭火方法来安全地控制火灾。化学品火灾的扑救应由专业消防队来进行，其他人员不可盲目行动，待消防队到达后，介绍物料介质，配合扑救。

（二）不同种类危险化学品的灭火扑救方法

1. 扑救易燃液体火灾的基本方法

易燃液体通常是储存在容器内或管道输送。与气体不同的是，液体容器有的密闭，有的敞开，一般都是常压，只有反应锅（炉、釜）及输送管道内的液体压力较高。液体不管是否着火，如果发生泄漏或溢出，都将顺着地面（或水面）飘散流淌，而且，易燃液体还有密度和水溶性等涉及能否用水和普通泡沫扑救的问题，以及危险性很大的沸溢和喷溅问题。遇易燃液体火灾，一般应采用以下基本对策：

（1）首先应切断火势蔓延的途径，冷却和疏散受火势威胁的压力及密闭容器和可燃物，控制燃烧范围，并积极抢救受伤和被困人员。如有液体流淌时，应筑堤（或用围油栏）拦截漂散流淌的易燃液体或挖沟导流。

（2）及时了解和掌握着火液体的品名、密度、水溶性，以及有无毒害、腐蚀、沸溢、喷溅等危险性，以便采取相应的灭火和防护措施。

（3）对较大的储罐或流淌火灾，应准确判断着火面积。小面积（一般 $50m^2$ 以内）液体火灾，一般可用雾状水扑灭。用泡沫、干粉、二氧化碳、卤代烷（1301）灭火一般更有效。大面积液体火灾则必须根据其相对密度、水溶性和燃烧面积大小，选择正确的灭火剂扑救。

（4）比水轻又不溶于水的液体（如汽油、苯等），用直流水、雾状水灭火往往无效。可用普通蛋白泡沫或轻水泡沫灭火。用干粉、卤代烷扑救时，灭火效果要视燃烧面积大小和燃烧条件而定，最好用水冷却罐壁。

（5）比水重又不溶于水的液体（如二硫化碳）起火时可用水扑救，水能覆盖在液面上灭火，用泡沫也有效。干粉、卤代烷扑救，灭火效果要视燃烧面积大小和燃烧条件而定，最好用水冷却罐壁，降低燃烧强度。

（6）具有水溶性的液体（如醇类、酮类等），虽然从理论上讲能用水稀释扑救，但用此法要使液体闪点消失，水必须在溶液中占很大的比例。这不仅需要大量的水，也容易使液体溢出流淌，而普通泡沫又会受到水溶性液体的破坏（如果普通泡沫强度加大，可以减弱火势），因此，最好用抗溶性泡沫扑救。用干粉或卤代烷扑救时，灭火效果要视燃烧面积大小和燃烧条件而定，也需用水冷却罐壁。

（7）扑救毒害性、腐蚀性或燃烧产物毒害性较强的易燃液体火灾，扑救人员必须佩戴防护面具，采取防护措施。对特殊物品的火灾，应使用专用防护服。考虑到过滤式防毒面具防毒范围的局限性，在扑救毒害品火灾时应尽量使用隔绝式空气面具。

（8）扑救油脂等具有沸溢和喷溅危险的液体火灾，必须注意计算可能发生沸溢、喷溅的时间和观察是否有沸溢、喷溅的征兆。一旦现场指挥发现危险征兆时应迅即作出准确判断，及时下达撤退命令，避免造成人员伤亡和装备损失。扑救人员看到或听到统一撤退信号后，应立即撤至安全地带。

（9）遇易燃液体管道或储罐泄漏着火，在切断蔓延把火势限制在一定范围内的同时，对输送管道应设法找到并关闭进、出阀门，如果管道阀门已损坏或是储罐泄漏，应迅速准备好堵漏材料，然后先用泡沫或干粉（ABC 类）、二氧化碳或雾状水等扑灭地上的流淌火焰，为堵漏扫清障碍，然后再扑灭泄漏口的火焰，并迅速采取堵漏措施。与气体堵漏不同的是，液体一次堵漏失败，可连续堵几次，只要用泡沫覆盖地面，并堵住液体流淌和控制好周围着火源，不必点燃泄漏口的液体。

2. 扑救毒害品、腐蚀品火灾的基本方法

毒害品主要经口或吸入蒸气或通过皮肤接触引起人体中毒的。腐蚀品是通过皮肤接触使人体形成化学灼伤。毒害品、腐蚀品有些本身能着火，有的本身并不着火，但与其他可燃物品接触后能着火，这类物品发生火灾一般应采取以下基本对策：

（1）灭火人员必须穿防护服，佩戴防护面具。一般情况下采取全身防护即可，对有特殊要求的物品火灾，应使用专用防护服。考虑到过滤式防毒面具防毒范围的局限性，在扑救毒害品火灾时应尽量使用隔绝式空气面具。

（2）扑救时应尽量使用低压水流或雾状水，避免腐蚀品、毒害品溅出。遇酸类或碱类腐蚀品最好调制相应的中和剂稀释中和。

（3）遇毒害品、腐蚀品容器泄漏，在扑灭火势后应采取堵漏措施。腐蚀品需用防腐材料堵漏。

（4）浓硫酸遇水能放出大量的热，会导致沸腾飞溅，需特别注意防护。扑救浓硫酸与其他可燃物品接触发生的火灾，浓硫酸数量不多时，可用大量低压水快速扑救。如果浓硫酸量很大，应先用二氧化碳、干粉等灭火，然后再把着火物品与浓硫酸分开。

二、爆炸事故

（一）扑救爆炸物品的基本方法

爆炸物品一般都有专门或临时的储存仓库。这类物品由于内部结构含有爆炸性基因，受摩擦、撞击、振动、高温等外界因素激发，极易发生爆炸，遇明火则更危险。遇爆炸物品火灾时，一般应采取以下基本对策：

（1）迅速判断和查明再次发生爆炸的可能性和危险性，紧紧抓住爆炸后和再次发生爆炸之前的有利时机，采取一切可能的措施，全力制止再次爆炸的发生。

（2）切忌用沙土盖压，以免增强爆炸物品爆炸时的威力。

（3）如果有疏散可能，在人身安全确有可靠保障的条件下，应立即组织力量及时疏散着火区域周围的爆炸物品，使着火区周围形成一个隔离带。

（4）扑救爆炸物品堆垛时，水流应采用吊射，避免强力水流直接冲击堆垛，以免堆垛倒塌引起再次爆炸。

（5）灭火人员应尽量利用现场现成的掩蔽体或尽量采用卧姿等低姿射水，尽可能地采取自我保护措施。消防车辆不要停靠离爆炸物品太近的水源。

（6）灭火人员发现有发生再次爆炸的危险时，应立即向现场指挥报告，现场指挥应迅速作出准确判断，确有发生再次爆炸征兆或危险时，应立即下达撤退命令。灭火人员看到或听到撤退信号后，应迅速撤至安全地带，来不及撤退时，应就地卧倒。

（二）扑救压缩或液化气体爆炸火灾的基本方法

压缩或液化气体总是被储存在不同的容器内，或通过管道输送。其中储存在较小钢瓶内的气体压力较高，受热或受火焰熏烤容易发生爆裂。气体泄漏后遇火源已形成稳定燃烧时，其发生爆炸或再次爆炸的危险性与可燃气体泄漏未燃时相比要小得多。遇压缩或液化气体火灾一般应采取以下基本对策：

（1）扑救气体火灾切忌盲目扑灭火势，在没有采取堵漏措施的情况下，必须保持稳定燃烧。否则，大量可燃气体泄漏出来与空气混合，遇着火源就会发生爆炸，后果将不堪设想。

（2）首先应扑灭外围被火源引燃的可燃物火势，切断火势蔓延途径，控制燃烧范围，并积极抢救受伤和被困人员。

（3）如果火势中有压力容器或有受到火焰辐射热威胁的压力容器，能疏散的应尽量在水枪的掩护下疏散到安全地带，不能疏散的应部署足够的水枪进行冷却保护。为防止容器爆裂伤人，进行冷却的人员应尽量采用低姿射水或利用现场坚实的掩蔽体防护。对卧式储罐，冷却人员应选择储罐四侧角作为射水阵地。

（4）如果是输气管道泄漏着火，应设法找到气源阀门。阀门完好时，只要关闭气体的进出阀门，火势就会自动熄灭。

（5）储罐或管道泄漏关阀无效时，应根据火势判断气体压力和泄漏口的大小及其形状，准备好相应的堵漏材料（如软木塞、橡皮塞、气囊塞、黏合剂、弯管工具等）。

（6）堵漏工作准备就绪后，即可用水扑救火势，也用干粉、二氧化碳，但仍需用水冷却烧烫的罐或管壁。火扑灭后，应立即用堵漏材料堵漏，同时用雾状水稀释和驱散泄漏出来的气体。如果确认泄漏口非常大，根本无法堵漏，只需冷却着火容器及其周围容器和可燃物品，控制着火范围，直到燃气燃尽，火势自动熄灭。

（7）现场指挥应密切注意各种危险征兆，遇有火势熄灭后较长时间未能恢复稳定燃烧或受热辐射的容器安全阀火焰变亮耀眼、尖叫、晃动等爆裂征兆时，指挥员必须适时作出准确判断，及时下达撤退命令。现场人员看到或听到事先规定的撤退信号后，应迅速撤退至安全地带。

（8）气体储罐或管道阀门处泄漏着火时，在特殊情况下，只要判断阀门还有效，也可违反常规，先扑灭火势，再关闭阀门。一旦发现关闭已无效，一时又无法堵漏时，应迅即点燃，恢复稳定燃烧。

三、泄漏事故

（一）疏散与隔离

1. 人员紧急疏散、撤离

按照事故现场、工厂临近区的区域人员及公众对毒物应急剂量控制的规定，制定人员紧急撤离、疏散计划。包括人员紧急撤离、疏散，确定紧急事故情况下的安全疏散路线。

（1）事故现场人员撤离：设立警戒区，迅速将警戒区内与事故应急处理无关的人员撤离，以减少不必要的人员伤亡。

（2）非事故现场人员紧急疏散的方式、方法：事故发生时现场操作人员以班组、车间为单位清点人数，有序紧急疏散。

（3）抢救人员在撤离前、撤离后的报告：抢救人员在现场人员撤离时应进行疏导，撤离后进行人数清查并将有关情况上报。为使疏散工作顺利进行，车间应至少有两个畅通无阻的紧急出口，并有明显标志。

（4）周边区域的单位、社区人员疏散的方式、方法：根据事故事态发展状况，及时通知周边区域单位、社区人员撤离及采取相应安全措施。紧急疏散时应注意：应向上风方向转移。

2. 危险区的隔离

事故发生时的隔离区，是以事故发生地为圆心、事故区隔离距离为半径的圆，非事故处理人员不得入内，指挥所有人员向逆风方向撤离至该区域以外。

（二）泄漏源控制

通过控制泄漏源来消除化学品的溢出或泄漏。在厂调度室的指令下，通过关闭有关阀门、停止作业或通过采取改变工艺流程、物料走副线、局部停车、打循环、减负荷运行等方法进行泄漏源控制。

容器发生泄漏后，应采取措施修补和堵塞裂口，制止化学品的进一步泄漏。能否成功地进行堵漏取决于几个因素：接近泄漏点的危险程度、泄漏孔的尺寸、泄漏点处实际的或潜在的压力、泄漏物质的特性。堵漏方法见表6-3。

表 6-3　容器堵漏方法

部位	形式	方　　　　法
罐体	砂眼	使用螺丝加黏合剂旋进堵漏
	缝隙	使用外封式堵漏袋、电磁式堵漏工具组、黏贴式堵漏密封胶(适用于高压)、潮湿绷带冷凝法或堵漏夹具、金属堵漏锥堵漏
	孔洞	使用各种木楔、堵漏夹具、黏贴式堵漏密封胶(适用于高压)、金属堵漏锥堵漏
	裂口	使用外封式堵漏袋、电磁式堵漏工具组、黏贴式堵漏密封胶(适用于高压)堵漏
管道	砂眼	使用螺丝加黏合剂旋进堵漏
	缝隙	使用外封式堵漏袋、金属封堵套管、电磁式堵漏工具组、潮湿绷带冷凝法或堵漏夹具堵漏
	孔洞	使用各种木楔、堵漏夹具、黏贴式堵漏密封胶(适用于高压)堵漏
	裂口	使用外封式堵漏袋、电磁式堵漏工具组、黏贴式堵漏密封胶(适用于高压)堵漏
阀门		使用阀门堵漏工具组、注入式堵漏胶、堵漏夹具堵漏
法兰		使用专用法兰夹具、注入式堵漏胶堵漏

(三) 泄漏物的处理

现场泄漏物要及时进行覆盖、收容、稀释、处理，使泄漏物得到安全可靠的处置，防止二次事故的发生。泄漏物处置主要有四种方法：

(1) 围堤堵截。如果化学品为液体，泄漏到地面上时会四处蔓延扩散，难以收集处理。为此，需要筑堤堵截或者引流到安全地点。储罐区发生液体泄漏时，要及时关闭雨水阀，防止物料沿明沟外流。

(2) 稀释与覆盖。为减少大气污染。通常是采用水枪或消防水带向有害物蒸气云喷射雾状水，加速气体向高空扩散，使其在安全地带扩散。在使用这一技术时，将产生大量的被污染水，因此应疏通污水排放系统。对于可燃物，也可以在现场释放大量水蒸气或氮气，破坏燃烧条件。对于液体泄漏，为降低物料向大气中的蒸发速度，可用泡沫或其他覆盖物品覆盖外泄的物料，在其表面形成覆盖层，抑制其蒸发。

(3) 对于大型泄漏，可选择用隔膜泵将泄漏出的物料抽入容器内或槽车内当泄漏量小时，可用沙子、吸附材料、中和材料等吸收中和。

(4) 废弃。将收集的泄漏物运至废物处理场所处置。用消防水冲洗剩下的少量物料，冲洗水排入含油污水系统处理。

泄漏处理时应注意：化学品泄漏时，除受过特别训练的人员外，其他任何人不得试图清除泄漏物。进入现场人员必须配备必要的个人防护器具；如果泄漏物是易燃易爆的，应严禁火种；应急处理时严禁单独行动，要有监护人，必要时用水枪、水炮掩护。

四、中毒窒息事故

在化工生产和检修现场，有时由于设备突发性损坏或泄漏致使大量毒物外溢(逸)造成作业人员急性中毒。急性中毒往往病情严重，且发展变化快。因此必须全力以赴，争分夺秒地及时抢救。

中毒窒息事故现场应急处置应遵循原则：

(一) 安全进入毒物污染区

对于高浓度的硫化氢、一氧化碳等毒物污染区以及严重缺氧环境，必须先预通风。参加救护人员需佩戴供氧式防毒面具。其他毒物也应采取有效防护措施方可入内救护。同时应佩戴相应的防护用品、氧气分析报警仪和可燃气体报警仪。

（二）切断毒物来源

救护人员进入现场后，除对中毒者进行抢救外，同时应侦查毒物来源，并采取果断措施切断其来源，如关闭泄漏管道的阀门、堵加盲板、停止加送物料、堵塞泄漏设备等，以防止毒物继续外溢（逸）。对于已经扩散出来的有毒气体或蒸气应立即启动通风排毒设施或开启门窗，以降低有毒物质在空气中的含量，为抢救工作创造有利条件。

（三）彻底清除毒物污染，防止继续吸收

救护人员进入现场后，应迅速将中毒者转移至有新鲜空气处，并解开中毒者的颈、腰部纽扣及腰带，以保持呼吸通畅。同时对中毒者要注意保暖和保持安静，严密注意中毒者神志、呼吸状态和循环系统的功能。

救护人员脱离污染区后，立即脱去受污染的衣物。对于皮肤、毛发甚至指甲缝中的污染，都要注意清除。对能由皮肤吸收的毒物及化学灼伤，应在现场用大量清水或其他备用的解毒、中和液冲洗。毒物经口侵入体内，应及时彻底洗胃或催吐，除去胃内毒物，并及时以中和、解毒药物减少毒物的吸收。

（四）迅速抢救生命

中毒者脱离染毒区后，应在现场立即着手急救。心脏停止跳动的，立即拳击心脏部位的胸壁或作胸外心脏按压。呼吸停止者赶快做人工呼吸，最好用口对口吹气法。人工呼吸与胸外心脏按压可同时交替进行，直至恢复自主心搏和呼吸。急救操作不可动作粗暴，造成新的损伤。眼部溅入毒物，应立即用清水冲洗，或将脸部浸入满盆清水中，张眼并不断摆动头部，稀释洗去毒物。

（五）及时解毒和促进毒物排出

发生急性中毒后应及时采取各种解毒及排毒措施，降低或消除毒物对机体的作用。如采用各种金属配位剂与毒物的金属离子配合成稳定的有机配合物，随尿液排出体外。

毒物经口引起的急性中毒。若毒物无腐蚀性，应立即用催吐或洗胃等方法清除毒物。对于某些毒物亦可使其变为不溶的物质以防止其吸收，如氯化钡、碳酸钡中毒，可口服硫酸钠，使胃肠道尚未吸收的钡盐成为硫酸钡沉淀而防止吸收。氨、铬酸盐、铜盐、汞盐、羧酸类、醛类、脂类中毒时，可给中毒者喝牛奶、生鸡蛋等缓解剂。烷烃、苯、石油醚中毒时，可给中毒者喝一汤匙液体石蜡和一杯含硫酸镁或硫酸钠的水。一氧化碳中毒应立即吸入氧气，以缓解机体缺氧并促进毒物排出。

（六）送医院治疗

经过初步急救，速送医院继续治疗。

复习思考题

1. 请简述心肺复苏的步骤。
2. 请简述烧伤现场急救的步骤。
3. 请简述冻伤现场急救的步骤。
4. 请简述危险化学品火灾扑救的注意事项。

第七章　化工企业特殊作业安全要求

本章学习要点

1. 了解各种危险作业的术语；
2. 熟悉并掌握各种危险作业的安全要求；
3. 掌握各种危险作业的管理要求；
4. 掌握各种危险作业的风险分析及安全对策。

本章内容主要根据《化学品生产单位特殊作业安全规范》（GB 30871—2014）和 AQ 3020—2008~AQ 3028—2008 的要求对特殊作业安全进行系统的介绍。本章是现场监护人重点掌握的知识内容。

第一节　检维修作业

企业应建立检维修安全管理制度，明确检修控制程序和具体管理要求，各种检修必须成立相应的检修指挥机构和专业组，实行集中领导、统筹规划、统一指挥、统一协调安排，明确分工，各负其责。各种检修必须制定检修计划或施工方案，落实详细可行的安全措施，建立起监督网络。做到项目齐全、内容详细、责任明确、施工程序具体。

一、检修前的安全准备

（一）检修组织

正常检维修，检修单位分管设备的负责人要组织和协调好整个检修工作。动设备大、中修和抢修等工作，分管设备的部门要统一组织和协调，以检修单位为主的各专业全力配合。停车大检修企业要成立领导小组，对大检修工作进行统一协调指挥。检修前要确认具备检修的条件，做好检修方案和安全风险评估，制定检修作业安全管理规定，检修中要严格执行各项安全管理规定，相关责任单位做好安全检查，安全监督部门负责监督和抽查工作。

现场有多个单位参加检修的大修，企业需要定期召开各相关单位参加的协调会，协调处理好检修现场的各项安全工作。做到作业前讲安全，作业中抓安全，作业后总结安全。

（二）制定检修方案

（1）企业应根据检修内容，对检修装置和检修过程中可能出现的危险有害因素进行全面的风险辨识和分析评价，根据风险分析结果提出检修过程中应采取的安全对策措施。

（2）企业应编制包括开停车方案、置换方案、安全防护措施、应急处置预案等在内的完善的检修方案。方案必须详细具体，每一步骤都有明确的要求和注意事项，并明确指定负责人。

（3）检修方案编制完成后，指挥部应组织相关人员进行分析论证，确认无误后，由企业主管领导进行审批，批准后下发学习实施。

（4）下达检修任务时，必须同时下达检修项目的安全注意事项和安全技术规程，没有安全技术措施的检修项目一律不得开工。

（三）参加检修人员的安全培训教育

检修前，参加检修的全体人员（包括外委人员）应明确检修内容、步骤、方法、质量标准、人员分工、注意事项、可能存在的危险有害因素及应采取的安全对策措施，可能出现的问题和工作中容易疏忽的地方。

每次大检修前，应学习的主要内容包括：

（1）有关作业的安全规章制度；

（2）作业现场和作业过程中可能存在的危险有害因素及应采取的具体安全措施；

（3）作业过程中所使用的个体防护器具的使用方法及使用注意事项；

（4）事故的预防、避险、逃生、自救、互救等知识；

（5）相关事故案例和经验、教训等。并开展有针对性的教育和考试，保存相关记录。参加关键部位和有特殊技术要求项目的检修人员，还应进行专门的安全技术教育和考核。

（四）检修前安全条件确认

（1）检查停车检修设备是否达到检修要求。主要包括：停车设备和管线的吹扫、置换、蒸煮、清洗是否合格；盲板是否抽堵；检修相关的设备、管线是否隔绝、断电等。

（2）检查检修材料是否齐备。主要包括：检修所使用的机、器、具是否合格；个体劳保用品、防护用品、应急物资、安全标识牌等是否齐备。

（3）检查现场环境是否具备检修条件。主要包括：进出装置的物料是否彻底切断；装置现场周边的下水井、地漏、泵沟、明沟是否封闭；现场影响检修的杂物是否清除；消防通道是否畅通等。

（4）检查完毕，具备条件后，要严格办理工艺、设备设施交付检修手续，填写确认表，逐项进行安全条件确认。

二、检修期间的安全管理

（一）检修安全技术交底

（1）检修前，委托方对施工方要进行安全技术交底，须做到三交清：交清作业环境、交清作业风险、交清风险消减措施。

（2）检修单位要向参检人员进行检修方案安全技术交底，使参检人员明确检修过程中存在的风险及防范措施。

（二）作业许可管理

（1）危化企业凡涉及动火、进入受限空间、盲板抽堵、吊装、高处作业、临时用电、动土、断路等危险作业的，都必须办理作业票证，严禁未经审批擅自从事上述作业。

（2）危化企业化工设备检修必须严格执行《化学品生产单位特殊作业安全规范》（GB 30871—2014）的相关要求。

（3）票证审批人员必须到现场对作业条件进行安全确认动火，审批要做到"五信五不信"：信合格盲板，不信阀门；信分析数据，不信嗅觉和感觉；信自己检查，不信别人介绍；信亲自签字，不信口头同意；信科学，不信经验主义。

（4）现场每名作业人员都必须进行安全条件再确认。做到"三严禁"（严禁无证作业，严禁不隔绝、不置换、不分析进行作业，严禁监护人不在现场进行作业）和"五不干"（安全风险不清楚不干，安全措施不完善不干，安全工具未配齐不干，安全环境不合格不干，安全技能不具备不干）。

（5）《作业证》样式见附录3附表3-1。

（三）检修过程的监督检查

（1）每个作业项目、作业点有明确的现场安全负责人，企业各级管理人员要分区、分级对检修过程进行安全监督，发现问题，及时处理；非常态作业时，领导干部必须跟班在现场。

（2）凡办理作业许可证涉及特殊作业的，企业必须派专人进行现场监护，监护人必须熟悉作业部位及周边安全状况，具备基本的救护和应急处置能力。

（3）监护人在监护过程中不得离开现场，当装置出现异常或工况发生变化危及作业人员安全时，要立即停止作业，撤离人员。待隐患消除后，方可继续作业。

（4）涉及承包商作业的，施工单位要派专人进行现场监护，同时企业派专人对施工过程进行监督协调，实行双监护。

（5）企业各级管理人员及现场监护人员对检修过程中发现的违规、违章、违反程序的人员要及时进行现场制止纠正，情节严重的要予以处罚通报。企业应建立台账，保存相关记录。

（6）企业应对厂区内人员密集场所及可能存在的较大风险进行排查。系统性检修时，同一作业平台或同一受限空间内不得超过9人；装置出现泄漏等异常状况时，严格控制现场人员数量。

三、检修完成与交付

（1）装置检修完成后，生产单位和检修单位双方负责人应当场检查检修质量是否合格，各类安全设备设施是否恢复齐全。逐项进行检查确认无误后，办理检修交付生产手续。

（2）检修单位应细致检查，切勿将工具、材料遗忘在机械设备内，做到工完料净场地清。

（3）生产单位对检修前加、拆的盲板和切断的管线等，责成专人检查落实抽堵情况，使系统具备开车条件。

（4）装置开车前，企业应组织职能部门和生产单位对装置进行全面系统的检查，确认所有检修项目已完工，尾项和存在问题已整改落实，确认无误后，方可按规程对装置进行试压试漏、置换、安全阀调校、仪表和联锁调校等工作。

四、危害分析与控制措施

检维修作业需要识别的危害因素有很多，按照作业流程将其可能存在的主要危害与控制措施进行分析，具体内容见表7-1。

表7-1 设备检修作业危害分析与控制措施表

岗位	工作步骤	危害因素	可能的后果	控制措施
设备检修作业	作业前准备	不按规定要求办理设备检修安全作业证	引发事故，人员伤害	严格办理设备检修安全作业证，严禁违章作业，按规定执行
		外来施工单位资质不符合要求	引发事故，人员伤害	对施工单位进行安全、资质及等级许可范围审查，不合格者不得录用施工
		没有制定检修方案，没有落实检修人员，组织使用检修人员及措施	引发事故，人员伤害	作业前制定检修方案，经使用部门审核。指定专人负责整个检修作业过程的具体安全工作
		检修负责人没有组织检修人员到现场交代检修事项，检修人员不清楚现场情况	人员伤害	检修负责人交代事项后，进行作业，严格按规定执行
		如需其他特种作业，没有办理有关作业证件	事故，人员伤害	根据需要办理有关作业证件，按照规定制度执行
		作业人员未进行安全教育	易违章，人员伤害	作业前进行安全教育
		检修的设备或管线未清洗，或清洗置换不合格	火灾，人员伤害	严格按照处理方案进行清洗，并分析合格
		检修的设备或管道不与外界隔绝	火灾，人员伤害	安排专人进行加盲板或者拆除一段管线进行隔绝
		监护不足，监护人不到位	出现事故不能及时处置，造成事故扩大	安排责任心强有经验的人员进行监护。进入设备前，监护人应会同作业人员仔细检查安全措施，随时与设备内取得联系，不得脱离岗位
	作业前安全措施检查	作业中使用的消防器材不足，对通信照明、气体防护器材未进行作业前检查	事故，人员伤害	作业前仔细检查使用现场所备有气体防护器材、消防器材和通讯照明等相应应急救援设备
		检修中使用的各种工具器材不符合安全要求	事故，人员伤害	对检修作业中使用的脚手架、起重机械、电气焊用具、扳手、管钳、锤子等各种工器具进行检查，不符合作业安全要求的不得使用
		对检修设备电气电源未采取可靠的断电措施，需要断电部位未挂上"禁止启动"安全标志并加锁	事故，人员伤害	应采取可靠的断电措施，切断需检修设备上的电气电源，并经启动复查确认无电后，在电源开关处挂上"禁止启动"安全标志并加锁
		对检修现场的爬梯、栏杆、平台未进行检查	事故，人员伤害	应对检修现场的爬梯、栏杆、平台、盖板等进行检查，保证安全可靠
		使用的移动式电动工具没有配备漏电保护器	触电，人员伤害	有专业人员进行检查，配备相应的漏电保护装置
		未对检修现场周围易燃物、障碍物等进行清理	火灾，人员伤害	作业前进行严格检查，清理现场
		消防通道、行车通道等不畅通	影响救援，事故扩大	作业工具和材料摆放整齐有序，不得堵塞消防通道影响生产设施，装置人员的禁作业场所
		维修现场通风不良	引发事故	自然通风或强制通风，或者佩戴空气呼吸器等相应措施
		夜间没有足够照明装置	人员伤害	需夜间检修的作业场所，应设有足够亮度的照明装置

续表

岗位	工作步骤	危害因素	可能的后果	控制措施
设备检修作业	作业前安全措施检查	检修现场没有设置围栏和警告标志，并设夜间警示红灯	人员伤害	对检修现场的坑、沟等应填平或铺设与地面平齐的盖板，也可设置围栏和警告标志，并设夜间警示灯
		照明设备触电危害	触电、人员伤害	设备内照明电压应小于36V，在潮湿容器、狭小容器内作业小于等于12V
		作业人员未穿戴好防护用品，防毒面具佩戴不当	中毒、人员伤害	按规定穿戴劳保工作服、工作鞋，戴安全帽等防护用品
		在设备内切割作业后切割物件落下，温度高	人员伤害	切割作业时，要做好安全防护措施，由专人看护
		未定时检测，与作业现场未建立联系	人员伤害	作业中加强定点监测，情况异常立即停止作业。加强现场联系
		设备内高处作业未系安全带	高空坠落人员伤害	严格检查，违反者，按规定进行处理
		设备内焊接作业烟雾大	人员伤害	加强通风，佩戴劳动防护用品
		设备内作业，扳手等工具放置不稳或者手把不牢，造成脱落	人员伤害	工具放置平稳。佩戴劳动防护用品
	作业中	电焊施工粉尘多，设备内施工粉尘多	人员伤害	佩戴劳动防护用品
		电焊机接线不规范	事故、人员伤害	专业人员对电焊机接线，不得将裸露地线搭在装置、设备的框架上
		拆除设备人孔螺栓等配件，不按规定放置，导致高空坠落	人员伤害	集中放置指定地点，由专人看护
		擅自变更检修作业的内容、范围或地点	设备设施损坏、人员伤害	严格按照作业许可证施工，按规定执行
		作业工程中出现危险品泄漏或人员不适	人员伤害	停止作业，撤离人员佩戴劳动防护用品
		涉及危险作业组合，未落实相应安全措施，办理相应许可证	人员伤害	按照规定执行，办理相关许可证，落实相关安全措施
	完工后	没有将因检修而拆除的有关安全设施进行复位	引发事故、人员伤害	检修完将有关安全设施复位，认真检查
		没有对现场进行清理	引起事故、人员伤害	及时清理
		没有将临时使用的检维修工具、照明设施等及时移走	引起事故、人员伤害	认真检查，将所需设施归还
		设备内遗留异物	引起事故、人员伤害	设备内作业结束后，认真检查设备内外，不得遗留工具等
		设备对试车需要试车单体及联动试车验收交接，需要校验的设备进行试验	影响生产、财产损失	按照相关要求进行试车交接，强制校验设备

第二节 动火作业

一、动火作业术语及分类

（一）定义

动火作业：在直接或间接产生明火的工艺设施以外的禁火区内从事可能产生火焰、火花或炽热表面的非常规作业。主要包括：电焊、气焊（割）、塑料焊等焊接切割；电热处理、电钻、砂轮、风镐及破碎等可能产生火花的作业；喷灯、火炉、电炉等明火作业；进入火灾爆炸危险场所的机动车辆、燃油机械等设备。

固定动火区：在非火灾爆炸危险场所划出的专门用于动火的区域。

（二）动火作业的分类

固定动火区外的动火作业一般分为二级动火、一级动火、特级动火三个级别，遇节假日、公休日、夜间或其他特殊情况，动火作业应升级管理。企业根据具体情况可划定固定动火区及禁火区。固定动火区要由责任单位提出申请，安全监督部门现场确认后，分级签字审批。

1. 特级动火作业

在火灾爆炸危险场所处于运行状态下的生产装置设备、管道、储罐、容器等部位上进行的动火作业（包括带压不置换动火作业）；存有易燃易爆介质的重大危险源罐区防火堤内的动火作业。

2. 一级动火作业

在火灾爆炸危险场所进行的除特级动火作业以外的动火作业，管廊上的动火作业按一级动火作业管理．

3. 二级动火作业

除特级动火作业和一级动火作业以外的动火作业。

生产装置或系统全部停车，装置经清洗、置换、分析合格并采取安全隔离措施后，根据其火灾、爆炸危险性大小，经危险化学品企业生产负责人或安全管理负责人批准，动火作业可按二级动火作业管理。

二、动火作业分析及合格标准

（一）动火作业分析

动火作业前应进行气体分析，要求如下：

（1）气体分析的检测点要有代表性，在较大的设备内动火，应对上、中、下（左、中、右）各部位进行检测分析；

（2）在管道、储罐、塔器等设备外壁上动火，应在动火点 10m 范围内进行气体分析，同时还应检测设备内气体含量；在设备及管道外环境动火，应在动火点 10m 范围内进行气体分析；

（3）气体分析取样时间与动火作业开始时间间隔不应超过 30 min；

（4）特级、一级动火作业中断时间超过 30 min，二级动火作业中断时间超过 60 min，应重新进行气体分析；每日动火前均应进行气体分析；特级动火作业期间应连续进行监测。

（二）动火分析合格判定标准

（1）当被测气体或蒸气的爆炸下限大于或等于 4%时，其被测浓度应不大于 0.5%（体积分数）；

（2）当被测气体或蒸气的爆炸下限小于 4%时，其被测浓度应不大于 0.2%（体积分数）。

三、动火作业的防火要求

（一）动火作业安全防火基本要求

（1）动火作业应有专人监护，作业前应清除动火现场及周围的易燃物品，或采取其他有效安全防火措施，并配备消防器材，满足作业现场应急需求。

（2）凡在盛有或盛装过助燃或易燃易爆危险化学品的设备、管道等生产、储存设施及 GB 30871 规定的火灾爆炸危险场所中生产设备上的动火作业，应将上述设备设施与生产系统彻底断开或隔离，不应以水封或仅关闭阀门代替盲板作为隔断措施。

（3）拆除管线进行动火作业时，应先查明其内部介质危险特性、工艺条件及其走向，并根据所要拆除管线的情况制定安全防护措施。

（4）动火点周围或其下方如有可燃物、电缆桥架、孔洞、窨井、地沟、水封设施、污水井等，应检查分析并采取清理或封盖等措施；对于动火点周围 15m 范围内有可能泄漏易燃、可燃物料的设备设施，应采取隔离措施；对于受热分解可产生易燃易爆、有毒有害物质的场所，应进行风险分析并采取清理或封盖等防护措施。

（5）在有可燃物构件和使用可燃物做防腐内衬的设备内部进行动火作业时，应采取防火隔绝措施。

（6）在作业过程中可能释放出易燃易爆、有毒有害物质的设备上或设备内部动火时，动火前应进行风险分析，并采取有效的防范措施，必要时应连续检测气体浓度，发现气体浓度超限报警时，应立即停止作业；在较长的物料管线上动火，动火前应在彻底隔绝区域内分段采样分析。

（7）在生产、使用、储存氧气的设备上进行动火作业时，设备内氧含量不应超过 23.5%（体积分数）。

（8）在油气罐区防火堤内进行动火作业时，不应同时进行切水、取样作业。

（9）动火期间，距动火点 30m 内不应排放可燃气体；距动火点 15m 内不应排放可燃液体；在动火点 10m 范围内、动火点上方及下方不应同时进行可燃溶剂清洗或喷漆作业；在动火点 10m 范围内不应进行可燃性粉尘清扫作业。

（10）在厂内铁路沿线 25m 以内动火作业时，如遇装有危险化学品的火车通过或停留时，应立即停止作业。

（11）特级动火作业应采集全过程作业影像，且作业现场使用的摄录设备应为防爆型。

（12）使用电焊机作业时，电焊机与动火点的间距不应超过 10m，不能满足要求时应将电焊机作为动火点进行管理。

（13）使用气焊、气割动火作业时，乙炔瓶应直立放置，不应卧放使用；氧气瓶与乙炔瓶的间距不应小于 5m，二者与动火点间距不应小于 10m，并应采取防晒和防倾倒措施；乙炔瓶应安装防回火装置。

（14）作业完毕后应清理现场，确认无残留火种后方可离开。

（15）遇五级风以上（含五级风）天气，禁止露天动火作业；因生产确需动火，动火作业应升级管理。

（16）涉及可燃性粉尘环境的动火作业应满足 GB 15577 要求。

（二）特级动火作业的安全防火要求

特级动火作业在符合动火作业基本要求规定的同时，还应符合以下规定：

（1）应预先制定作业方案，落实安全防火防爆及应急措施；

（2）在设备或管道上进行特级动火作业时，设备或管道内应保持微正压；

（3）存在受热分解爆炸、自爆物料的管道和设备设施上不应进行动火作业；

（4）生产装置运行不稳定时，不应进行带压不置换动火作业。

四、动火作业人员职责要求

（一）动火作业负责人

（1）负责办理《动火安全作业票》并对动火作业负全面责任。

（2）应在动火作业前详细了解作业内容和动火部位及周围情况，参与动火安全措施的制定、落实，向作业人员交代作业任务和防火安全注意事项。

（3）作业完成后，组织检查现场，确认无遗留火种后方可离开现场。

（二）动火人

（1）应参与风险危害因素辨识和安全措施的制定。

（2）应逐项确认相关安全措施的落实情况。

（3）应确认动火地点和时间。

（4）若发现不具备安全条件时不得进行动火作业。

（5）应随身携带《动火安全作业票》。

（三）监火人

（1）负责动火现场的监护与检查，发现异常情况应立即通知动火人停止动火作业，及时联系有关人员采取措施。

（2）应坚守岗位，不准脱岗；在动火期间，不准兼做其他工作。

（3）当发现动火人违章作业时应立即制止。

（4）在动火作业完成后，应会同有关人员清理现场，清除残火，确认无遗留火种后方可离开现场。

（四）动火部位负责人

（1）对所属生产系统在动火过程中的安全负责。参与制定、负责落实动火安全措施，负责生产与动火作业的衔接。

（2）检查、确认《动火安全作业票》审批手续，对手续不完备的《动火安全作业票》应及时制止动火作业。

（3）在动火作业中，生产系统如有紧急或异常情况，应立即通知停止动火作业。

（五）动火分析人

（1）动火分析人对动火分析方法和分析结果负责。应根据动火点所在车间的要求，到现场取样分析，在《动火安全作业票》上填写取样时间和分析数据并签字。

（2）不得用合格等字样代替分析数据。

（六）动火作业的审批人

动火作业的审批人是动火作业安全措施落实情况的最终确认人，对自己的批准签字负责。

（1）审查《动火安全作业票》的办理是否符合要求。

（2）到现场了解动火部位及周围情况，检查、完善防火安全措施。

五、《动火安全作业票》的管理

（一）《动火安全作业票》的区分

特级动火、一级动火、二级动火的《动火安全作业票》应以明显标记加以区分。《动火安全作业票》的格式见附录3附表3-2。

（二）《动火安全作业票》的办理和使用要求

（1）办证人须按《动火安全作业票》的项目逐项填写，不得空项；根据动火等级，按《动火安全作业票》的审批规定的审批权限进行办理。

（2）办理好《动火安全作业票》后，动火作业负责人应到现场检查动火作业安全措施落实情况，确认安全措施可靠并向动火人和监火人交代安全注意事项后，方可批准开始作业。

（3）《动火安全作业票》实行一个动火点、一张动火证的动火作业管理。

（4）《动火安全作业票》不得随意涂改和转让，不得异地使用或扩大使用范围。

（5）《动火安全作业票》一式三联，二级动火由审批人、动火人和动火点所在车间操作岗位各持一份存查；一级和特级动火《动火安全作业票》由动火点所在车间负责人、动火人和安全管理部门各持一份存查；《动火安全作业票》保存期限至少为1年。

（三）《动火安全作业票》的审批

（1）特级动火作业的《动火安全作业票》由主管厂长或总工程师审批。

（2）一级动火作业的《动火安全作业票》由安全管理部门审批。

（3）二级动火作业的《动火安全作业票》由动火点所在车间主管负责人审批。

（四）《动火安全作业票》的有效期限

（1）特级动火作业和一级动火作业的《动火安全作业票》有效期不超过8h。

（2）二级动火作业的《动火安全作业票》有效期不超过72h，每日动火前应进行动火分析。

（3）动火作业超过有效期限，应重新办理《动火安全作业票》。

六、危害分析与控制措施

动火作业需要识别的危害因素有很多，按照作业流程将其可能存在的主要危害与控制措施进行分析，具体内容见表7-2。

表 7-2 动火作业风险分析与控制措施表

岗位	工作步骤	危害因素	可能的后果	控制措施
动火作业	作业前	不办理动火安全作业证	违章作业引发事故	严格办理《动火安全作业票》
		安全措施不落实	引发事故	动火负责人负责安全措施的落实
		没有安排监护人	不能及时发现处理作业现场出现的问题	安排责任心强有经验的人员进行监护
		检修的设备、管线清洗置换不合格	火灾、爆炸、人员伤害	严格按照处理方案进行清洗置换,并分析合格
		检修的设备、管线不与外界隔绝	火灾、爆炸、人员伤害	安排专人进行加盲板或者拆除一段管线进行隔绝
		动火作业周围下水道、井盖没封堵、易燃杂物没清理	火灾、爆炸、人员伤害	安排专人进行清理
		高处作业未采取防火花飞溅措施	火灾、爆炸、人员伤害	动火负责人负责安全措施的落实
		监护人不到位	出现事故不能及时处置,造成事故扩大	安排责任心强有经验的人员进行监护
		消防器材不到位	不能及时灭火,造成事故扩大	作业前仔细检查落实配备到位
		作业证手续不全	引发事故	严格按照公司有关管理规定办理作业票证
	作业中	焊接把线、电焊把子漏电	触电、人员伤害	使用前认真检测检查
		不正确接电焊机或不按规定接接地线	触电、人员伤害、财产损失	由专业人员进行接线
		焊接时焊烟大	人员伤害	加强通风、佩戴劳动防护用品
		焊渣飞溅	人员伤害	佩戴劳动防护用品
		焊光强烈	人员伤害	佩戴劳动防护用品
		气割时劳保护品穿戴不齐全	烫伤	佩戴劳动防护用品
		焊花飞溅	烫伤	佩戴劳动防护用品
		氧气瓶、乙炔瓶与动火点之间的距离小于 10m	爆炸、火灾、人员伤害	按要求定置放置
		氧气瓶与乙炔瓶之间的距离小于 5m	爆炸、火灾、人员伤害	按要求定置放置
		乙炔气瓶直立放置	爆炸、火灾、人员伤害	按要求放置
		作业人员不穿戴劳动保护用品	人员伤害	佩戴劳动防护用品
	完工后	现场没有清理	人员伤害	及时清理
		余火没有扑灭	引发事故、人员伤害	扑灭余火后方可离开现场

第三节　受限空间作业

一、受限空间作业术语及分类

（一）术语和定义

受限空间：进出口受限，通风不良，可能存在易燃易爆、有毒有害物质或缺氧，对进入人员的身体健康和生命安全构成威胁的封闭、半封闭设施及场所，如反应器、塔、釜、槽、罐、炉膛、锅筒、管道以及地下室、窨井、坑（池）、下水道或其他封闭、半封闭场所。

受限空间作业：进入或探入受限空间进行的作业。

火灾爆炸危险场所：能够与空气形成爆炸性混合物的气体、蒸气、粉尘等介质环境以及在高温、受热、摩擦、撞击、自燃等情况下可能引发火灾、爆炸的场所。

1. 受限空间的判别条件

同时符合以下三条，就称之为受限空间。

（1）有足够的空间，让员工可以进入并进行指定的工作。

（2）进入和撤离受到限制，不能自如进出。

（3）并非设计用来给员工长时间在内工作的。

2. 需要办理《受限空间安全作业票》的受限空间

如果受限空间可能存在以下（不限于）六个危险特征条件中的任何一个，进入前必须得到许可。

（1）存在或可能产生有毒有害气体。

（2）存在或可能产生掩埋进入者的物料。

（3）内部结构可能将进入者困在其中（如，内有固定设备或四壁向内倾斜收拢）。

（4）存在任何其他已识别的严重安全或健康危害（如，存有放射因素、高温、触电等）。

（5）当无法确定受限空间危险特征时，宜按需要《受限空间安全作业证》进行管理。

（6）受限空间作业涉及动火、临时用电、高处、盲板抽堵等特殊作业时，应办理相应的安全作业票。

（二）受限空间作业分级

（1）凡属下列情况之一者，为特殊受限空间作业：

① 无氧、缺氧或氮气保护状态下的换剂、撤顶等作业；

② 进入与污水排放系统相连的下水井、下水道、涵洞等部位的作业；

③ 经主管部门确认，要求按特殊受限空间作业控制的。

（2）除特殊受限空间作业以外的，为一级受限空间作业。

二、受限空间作业安全要求

1. 实施安全作业票管理

受限空间作业实施作业许可证管理，作业前应办理《受限空间安全作业票》。

2. 安全隔离

作业前，应对受限空间进行安全隔离，要求如下：

（1）与受限空间连通的可能危及安全作业的管道应采用加盲板或拆除一段管道的方式进行隔离；不应采用水封或关闭阀门代替盲板作为隔断措施；

（2）与受限空间连通的可能危及安全作业的孔、洞应进行严密封堵；

（3）对作业设备上的电器电源，应采取可靠的断电措施，电源开关处应上锁并加挂警示牌。

3. 通风

作业前，应保持受限空间内空气流通良好，可采取如下措施：

（1）打开人孔、手孔、料孔、风门、烟门等与大气相通的设施进行自然通风；

（2）必要时，可采用强制通风或管道送风，管道送风前应对管道内介质和风源进行分析确认；

（3）在忌氧环境中作业，通风前应对作业环境中与氧性质相抵的物料采取卸放、置换或清洗合格的措施，达到可以通风的安全条件要求。

4. 气体检测

作业前，应确保受限空间内的气体环境满足作业要求，内容如下：

（1）作业前 30min 内，对受限空间进行气体检测，检测分析合格后方可进入；

（2）检测点应有代表性，容积较大的受限空间，应对上、中、下（左、中、右）各部位进行检测分析；

（3）检测人员进入或探入受限空间检测时，应佩戴规定的个体防护装备；

（4）涂刷具有挥发性溶剂的涂料时，应采取强制通风措施；

（5）不应向受限空间充纯氧气或富氧空气；

（6）作业中断时间超过 60 min 时，应重新进行气体检测分析。

5. 气体检测指标要求

受限空间内气体检测内容及要求如下：

（1）氧气含量为 19.5%~21%（体积分数），在富氧环境下不应大于 23.5%（体积分数）；

（2）有毒物质允许浓度应符合 GBZ 2.1 的规定；

（3）可燃气体、蒸气浓度要求应符合 GB 30871—2022 第 5.3.2 条的规定。

6. 气体检测报警

作业时，作业现场应配置移动式气体检测报警仪，连续检测受限空间内可燃气体、有毒气体及氧气浓度，并 2 h 记录 1 次；气体浓度超限报警时，应立即停止作业、撤离人员、对现场进行处理，重新检测合格后方可恢复作业。

7. 个体防护措施

进入受限空间作业人员应正确穿戴相应的个体防护装备。进入下列受限空间作业应采取如下防护措施：

（1）缺氧或有毒的受限空间经清洗或置换仍达不到要求的，应佩戴满足 GB/T 18664 要求的隔绝式呼吸防护装备，并正确拴带救生绳；

（2）易燃易爆的受限空间经清洗或置换仍达不到要求的，应穿防静电工作服及工作鞋，使用防爆工器具；

（3）存在酸碱等腐蚀性介质的受限空间，应穿戴防酸碱防护服、防护鞋、防护手套等防腐蚀装备；

（4）在受限空间内从事电焊作业时，应穿绝缘鞋；

（5）有噪声产生的受限空间，应佩戴耳塞或耳罩等防噪声护具；

（6）有粉尘产生的受限空间，应在满足 GB 15577 要求的条件下，按 GB 39800.1 要求佩戴防尘口罩等防尘护具；

（7）高温的受限空间，应穿戴高温防护用品，必要时采取通风、隔热等防护措施；

（8）低温的受限空间，应穿戴低温防护用品，必要时采取供暖措施；

（9）在受限空间内从事清污作业，应佩戴隔绝式呼吸防护装备，并正确拴带救生绳；

（10）在受限空间内作业时，应配备相应的通信工具。

注意：当一处受限空间存在动火作业时，该处受限空间内不应安排涂刷油漆、涂料等其他可能产生有毒有害、可燃物质的作业活动。

8. 监护

对监护人的特殊要求：

（1）监护人应在受限空间外进行全程监护，不应在无任何防护措施的情况下探入或进入受限空间；

（2）在风险较大的受限空间作业时，应增设监护人员，并随时与受限空间内作业人员保持联络；

（3）监护人应对进入受限空间的人员及其携带的工器具种类、数量进行登记，作业完毕后再次进行清点，防止遗漏在受限空间内。

9. 其他安全要求

受限空间作业应满足的其他要求：

（1）受限空间出入口应保持畅通；

（2）作业人员不应携带与作业无关的物品进入受限空间；作业中不应抛掷材料、工器具等物品；在有毒、缺氧环境下不应摘下防护面具；

（3）难度大、劳动强度大、时间长、高温的受限空间作业应采取轮换作业方式；

（4）接入受限空间的电线、电缆、通气管应在进口处进行保护或加强绝缘，应避免与人员出入使用同一出入口；

（5）作业期间发生异常情况时，未穿戴规定个体防护装备的人员严禁入内救援；

（6）停止作业期间，应在受限空间入口处增设警示标志，并采取防止人员误入的措施；

（7）作业结束后，应将工器具带出受限空间；

（8）受限空间安全作业票有效期不应超过 24h。

三、受限空间作业管理

（一）人员管理

1. 作业负责人的职责

（1）对受限空间作业安全负全面责任。

（2）在受限空间作业环境、作业方案和防护设施及用品达到安全要求后，可安排人员进入受限空间作业。

（3）在受限空间及其附近发生异常情况时，应停止作业。

（4）检查、确认应急准备情况，核实内外联络及呼叫方法。

（5）对未经允许试图进入或已经进入受限空间者进行劝阻或责令退出。

2. 监护人员的职责

（1）对受限空间作业人员的安全负有监督和保护的职责。

（2）了解可能面临的危害，对作业人员出现的异常行为能够及时警觉并做出判断。与作业人员保持联系和交流，观察作业人员的状况。

（3）当发现异常时，立即向作业人员发出撤离警报，并帮助作业人员从受限空间逃生，同时立即呼叫紧急救援。

（4）掌握应急救援的基本知识。

3. 作业人员的职责

（1）负责在保障安全的前提下进入受限空间实施作业任务。作业前应了解作业的内容、地点、时间、要求，熟知作业中的危害因素和应采取的安全措施。

（2）确认安全防护措施落实情况。

（3）遵守受限空间作业安全操作规程，正确使用受限空间作业安全设施与个体防护用品。

（4）应与监护人员进行必要的、有效的安全、报警、撤离等双向信息交流。

（5）服从作业监护人的指挥，如发现作业监护人员不履行职责时，应停止作业并撤出受限空间。

（6）在作业中如出现异常情况或感到不适或呼吸困难时，应立即向作业监护人发出信号，迅速撤离现场。

4. 审批人员的职责

（1）审查《动火安全作业票》的办理是否符合要求。

（2）到现场了解受限空间内外情况。

（3）督促检查各项安全措施的落实情况。

（二）《受限空间安全作业票》管理

（1）《受限空间安全作业票》由作业单位负责办理，格式见附录3附表3-3。

（2）《受限空间安全作业票》所列项目应逐项填写，安全措施栏应填写具体的安全措施。

（3）《受限空间安全作业票》应由受限空间所在单位负责人审批。

（4）一处受限空间、同一作业内容办理一张《受限空间安全作业票》，当受限空间工艺条件、作业环境条件改变时，应重新办理《受限空间安全作业票》。

（5）《受限空间安全作业票》一式三联，一、二联分别由作业负责人、监护人持有，第三联由受限空间所在单位存查，《受限空间安全作业票》保存期限至少为1年。

四、危害分析与控制措施

进入受限空间作业需要识别的危害因素有很多，按照作业流程将其可能存在的主要危害与控制措施进行分析，具体内容见表7-3。

表7-3 进入受限空间作业危害分析与控制措施表

岗位	工作步骤	危害因素	可能的后果	控制措施
进入受限空间作业	作业前	不按规定要求办理《受限空间安全作业票》	违章作业引发事故	严格办理《受限空间安全作业票》，严禁违章作业，严格按规定执行
		作业人员安全防护措施不落实	引发事故	作业负责人负责安全措施的落实
		作业人员未进行安全教育	不能及时发现处理现场出现的问题	作业前进行安全教育
		检修的设备清洗置换不合格，氧气不足	火灾、爆炸，人员伤害	严格按照处理方案进行清洗置换，并分析合格
		检修的设备不与外界隔绝	火灾、爆炸，人员伤害	安排专人进行加盲板或者拆除一段管线进行隔绝
		监护不足，监护人不到位	出现事故不能及时处置，造成事故扩大	安排责任心强有经验的人员进行监护。进入设备前，监护人应会同作业人员检查安全措施，随时与设备内取得联系，不得脱离岗位
		消防器材不足及应急措施不当	不能及时灭火，造成事故扩大、人员伤害	作业前仔细检查安全配备落实到位，设备外备有空气呼吸器、消防器材和清水等相应急救用品
		通风不良	引发事故	自然通风或强制通风，或者佩戴空气呼吸器等相应措施
		照明设备触电危害	触电、人员伤害	设备内照明电压应小于36V，在潮湿容器、狭小容器内作业小于等于12V
	作业中	在设备内切割作业后切割物件落下，温度高	人员伤害	切割作业时，要做好安全防护措施，由专人看护
		未定时检测	人员伤害	作业中加强定点监测，情况异常立即停止处理
		设备内作业不系安全带	高空坠落、人员伤害	严格检查，违反者，按规定进行更换
		设备内焊接作业，烟雾大	人员伤害	加强通风，佩戴劳动防护用品
		设备内作业，扳手等工具放置不稳或者把持不牢，造成脱落	人员伤害	工具放置平稳。佩戴劳动防护用品
		设备内施工粉尘多	人员伤害	佩戴劳动防护用品
		拆除设备人孔、螺栓等配件，不按规定放置，导致高空坠落	人员伤害	集中放置指定地点。由专人看护
		作业工程中出现危险品泄漏，或人员不适	人员伤害	停止作业，撤离人员佩戴劳动防护用品
	完工后	现场没有清理	人员伤害	及时清理
		设备内遗留异物	引发事故、人员伤害	设备内作业结束后，认真检查设备内外，不得遗留工具等

第四节　吊装作业

一、吊装作业术语及定义

吊装作业：利用各种吊装机具将设备、工件、器具、材料等吊起，使其发生位置变化的作业。

吊装机具：系指桥式起重机、门式起重机、装卸机、缆索起重机、汽车起重机、轮胎起重机、履带起重机、铁路起重机、塔式起重机、门座起重机、桅杆起重机、升降机、电葫芦及简易起重设备和辅助用具。

二、吊装作业分级

吊装作业按吊装重物的质量分为三级：

一级吊装作业吊装重物的质量大于 100t；

二级吊装作业吊装重物的质量大于等于 40t 至小于等于 100t；

三级吊装作业吊装重物的质量小于 40t。

三、吊装作业安全要求

（一）基本要求

（1）应按照国家标准规定对吊装机具进行日检、月检、年检。对检查中发现问题的吊装机具，应进行检修处理，并保存检修档案。检查应符合 GB 6067。

（2）吊装作业人员（指挥人员、起重工）应持有有效的特种（设备）作业人员证书，方可从事吊装作业指挥和操作。

（3）一、二级吊装作业，应编制吊装作业方案。吊装物体质量虽不足 40t，但形状复杂、刚度小、长径比大、精密贵重，以及在作业条件特殊的情况下，三级吊装作业也应编制吊装作业方案，吊装作业方案应经审批。

（4）吊装现场应设置安全警戒标志，并设专人监护，非作业人员禁止入内，安全警戒标志应符合 GB 2894 的规定。

（5）不应靠近高架电力线路进行吊装作业。确需在电力线路附近作业时，起重机械的安全距离应大于起重机械的倒塌半径并符合 DL 409 的要求；不能满足时，应停电后再进行作业。吊装场所如有含危险物料的设备、管道等时，应制定详细吊装方案，并对设备、管道采取有效防护措施，必要时停车，放空物料，置换后进行吊装作业。

（6）大雪、暴雨、大雾、六级及以上大风时，不应露天作业。

（二）作业前安全要求

吊装作业前应进行以下项目的安全检查：

（1）作业前，作业单位应对起重机械、吊具、索具、安全装置等进行检查，确保其处于完好安全状态，并签字确认。

（2）应按规定负荷进行吊装，吊具、索具经计算选择使用，不应超负荷吊装。

（3）不应利用管道、管架、电杆、机电设备等作吊装锚点。未经土建专业审查核算，不应将建筑物、构筑物作为锚点。

（4）起吊前应进行试吊，试吊中检查全部机具、地锚受力情况，发现问题应将吊物放回地面，排除故障后重新试吊，确认正常后方可正式吊装。

（三）作业中安全要求

（1）吊装作业时应明确指挥人员，指挥人员应佩戴明显的标志；应佩戴安全帽，安全帽应符合 GB 2811 的规定。

（2）应分工明确、坚守岗位，并按 GB 5082 规定的联络信号，统一指挥。指挥人员按信号进行指挥，其他人员应清楚吊装方案和指挥信号。

（3）严禁利用管道、管架、电杆、机电设备等作吊装锚点。未经有关部门审查核算，不得将建筑物、构筑物作为锚点。

（4）吊装作业中，夜间应有足够的照明。室外作业遇到大雪、暴雨、大雾、6 级及以上大风时，应停止作业。

（5）吊装过程中，出现故障，应立即向指挥者报告，没有指挥令，任何人不得擅自离开岗位。

（6）起吊重物就位前，不许解开吊装索具。

（7）利用两台或多台起重机械吊运同一重物时，升降、运行应保持同步；各台起重机械所承受地载荷不得超过各自额定起重能力的 80%。

（四）作业后安全要求

作业完毕应做如下工作：

（1）将起重臂和吊钩收放到规定位置，所有控制手柄均应放到零位，电气控制的起重机械的电源开关应断开；

（2）对在轨道上作业的吊车，应将吊车停放在指定位置有效锚定；

（3）吊索、吊具应收回，放置到规定位置，并对其进行例行检查。

四、吊装作业管理

（一）人员管理

1. 监护人职责

（1）熟悉作业内容、了解作业环境和条件，参与危险辨识；

（2）监护人员必须持相应作业票证，监督作业人员严格按照施工方案和作业安全规程作业；

（3）监护人员在作业过程中不得离开监护岗位，如确需离开作业现场时，作业活动必须中止；

（4）当发现异常时，应立即停止作业，并通知作业单位现场负责人，问题整改完后，方可恢复作业；

（5）在吊装作业结束或暂停时，应督促作业者清理作业现场，切断作业用电源和气源，对现场检查确认后，方可离开。

2. 作业人员职责

（1）持有经审批同意的《吊装安全作业票》方可进行吊装作业。

（2）在作业前应充分了解作业的内容、地点、时间和要求，熟知作业中的危害因素和

《吊装安全作业票》中的安全措施。

（3）确认《吊装安全作业票》中安全措施落实后，方可进行吊装作业。

（4）对违反本规定强令作业、安全措施落实不到位的，作业人员有权拒绝作业，并及时向上级报告。

（5）在作业中如发现异常或感到不适等情况时，应发出信号，并迅速撤离现场。

（6）吊装作业人员持有法定的有效的证件。

（7）按照国家规范作业。

① 起重机械操作人员应遵守如下规定：

A. 按指挥人员发出的指挥信号进行操作；任何人发出的紧急停车信号均应立即执行；吊装过程中出现故障，应立即向指挥人员报告；

B. 吊物接近或达到额定起重吊装能力时，应检查制动器，用低高度、短行程试吊后，再吊起；

C. 利用两台或多台起重机械吊运同一重物时应保持同步，各台起重机械所承受的载荷不应超过各自额定起重能力的80%；

D. 下放吊物时，不应自由下落（溜），不应利用极限位置限制器停车；

E. 不应在起重机械工作时对其进行检修；不应有载荷的情况下调整起升变幅机构的制动器；

F. 停工和休息时，不应将吊物、吊笼、吊具和吊索悬在空中。

以下情况不应起吊：

A. 无法看清场地、吊物，指挥信号不明；

B. 起重臂吊钩或吊物下面有人、吊物上有人或浮置物；

C. 吊物捆绑、紧固、吊挂不牢，吊挂不平衡，绳打结，绳不齐，斜拉重物，棱角吊物与钢丝绳之间没有衬垫；

D. 吊物质量不明、与其他重物相连、埋在地下、与其他物体冻结在一起。

② 司索人员应遵守如下规定：

A. 听从指挥人员的指挥，并及时报告险情；

B. 不应用吊钩直接缠绕重物及将不同种类或不同规格的索具混在一起使用；

C. 吊物捆绑应牢靠，吊点和吊物的重心应在同一垂直线上；起升吊物时应检查其连接点是否牢固、可靠；吊运零散件时，应使用专门的吊篮、吊斗等器具，吊篮、吊斗等不应装满；

D. 起吊重物就位时，应与吊物保持一定的安全距离，用拉伸或撑杆、钩子辅助其就位；

E. 起吊重物就位前，不应解开吊装索具；

F. 起重机械操作人员应遵守如下规定中与司索工有关的不应起吊的情况，司索工应做相应处理。

（二）《吊装安全作业票》管理

（1）应按作业的内容填报《吊装安全作业票》，见附录3附表3-4。

（2）严禁涂改、转借《吊装安全作业票》，严禁变更作业内容、扩大作业范围或转移作业部位。

（3）对吊装作业审批手续不全，安全措施不落实，作业环境不符合安全要求的，作业人员有权拒绝作业。

（4）作业前，应对照《吊装安全作业票》，"安全措施"在相应方框内画"√"，见附录3附表3-4。

（5）《吊装安全作业票》一式三份，审批后第一联交吊装指挥，第二联交项目单位，第三联交设备管理部门，保存一年。

五、危害分析与控制措施

吊装作业需要识别的危害因素有很多，按照作业流程将其可能存在的主要危害与控制措施进行分析，具体内容见表7-4。

表7-4　吊装作业危险风险分析与控制措施表

岗位	工作步骤	危险有害因素	可能后果	控制措施
吊装作业	作业前	工器具、防护器具准备不充分、不合适	影响吊装作业，发生作业人员作业时因防护不到位可能导致机械伤害	准备好吊装作业所需工器具、防护器具，仔细检查，确认其完好适用
		周围未设警戒线和警示标志、未有专人监护	机械伤害	吊装前拉警戒线设警示标志，并有专人监护
		未对吊装物进行合理计算质量	吊钩脱落、吊装物损坏、造成人员伤害	合理计算吊装物质量，确保安全
		钢丝绳有断股或破损严重	断裂、吊装物损坏、人员伤害	吊装前严格检查，杜绝使用存有隐患的钢丝绳
		违章作业，对作业环境和作业条件不熟悉，未落实防范措施	发生机械事故	办理吊装作业证，严格执行票证审批程序，编制并落实切实可行的安全措施，作业人、监护人、审批人确认签字
	作业中	a. 操作员无吊装作业证，未经过专业知识培训，违章作业； b. 吊装时捆绑不当； c. 吊耳焊接不牢固脱落，承重达不到要求； d. 吊车安全性能不完好； e. 吊装前未支吊车腿，吊车作业时发生倾斜； f. 吊装过程中操作不当触碰高压线； g. 吊装臂下站人	吊装设备损坏、吊装物损坏、人员伤害、触电身亡	a. 操作员持有吊装作业证，必须经过专业知识培训； b. 加强作业前检查，吊装时捆绑得当； c. 吊装前对吊耳承重合理运算后再行焊接； d. 吊装前先检查吊车安全性能是否完好再施工； e. 吊装前对受力地面仔细勘查、支好吊车腿，确保安全； f. 吊装前检查周边环境，有高压线尽量避开，如要在这样环境下进行施工，要有专门的人员现场指挥作业； g. 吊装现场设警戒线，专人进行警戒，严禁无关人员进入，严禁吊装臂下站人
	作业后	施工完毕现场未及时拆除警戒线和警示标志、现场未清理	堵塞安全通道，现场残留的物料绊倒人	施工完毕及时拆除警戒线和警示标志，清理吊装现场，将所用工器具收回

第五节 动土作业

一、动土作业定义

动土作业：指挖土、打桩、钻探、坑探、地锚入土深度在0.5m以上；使用推土机、压路机等施工机械进行填土或平整场地等可能对地下隐蔽设施产生影响的作业。

二、动土作业安全要求

（一）作业前安全要求

（1）动土作业应办理《动土安全作业票》，没有《动土安全作业票》严禁动土作业。《动土安全作业票》见附录3附表3-5。

（2）《动土安全作业票》经单位有关水、电、汽、工艺、设备、消防、安全、工程等部门会签，由单位动土作业主管部门审批。

（3）作业前，项目负责人应对作业人员进行安全教育。作业人员应按规定着装并佩戴合适的个体防护用品。施工单位应进行施工现场危害辨识，并逐条落实安全措施。

（4）作业前，应检查工具、现场支撑是否牢固、完好，发现问题应及时处理。

（5）作业现场应根据需要设置护栏、盖板和警告标志，夜间应悬挂警示灯。

（6）在动土开挖前，应先做好地面和地下排水，防止地面水渗入作业层面造成塌方。

（7）作业前应首先了解地下隐蔽设施的分布情况，动土临近地下隐蔽设施时，应使用适当工具人工挖掘，避免损坏地下隐蔽设施。如暴露出电缆、管线以及不能辨认的物品时，应立即停止作业，妥善加以保护，报告动土审批单位处理，经采取保护措施后方可继续动土作业。

（二）作业中安全要求

（1）挖掘坑、槽、井、沟等作业，应遵守下列规定：

① 挖掘土方应自上而下逐层挖掘，不应采用挖底脚的办法挖掘；使用的材料、挖出的泥土应堆放在距坑、槽、井、沟边沿至少1.0m处，堆土高度不应大于1.5m；挖出的泥土不应堵塞下水道和窨井。

② 不应在土壁上挖洞攀登。

③ 不应在坑、槽、井、沟上端边沿站立、行走。

④ 应视土壤性质、湿度和挖掘深度设置安全边坡或固壁支撑。作业过程中应对坑、槽、井、沟边坡或固壁支撑架随时检查，特别是雨雪后和解冻时期，如发现边坡有裂缝、疏松或支撑有折断、走位等异常情况，应立即停止工作，并采取相应措施。

⑤ 在坑、槽、井、沟的边缘安放机械、铺设轨道及通行车辆时，应保持适当距离，采取有效的固壁措施，确保安全。

⑥ 在拆除固壁支撑时，应从下而上进行；更换支撑时，应先装新的，后拆旧的。

⑦ 不应在坑、槽、井、沟内休息。

（2）机械开挖时，应避开构筑物、管线，在距管道边1m范围内应采用人工开挖；在距直埋管线2m范围内宜采用人工开挖，避免对管线或电缆造成影响。

（3）作业人员在沟（槽、坑）下作业应按规定坡度顺序进行，使用机械挖掘时，人员不应进入机械旋转半径内；深度大于2m时应设置人员上下的梯子等能够保证人员快速进出的设施；两人以上作业人员同时挖土时应相距2m以上，防止工具伤人。

（4）作业人员发现异常时，应立即撤离作业现场。

（5）在化工危险场所动土时，应与有关操作人员建立联系，当化工装置发生突然排放有害物质时，化工操作人员应立即通知动土作业人员停止作业，迅速撤离现场。

（6）在生产装置区、罐区等危险场所动土时，遇有埋设的易燃易爆、有毒有害介质管线、窨井等可能引起燃烧、爆炸、中毒、窒息危险，且挖掘深度超过 1.2m 时，应执行受限空间作业相关规定。

（三）作业后安全要求

施工结束后应及时回填土石，并恢复地面设施。

三、动土作业管理

（一）人员管理

1. 监护人的职责

（1）负责对安全措施落实情况进行检查，发现安全措施未完全落实或安全措施不完善时，禁止或终止作业。

（2）在作业期间，不得离开现场或做与监护无关的事。

2. 作业人员的职责

（1）持经批准的、有效的安全作业票，方可进入施工作业。

（2）在作业前应充分了解作业的内容、地点（位号）、时间、要求，熟知作业中的危害因素和作业许可证中的安全措施。

（3）安全作业票所列的安全防护措施经落实确认、监护人同意后，方可作业。

（4）对违反本制度的强令作业、安全措施不落实、作业监护人不在场等情况有权拒绝作业，并向上级报告。若发现作业监护人不履行职责时，应立即停止作业。

（5）服从作业监护人的指挥，劳动保护着装和器具符合规定。

（二）《动土安全作业票》管理

（1）《动土安全作业票》由动土作业主管部门负责审批、管理。《动土安全作业票》见附录 3 附表 3-5。

（2）动土申请单位在动土作业主管部门领取《动土安全作业票》，填写有关内容后交施工单位。

（3）施工单位接到《动土安全作业票》后，填写《动土安全作业票》中有关内容后将《动土安全作业票》交动土申请单位。

（4）动土申请单位从施工单位得到《动土安全作业票》后交单位动土作业主管部门，并由其牵头组织工程有关部门审核会签后审批。

（5）动土作业审批人员应到现场核对图纸。查验标志，检查确认安全措施后方可签发《动土安全作业票》。

（6）《动土安全作业票》一式三联，第一联交审批单位留存，第二联交申请单位，第三联由现场作业人员随身携带。

（7）一个施工点、一个施工周期内办理一张安全作业票。

（8）《动土安全作业票》保存期至少为一年。

四、危害分析与控制措施

动土作业需要识别的危害因素有很多，按照作业流程将其可能存在的主要危害与控制措施进行分析，具体内容见表7-5。

表7-5 动土作业危险风险分析与控制措施表

岗位	工作步骤	危险因素	可能后果	控制措施
动土作业	作业前	未办理动土作业证	设备设施损坏、其他伤害	及时办理动土作业证
		办理作业证时未经工艺、设备、电仪等有关人员批准	设备设施损坏、其他伤害	严格按要求办理动土作业证
		无施工方案	设备设施损坏、其他伤害	施工前，由申请施工单位制定科学的施工方案
	作业中	施工现场无安全警示标志	人员伤害	由施工单位在施工现场做好安全警示标志
		施工中对暴露出的电缆、各类工艺管线及不明物品，不加以保护，仍进行作业	人员伤害、工艺管线及电缆损坏	立即停止作业，并报告有关部门，采取防护措施后方可作业
		施工中发现有毒有害物质时不采取防范措施	人员伤害	立即停止作业，并报告有关部门，采取防护措施后方可作业，并由质检部门随时进行安全分析
		擅自变更动土作业内容	设备设施损坏、其他伤害	施工单位要严格按照原作业内容进行施工，需变更时，要由有关部门重新办理作业证后，方可作业
		在禁火区使用易产生火花的工具	火灾、爆炸	采取防范措施后，方可作业
	作业后	未及时回填土，并恢复地面设施	人员伤害、其他伤害	由施工单位及时回填土，并恢复地面设施

第六节 断路作业

一、断路作业术语及定义

断路作业：在生产区域内，交通主支路与车间引道上进行工程施工、吊装吊运等各种影响正常交通的作业。

断路申请单位：需要在生产区域内，交通主支路与车间引道上进行各种影响正常交通作业的生产、维修、电力、通信等车间级单位。

断路作业单位：按照断路申请单位要求，在生产区域内，交通主支路与车间引道上进行各种影响正常交通作业的工程施工、吊装吊运等单位。

道路作业警示灯：设置在作业路段周围以告示道路使用者注意交通安全的灯光装置。

作业区：为保障道路作业现场的交通安全而用路栏、锥形交通路标等围起来的区域。

二、断路作业安全要求

（1）作业前，作业申请单位应会同本单位相关主管部门制定交通组织方案，方案应能保证消防车和其他重要车辆的通行，并满足应急救援要求。

（2）作业单位应根据需要在断路的路口和相关道路上设置交通警示标志，在作业区附近设置路栏、道路作业警示灯、导向标等交通警示设施。

（3）在道路上进行定点作业，白天不超过2h、夜间不超过1h即可完工的，在有现场交通指挥人员指挥交通的情况下，只要作业区设置了相应的交通警示设施，即白天设置了锥形交通路标或路栏，夜间设置了锥形交通路标或路栏及道路作业警示灯，可不设标志牌。

（4）在夜间或雨、雪、雾天进行作业应设置道路作业警示灯，警示灯设置要求如下：

① 采用安全电压；

② 设置高度应离地面1.5m，不低于1.0m；

③ 其设置应能反映作业区的轮廓；

④ 应能发出至少自150m以外清晰可见的连续、闪烁或旋转的红光。

（5）断路作业结束后，作业单位应清理现场，撤除作业区、路口设置的路栏、道路作业警示灯、导向标等交通警示设施。申请断路单位应检查核实，并报告有关部门恢复交通。

三、断路作业管理

（一）人员管理

1. 监护人的职责

（1）负责对安全措施落实情况进行检查，发现安全措施未完全落实或安全措施不完善时，禁止或终止作业。

（2）在作业期间，不得离开现场或做与监护无关的事。

2. 作业人员的职责

（1）持经批准的、有效的安全作业票，方可进入施工作业。

（2）在作业前应充分了解作业的内容、地点（位号）、时间、要求，熟知作业中的危害因素和作业许可证中的安全措施。

（3）安全作业票所列的安全防护措施经落实确认、监护人同意后，方可作业。

（4）对违反本制度的强令作业、安全措施不落实、作业监护人不在场等情况有权拒绝作业，并向上级报告。若发现作业监护人不履行职责时，应立即停止作业。

（5）服从作业监护人的指挥，劳动保护着装和器具符合规定。

（二）《断路安全作业票》管理

（1）《断路安全作业票》由断路申请单位指定专人至少提前一天办理。《断路安全作业票》见附录3附表3-6。

（2）《断路安全作业票》由断路申请单位的上级有关管理部门按照本标准规定的《断路安全作业票》格式统一印制，一式三联。

（3）断路申请单位在有关管理部门领取《断路安全作业票》后，逐项填写其应填内容后交断路作业单位。

（4）断路作业单位接到《断路安全作业票》后，填写《断路安全作业票》中断路作业单位应填写的内容，填写后将《断路安全作业票》交断路申请单位。

（5）断路申请单位从断路作业单位收到《断路安全作业票》后，交本单位上级有关管理部门审批。

（6）办理好的《断路安全作业票》第一联交断路作业单位，第二联由断路申请单位留存，第三联留审批部门工程管理部备案。

（7）《断路安全作业票》应至少保留1年。

四、危害分析与控制措施

断路作业需要识别的危害因素有很多，按照作业流程将其可能存在的主要危害与控制措施进行分析，具体内容见表7-6。

表 7-6 断路作业危险风险分析与控制措施表

岗位	工作步骤	危害因素	可能的后果	控制措施
断路作业	作业前	不按规定要求办理《断路安全作业票》	违章作业引发事故	严格办理《断路安全作业票》，严禁违章作业，相关按章执行
		作业人员安全防护措施不落实	引发事故，人员伤亡	配备负责安全措施，安全帽、安全带，相关救生设备等，严格检查
		作业人员未进行安全教育	人员伤害	作业前进行安全教育，对现场情况进行培训，严格按照规定执行
		监护不足，监护人不到位	出现事故不能及时处置，造成事故扩大	安排责任心强有经验的人员进行监护，作业前对安全措施进行严格检查。作业过程中不得脱离岗位
		办理作业证后未书面通知各相关部门	设备设施损坏，财产损失，人员伤害	严格按照规定办理作业证，书面通知各有关部门
		设备、电动工具等设施不合格	造成事故扩大，人员伤害	使用前认真检查，严格按规定执行
		现场未设置围栏、安全警示标志	人员伤害	应设围栏、警示牌、警示灯等，严格按规定执行
		没有对断路作业证上的内容进行确认即进行作业	施工错误，人员伤害，财产损失	施工前确认作业内容，与各部门交底
		擅自变更断路作业的内容、范围或地点	设备设施损坏，人员伤害	严格按照作业许可证施工，按规定执行
	作业中	作业中将地下电缆、工艺管线等挖断	财产损失，人员伤害	作业前与各部门交底联系，采取防范措施，停止作业
		作业中将地下消防管线等挖断	财产损失，影响灭火	作业前与各部门交底联系，作业时严格按规定执行
		无关人员进入施工区域或被作业设备伤害	工具砸伤	提高各人员安全意识，设置安全围栏等警示标志，做好防护安全措施
		作业现场夜间没有设置夜间警示灯围栏	人员伤害	作业前设置围栏和警示标志，警示灯防爆并使用安全电压
		动土挖开的地面未做好应急措施，影响消防通行	人员伤害	作业挖开的地面做好应急措施，保证在应急情况下公路的随时畅通
		涉及危险作业组合，未落实相应安全措施，办理相应许可证	人员伤害	按照规定执行，办理相关许可证，落实相关安全措施
	完工后	清理现场	人员伤害	及时清理现场
		作业结束后未撤除现场和路口的警示标志，阻碍交通	财产损失，人员伤害	及时撤除警示标志和围栏，告知相关部门断路作业结束

第七节 高处作业

一、术语与定义

高处作业：在距坠落基准面 2m 及 2m 以上有可能坠落的高处进行的作业。

坠落基准面：坠落处最低点的水平面，称为坠落基准面。

坠落高度(作业高度)：从作业位置到坠落基准面的垂直距离，称为坠落高度(也称作业高度)。

二、高处作业分级

作业高度 h 分为四个区段：$2m \leqslant h \leqslant 5m$；$5m < h \leqslant 15m$；$15m < h \leqslant 30m$；$h > 30m$。

直接引起坠落的客观危险因素分为 11 种：

(1) 阵风风力五级(风速 8.0m/s)以上。

(2) 平均气温等于或低于 5℃ 的作业环境。

(3) 接触冷水温度等于或低于 12℃ 的作业。

(4) 作业场地有冰、雪、霜、水、油等易滑物。

(5) 作业场所光线不足或能见度差。

(6) 作业活动范围与危险电压带电体距离小于表 7-7 的规定。

表 7-7 作业活动范围与危险电压带电体的距离

危险电压带电体的电压等级/kV	≤10	35	63~110	220	330	500
距离/m	1.7	2.0	2.5	4.0	5.0	6.0

(7) 摆动。立足处不是平面或只有很小的平面，即任一边小于 500mm 的矩形平面、直径小于 500mm 的圆形平面或具有类似尺寸的其他形状的平面，致使作业者无法维持正常姿势。

(8) 存在有毒气体或空气中含氧量低于 19.5% 的作业环境。

(9) 可能会引起各种灾害事故的作业环境和抢救突然发生的各种灾害事故。

不存在直接引起坠落的客观危险因素列出的任一种客观危险因素的高处作业按表 7-8 规定的 A 类法分级，存在直接引起坠落的客观危险因素列出的一种或一种以上客观危险因素的高处作业按表 7-8 规定的 B 类法分级。

表 7-8 高处作业分级

分类法	高处作业高度/m			
	$2 \leqslant h \leqslant 5$	$5 < h \leqslant 15$	$15 < h \leqslant 30$	$h > 30$
A	I	II	III	IV
B	II	III	IV	IV

三、高处作业安全要求与防护

（一）高处作业前安全要求

（1）进行高处作业前，应针对作业内容，进行危险辨识，制定相应的作业程序及安全措施。将辨识出的危害因素写入《高处安全作业票》，并制定出对应的安全措施。

（2）进行高处作业时，除执行本规范外，应符合国家现行的有关高处作业及安全技术标准的规定。

（3）作业单位负责人应对高处作业安全技术负责，并建立相应的责任制。

（4）高处作业人员及搭设高处作业安全设施的人员，应经过专业技术培训及专业考试合格，持证上岗，并应定期进行体格检查。对患有职业禁忌证（如高血压、心脏病、贫血病、癫痫病、精神疾病等）、年老体弱、疲劳过度、视力不佳及其他不适于高处作业的人员，不得进行高处作业。

（5）从事高处作业的单位应办理《高处安全作业票》，落实安全防护措施后方可作业。

（6）《高处安全作业票》审批人员应赴高处作业现场检查确认安全措施后，方可批准高处作业。

（7）高处作业中的安全标志、工具、仪表、电气设施和各种设备，应在作业前加以检查，确认其完好后投入使用。

（8）高处作业前要制定高处作业应急预案，内容包括：作业人员紧急状况时的逃生路线和救护方法，现场应配备的救生设施和灭火器材等。有关人员应熟知应急预案的内容。

（9）高处作业前，作业单位现场负责人应对高处作业人员进行必要的安全教育，交代现场环境和作业安全要求以及作业中可能遇到意外时的处理和救护方法。

（10）高处作业前，作业人员应查验《高处安全作业票》，检查验收安全措施落实后方可作业。

（11）高处作业人员应正确佩戴符合 GB 6095 要求的安全带及符合 GB 24543 要求的安全绳，30 m 以上高处作业应配备通信联络工具。

（12）高处作业前作业单位应制定安全措施并填入《高处安全作业票》内。

（13）应根据实际需要配备符合安全要求的作业平台、吊笼、梯子、挡脚板、跳板等；脚手架的搭设、拆除和使用应符合 GB 51210 等有关标准要求。

（二）高处作业中安全要求与防护

（1）高处作业应设监护人对高处作业人员进行监护，监护人应坚守岗位。作业人员不应在作业处休息。

（2）作业中应正确使用防坠落用品与登高器具、设备。高处作业人员应系用与作业内容相适应的安全带，安全带应系挂在作业处上方的牢固构件上或专为挂安全带用的钢架或钢丝绳上，不得系挂在移动或不牢固的物件上；不得系挂在有尖锐棱角的部位。安全带不得低挂高用。系安全带后应检查扣环是否扣牢。

（3）作业使用的工具、材料、零件等应装入工具袋，上下时手中不应持物，不应投掷工具、材料及其他物品。易滑动、易滚动的工具、材料堆放在脚手架上时，应采取防坠落措施。

（4）雨天和雪天作业时，应采取可靠的防滑、防寒措施；遇有五级风及以上（含五级风）、浓雾等恶劣气候，不应进行高处作业、露天攀登与悬空高处作业；暴风雪、台风、暴雨后，应对作业安全设施进行检查，发现问题立即处理。

（5）在邻近排放有毒、有害气体、粉尘的放空管线或烟囱等场所进行作业时，应预先与作业属地生产人员取得联系，并采取有效的安全防护措施，作业人员应配备必要的符合国家相关标准的防护装备（如隔绝式呼吸防护装备、过滤式防毒面具或口罩等）。

（6）高处作业人员不应站在不牢固的结构物上进行作业；在彩钢板屋顶、石棉瓦、瓦棱板等轻型材料上作业，应铺设牢固的脚手板并加以固定，脚手板上要有防滑措施；不应在未固定、无防护设施的构件及管道上进行作业或通行。

（7）高处作业与其他作业交叉进行时，应按指定的路线上下，不得上下垂直作业，如果需要垂直作业时应采取可靠的隔离措施。

（8）发现高处作业的安全技术设施有缺陷和隐患时，应及时解决；危及人身安全时，应停止作业。

（9）因作业必需，临时拆除或变动安全防护设施时，应经作业审批人同意，并采取相应的防护措施，作业后应即时恢复。

（10）防护棚搭设时，应设警戒区，并派专人监护。

（11）作业人员在作业中如果发现情况异常，应发出信号，并迅速撤离现场。

（三）高处作业完工后安全要求

（1）高处作业完工后，作业现场清扫干净，作业用的工具、拆卸下的物件及余料和废料应清理运走。

（2）脚手架、防护棚拆除时，应设警戒区，并派专人监护。拆除脚手架、防护棚时不得上部和下部同时施工。

（3）高处作业完工后，临时用电的线路应由具有特种作业操作资格证的电工拆除。

（4）高处作业完工后，作业人员要安全撤离现场，验收人在《高处安全作业票》上签字。

四、高处作业管理

（一）人员管理

（1）作业负责人职责：负责按规定办理高处作业票，制定安全措施并监督实施，组织安排作业人员，对作业人员进行安全教育，确保作业安全。

（2）作业人员职责：应遵守高处作业安全管理规定，按规定要求穿戴劳动防护用品和安全保护用具，认真执行安全措施，在安全措施不完善或没有办理有效作业票时应拒绝高处作业。

（3）监护人职责：负责确认作业安全措施和执行应急处置措施，遇有危险情况时命令停止作业。高处作业过程中不得离开作业现场。监督作业人员按规定完成作业，及时纠正违章行为。

（4）作业所在部门负责人职责：会同作业负责人检查落实现场作业安全措施，确保作业场所符合高处作业安全规定。

（5）安全部职责：负责监督检查高处作业安全措施的落实，签发高处作业票。

（6）其他签字领导的职责：对特殊高处作业安全措施的组织、安排、作业总负则。

（二）《高处安全作业票》管理

（1）一级高处作业和在坡度大于45°的斜坡上面的高处作业，由设备管理部门审批。

（2）二级、三级高处作业及下列情形的高处作业由车间审核后，报设备管理部门审批。

① 在升降（吊装）口、坑、井、池、沟、洞等上面或附近进行高处作业；

② 在易燃、易爆、易中毒、易灼伤的区域或转动设备附近进行高处作业；

③ 在无平台、无护栏的塔、釜、炉、罐等化工容器、设备及架空管道上进行高处作业；

④ 在塔、釜、炉、罐等设备内进行高处作业；

⑤ 在临近有排放有毒、有害气体、粉尘的放空管线或烟囱及设备高处作业。

（3）Ⅳ级高处作业及下列情形的高处作业，由单位安全部门审核后，报主管厂长审批。

① 在阵风风力为5级（风速8.0m/s）及以上情况下进行的强风高处作业；

② 在高温或低温环境下进行的异温高处作业；

③ 在降雪时进行的雪天高处作业；

④ 在降雨时进行的雨天高处作业；

⑤ 在室外完全采用人工照明进行的夜间高处作业；

⑥ 在接近或接触带电体条件下进行的带电高处作业；

⑦ 在无立足点或无牢靠立足点的条件下进行的悬空高处作业。

（4）作业负责人应根据高处作业的分级和类别向审批单位提出申请，办理《高处安全作业票》。格式见附录3附表3-7。《高处安全作业票》一式三份，一份交作业人员，一份交作业负责人，一份交设备管理部门留存，保存期至少1年。

（5）《高处安全作业票》有效期7天，若作业时间超过7天，应重新审批。对于作业期较长的项目，在作业期内，作业单位负责人应经常深入现场检查，发现隐患及时整改，并做好记录。若作业条件发生重大变化，应重新办理《高处安全作业票》。

五、危害分析与控制措施

高处作业需要识别的危害因素有很多，按照作业流程将其可能存在的主要危害与控制措施进行分析，具体内容见表7-9。

表7-9 高处作业危害分析与控制措施表

岗位	工作步骤	危害因素	可能的后果	控制措施
高处作业	作业前	不按规定要求办理《高处安全作业票》	违章作业引发事故	严格办理《高处安全作业票》，严禁违章作业，严格按规定执行
		作业人员安全防护措施不落实	引发事故，人员亡	配备负责安全措施，安全帽，相关教习设备等，严格检查
		作业人员未进行安全教育，不清楚现场情况	不能及时发现处理作业现场出现的问题，人员伤害	作业前进行安全教育，对现场情况进行培训，严格按照规定规范执行
		监护不足，监护人不到位	出现事故不能及时处置，造成事故扩大	安排责任心强有经验的人员进行监护，作业前对安全措施进行严格检查。作业过程中不得脱离岗位
		消防器材不足及救援应急措施不当	不能及时灭火，造成事故扩大，人员伤害	作业前仔细检查落实配备到位，设备外备空气呼吸器，消防器材和清水等相应急救用品
		脚手架有缺陷或者不牢固	高处坠落，人员伤害	使用前认真检查，符合要求才能搭建
		作业材料、器具、设备等设施不安全	不能及时灭火，造成事故扩大，人员伤害	使用前认真检查，严格按规定执行
	作业中	不系安全带或安全帽，不按规定穿戴其他要求防护用品	引发事故，人员亡	作业前严格检查，不采取安全措施禁止作业
		工作平台或梯子湿滑，下梯子脚下踩空	人员伤害	干燥后在作业，由专人监护
		登高梯子有缺陷或在梯子上作业时下方没人扶	触电，人员伤害	作业前严格检查，由专人监护
		高处带电作业，绝缘保护措施不到位	人员伤害	必须使用绝缘工具，作业前人员监护
		高处行走或作业中，未按规定将安全带系挂	高空坠落人员伤害	作业前培训，严格检查，违反者，配备消防器材，专人监护
		高处切割或遇湿，下方未采取相应措施	火花飞溅，人员伤害	下方铺设保护层，配备消防器材，专人监护
		高处作业时遇六级以上大风等恶劣天气，未与地上建立联系信号	高空坠落人员伤害	停止作业，撤离人员
		在高处作业特别在有毒有害区域，未与地上建立联系信号	人员伤害	配备必要的联系工具，作业前建立联系信号，配备安全防护措施，由专人监护
		易滑动、滚动的工具，材料堆放位置不正确	人员伤害	平稳摆放，工具使用时要系安全绳，不用时放入工具袋，采取防坠措施
		在不坚固的结构上作业未铺设脚手板	人员伤害	必须设牢固的脚手板，要有防滑措施，安全教育培训，专人监护
		上下手中持物，上下抛掷工具等物品	人员伤害	上下时集中精神，作业前安全教育培训，由专人监护
		出现危险品泄漏或其他异常情况	人员伤害	停止作业，撤离人员
	完工后	现场没有清理	人员伤害	及时清理
		上下时未沿安全通道，随意攀登	引发事故，人员伤害	沿着安全通道或安全护栏上下，作业前安全教育，专人看护

第八节　盲板抽堵作业

一、盲板抽堵作业定义与盲板要求

（一）定义

盲板抽堵作业：在设备、管道上安装和拆除盲板的作业。

（二）盲板要求

盲板及垫片应符合以下要求：

（1）盲板应按管道内介质的性质、压力、温度选用适合的材料。高压盲板应按设计规范设计、制造并经超声波探伤合格。

（2）盲板的直径应依据管道法兰密封面直径制作，厚度应经强度计算。

（3）一般盲板应有一个或两个手柄，便于辨识、抽堵，8字盲板可不设手柄。

（4）应按管道内介质性质、压力、温度选用合适的材料做盲板垫片。

二、盲板抽堵作业安全要求

（一）作业前安全要求

（1）盲板抽堵作业实施作业证管理，作业前应办理《盲板抽堵安全作业票》。

（2）盲板抽堵作业人员应经过安全教育和专门的安全培训，并经考核合格。

（3）同一盲板的抽、堵作业，应分别办理盲板抽、堵安全作业票，一张安全作业票只能进行一块盲板的一项作业。

（4）作业前，危险化学品企业应预先绘制盲板位置图，对盲板进行统一编号，并设专人统一指挥作业。

（5）在不同危险化学品企业共用的管道上进行盲板抽堵作业，作业前应告知上下游相关单位。

（6）作业单位应根据管道内介质的性质、温度、压力和管道法兰密封面的口径等选择相应材料、强度、口径和符合设计、制造要求的盲板及垫片，高压盲板使用前应经超声波探伤；盲板选用应符合 HG/T 21547 或 JB/T 2772 的要求。

（7）作业单位应按位置图进行盲板抽堵作业，并对每个盲板进行标识，标牌编号应与盲板位置图上的盲板编号一致，危险化学品企业应逐一确认并做好记录。

（8）作业前，应降低系统管道压力至常压，保持作业现场通风良好，并设专人监护。

（二）作业中安全要求

（1）在火灾爆炸危险场所进行盲板抽堵作业时，作业人员应穿防静电工作服、工作鞋，并使用防爆工具；距盲板抽堵作业地点 30m 内不应有动火作业。

（2）在强腐蚀性介质的管道、设备上进行盲板抽堵作业时，作业人员应采取防止酸碱化学灼伤的措施。

（3）在介质温度较高或较低、可能造成人员烫伤或冻伤的管道、设备上进行盲板抽堵作业时，作业人员应采取防烫、防冻措施。

（4）在有毒介质的管道、设备上进行盲板抽堵作业时，作业人员应按 GB 39800.1 的要求选用防护用具。在涉及硫化氢、氯气、氨气、一氧化碳及氰化物等毒性气体的管道和设备上进行作业时，除满足上述要求外，还应配备移动式气体检测仪。

（5）不应在同一管道上同时进行两处或两处以上的盲板抽堵作业。

（三）作业结束后安全要求

盲板抽堵作业结束，由作业单位和危险化学品企业专人共同确认。

三、盲板抽堵作业管理

（一）人员管理

1. 生产车间（分厂）负责人职责

① 应了解管道、设备内介质特性及走向，制定、落实盲板抽堵安全措施，安排监护人，向作业单位负责人或作业人员交代作业安全注意事项；② 生产系统如有紧急或异常情况，应立即通知停止盲板抽堵作业；③ 作业完成后，应组织检查盲板抽堵情况。

2. 监护人职责

① 负责盲板抽堵作业现场的监护与检查，发现异常情况应立即通知作业人员停止作业，并及时联系有关人员采取措施；② 应坚守岗位，不得脱岗，在盲板抽堵作业期间，不得兼做其他工作；③ 当发现盲板抽堵作业人违章作业时应立即制止；④ 作业完成后，要会同作业人员检查、清理现场，确认无误后方可离开现场。

3. 作业单位负责人职责

① 了解作业内容及现场情况，确认作业安全措施，向作业人员交代作业任务和安全注意事项；② 各项安全措施落实后，方可安排人员进行盲板抽堵作业。

4. 作业人职责

① 作业前应了解作业的内容、地点、时间、要求，熟知作业中的危害因素和应采取的安全措施；② 要逐项确认相关安全措施的落实情况；③ 若发现不具备安全条件时不得进行盲板抽堵作业；④ 作业完成后，会同生产单位负责人检查盲板抽堵情况，确认无误后方可离开作业现场。

5. 审批人职责

① 审查《盲板抽堵安全作业票》的办理是否符合要求；② 督促检查各项安全措施的落实情况。

（二）《盲板抽堵安全作业票》管理

（1）《盲板抽堵安全作业票》由生产车间（分厂）办理，格式见附录3附表3-8。

（2）盲板抽堵作业实行"一张安全作业票只能进行一块盲板的一项作业"的管理方式。

（3）严禁随意涂改、转借《盲板抽堵安全作业票》，变更盲板位置或增减盲板数量时，应重新办理《盲板抽堵安全作业证》。

（4）《盲板抽堵安全作业票》由生产车间（分厂）负责填写、盲板抽堵作业单位负责人确认、单位生产部门审批。

（5）经审批的《盲板抽堵安全作业票》一式三份，盲板抽堵作业单位、生产车间（分厂）和生产管理部门各一份，生产管理部门存档，《盲板抽堵安全作业票》保存期限至少为1年。

四、危害分析与控制措施

抽堵盲板作业需要识别的危害因素有很多，按照作业流程将其可能存在的主要危害与控制措施进行分析，具体内容见表7-10。

表7-10 抽堵盲板作业危害分析与控制措施表

岗位	工作步骤	危害因素	可能的后果	控制措施
抽堵盲板作业	作业前	不办理《盲板抽堵安全作业票》	违章作业，发生事故	办理《盲板抽堵安全作业票》
		没有编写安全技术措施	作业人员情况不明，发生事故	编写安全技术措施
		安全技术措施未经审批，未经落实	违章作业，造成事故	安全技术措施必须经过审批，并落实到位
		盲板厚度、材质，大小达不到要求	发生严重事故	盲板必须符合作业要求
		没有安排监护人	发生事故不能及时发现，造成严重后果	必须安排专人监护
		作业设备未断电	造成人员伤亡	作业前找电工确认，并挂停电牌
		监护人不到位	发生事故不能及时发现，使事故扩大	对监护人进行处罚，教育，定时对监护人进行督查
		消防器材不到位	发生着火、爆炸事故	清点消防设施
	作业中	未对作业人员清点	人员伤亡	作业前必须对作业人进行清点
		作业人员不戴劳保用品	人身伤害	进行处罚和教育，监护人必须进行监督
		设备、管线存在高温	烫伤	作业前由作业人对设备进行检查确认
		作业设备或管线内存在高压	人员伤亡	作业前，必须将管道和设备内的压力卸至微正压或常压
		作业环境存在噪声	造成听力下降、耳聋	带好耳塞
		设备、管道内存在有毒气体	中毒	作业期间带好防毒保用品
		设备、管道内存在可燃气体	着火、爆炸	必须置换合格，定时取样，现场放置便携式可燃气检测仪
		设备、管道内存在使人窒息的惰性气体	窒息	现场放置重便携式氧气检测仪，作业管线压力下降到微正压到微正压常压
		涉及有限空间作业	窒息、中毒、爆炸	办理有限空间作业证，严格按照有限空间作业规定作业
		设备、管道内存在腐蚀性物质	腐蚀	穿戴好橡皮手套，穿防化服
		涉及高空作业	高空坠落、高空坠物	办理高处作业证，戴好安全带
		作业现场存在输电电线	触电事故	作业前必须停电或进行技术处理
		涉及吊装作业	造成人员伤亡	办理吊装作业证，按照吊装作业标准作业
		作业位置设备密集	出现事故，给救援造成困难	保持好救援通道通畅

续表

岗位	工作步骤	危害因素	可能的后果	控制措施
抽堵盲板作业	作业中	作业位置存在其他转到设备	机械伤害	做好防护设施，人员穿紧身工作服，鞋带、绳子等远离设备
		作业现场存在粉尘	造成尘肺病、爆炸	带好防尘口罩，现场控制粉尘量，防止出现爆炸
		施工用设备、电气、通风设施及照明灯不符合安全规定	用电安全事故	根据要求逐一检查
		作业现场没有可燃、毒性、含氧检测仪	爆炸、中毒、窒息	现场一定要放置一个以上能正常使用的便携式检测仪
		作业设备或管道存在热源或火源	人身伤害	消除热源或火源，无法消除的必须保证设备内无可燃性气体
	完工后	未挂/摘除盲板牌	造成事故	必须检查是否悬挂或拆除
		现场工具、杂物未清理	污染	做好文明施工
		作业人员未清点	人员失踪	必须清点人员
		作业电气设备未拆除	触电	拆除电气设备
		灭火器灯消防设施未恢复	火灾	作业完毕后立即恢复
		未经作业负责人验收	发生事故	必须逐一检查盲板

第九节　临时用电作业

一、临时用电作业术语与定义

低压：交流额定电压在 1kV 及以下的电压。

高压：交流额定电压在 1kV 以上的电压。

外电线路：施工现场临时用电工程配电线路以外的电力线路。

有静电的施工现场：存在因摩擦、挤压、感应和接地不良等而产生对人体和环境有害静电的施工现场。

强电磁波源：辐射波能够在施工现场机械设备上感应产生有害对地电压的电磁辐射体。

接地：设备的一部分为形成导电通路与大地的连接。

工作接地：为了电路或设备达到运行要求的接地，如变压器低压中性点和发电机中性点的接地。

重复接地：设备接地线上一处或多处通过接地装置与大地再次连接的接地。

接地体：埋入地中并直接与大地接触的金属导体。

人工接地体：人工埋入地中的接地体。

自然接地体：施工前已埋入地中，对兼作接地体用的各种构件，如钢筋混凝土基础的钢筋结构、金属井管、金属管道(非燃气)等。

接地线：连接设备金属结构和接地体的金属导体(包括连接螺栓)。

接地装置：接地体和接地线的总和。

接地电阻：接地装置的对地电阻。它是接地线电阻、接地体电阻、接地体与土壤之间的接触电阻和土壤中的散流电阻之和。接地电阻可以通过计算或测量得到它的近似值，其值等于接地装置对地电压与通过接地装置流入地中电流之比。

频接地电阻：按通过接地装置流入地中工频电流求得的接地电阻。

冲击接地电阻：按通过接地装置流入地中冲击电流(模拟雷电流)求得的接地电阻。

电气连接：导体与导体之间直接提供电气通路的连接(接触电阻近于零)。

带电部分：正常使用时要被通电的导体或可导电部分，它包括中性导体(中性线)，不包括保护导体(保护零线或保护线)，按惯例也不包括工作零线与保护零线合一的导线(导体)。

外露可导电部分：电气设备的能触及的可导电部分。它在正常情况下不带电，但在故障情况下可能带电。

触电(电击)：电流流经人体或动物体，使其产生病理生理效应。

直接接触：人体、牲畜与带电部分的接触。

间接接触：人体、牲畜与故障情况下变为带电体的外露可导电部分的接触。

配电箱：是一种专门用作分配电力的配电装置，包括总配电箱和分配电箱，如无特指，总配电箱、分配电箱合称配电箱。

开关箱：末级配电装置的通称，亦可兼作用电设备的控制装置。

隔离变压器：指输入绕组与输出绕组在电气上彼此隔离的变压器，用以避免偶然同时触及带电体(或因绝缘损坏而可能带电的金属部件)和大地所带来的危险。

安全隔离变压器：为安全特低电压电路提供电源的隔离变压器。它的输入绕组与输出绕组在电气上至少由相当于双重绝缘或加强绝缘的绝缘隔离开来。它是专门为配电电路、工具或其他设备提供安全特低电压而设计的。

二、临时用电作业安全要求

(1) 在运行的火灾爆炸危险性生产装置、罐区和具有火灾爆炸危险场所内不应接临时电源，确需时应对周围环境进行可燃气体检测分析，分析结果应符合动火分析合格标准的要求。

(2) 各类移动电源及外部自备电源，不应接入电网。

(3) 动力和照明线路应分路设置。

(4) 在开关上接引、拆除临时用电线路时，其上级开关应断电上锁并加挂安全警示标牌；接、拆线路作业时，应有监护人在场。

(5) 临时用电应设置保护开关，使用前应检查电气装置和保护设施的可靠性。所有的临时用电均应设置接地保护。

(6) 临时用电设备和线路应按供电电压等级和容量正确使用，所用的电气元件应符合国家相关产品标准及作业现场环境要求，临时用电电源施工、安装应符合 JGJ 46 的有关要求，并有良好的接地，临时用电还应满足如下要求：

① 火灾爆炸危险场所应使用相应防爆等级的电源及电气元件，并采取相应的防爆安全措施；

② 临时用电线路及设备应有良好的绝缘，所有的临时用电线路应采用耐压等级不低于 500V 的绝缘导线；

③ 临时用电线路经过火灾爆炸危险场所以及有高温、振动、腐蚀、积水及产生机械损伤等区域，不应有接头，并应采取相应的保护措施；

④ 临时用电架空线应采用绝缘铜芯线，并应架设在专用电杆或支架上。其最大弧垂与地面距离，在作业现场不低于 2.5m，穿越机动车道不低于 5m；

⑤ 对需埋地敷设的电缆线线路应设有走向标志和安全标志。电缆埋地深度不应小于 0.7m，穿越道路时应加设防护套管；

⑥ 现场临时用电配电盘、箱应有电压标识和危险标识，应有防雨措施，盘、箱、门应能牢靠关闭并能上锁；

⑦ 沿墙面或地面敷设电缆线路应符合下列规定：电缆线路敷设应有醒目的警告标志；沿地面明敷的电缆线路应沿建筑物墙体根部敷设，穿越道路或其他易受机械损伤的区域，应采取防机械损伤的措施，周围环境应保持干燥；在电缆敷设路径附近，当有产生明火的作业时，应采取防止火花损伤电缆的措施；

⑧ 临时用电设施应安装符合规范要求的漏电保护器，移动工具、手持式电动工具应逐个配置漏电保护器和电源开关；

⑨ 未经批准，临时用电单位不应擅自向其他单位转供电或增加用电负荷，以及变更用电地点和用途；

⑩ 临时用电时间一般不超过 15 天，特殊情况不应超过 30 天；用于动火、受限空间作业的临时用电时间应和作业时间一致；

⑪ 临时用电结束后，用电单位应及时通知供电单位拆除临时用电线路。

三、临时用电作业管理

（一）电工与用电人员管理

（1）电工必须经过按国家现行标准考核合格后，持证上岗工作；其他用电人员必须通过相关安全教育培训和技术交底，考核合格后方可上岗工作。

（2）安装、巡检、维修或拆除临时用电设备和线路，必须由电工完成，并应有人监护。电工等级应同工程的难易程度和技术复杂性相适应。

（3）各类用电人员应掌握安全用电基本知识和所用设备的性能，并应符合下列规定：

① 使用电气设备前必须按规定穿戴和配备好相应的劳动防护用品，并应检查电气装置和保护设施，严禁设备带"缺陷"运车转；

② 保管和维护所用设备，发现问题及时报告解决；

③ 暂时停用设备的开关箱必须分断电源隔离开关，并应关门上锁；

④ 移动电气设备时，必须经电工切断电源并做妥善处理后进行。

（二）《临时用电安全作业票》管理

（1）《临时用电安全作业票》办理由作业单位负责，配送电单位负责会签，并由动力部门最终审批。

（2）《临时用电安全作业票》实行一个作业点、一个作业周期内同一作业内容一张《临时用电安全作业票》（见附录 3 附表 3-9）的管理方式。

（3）《临时用电安全作业票》不应随意涂改和转让、不应变更作业内容、扩大使用范围、转移作业部位或异地使用。

（4）作业内容变更，作业范围扩大、作业地点转移或超过有效期限，以及作业条件、作业环境条件或工艺条件改变时，应重新办理《临时用电安全作业票》。

（5）《临时用电安全作业票》的有效期限无特殊要求。

（6）《临时用电安全作业票》一式三联，第一联由作业单位（作业时）、配送电执行人（作业结束后注销）持有及保存，第二联由配送电执行人持有及保存，第三联由动力部门持有，完工后动力部门保存。

（7）《临时用电安全作业票》应至少保存一年。

四、危害分析及控制措施

临时用电作业需要识别的危害因素有很多，按照作业流程将其可能存在的主要危害与控制措施进行分析，具体内容见表 7-11。

表7-11 临时用电作业危害分析与控制措施表

岗位	工作步骤	危害因素	可能的后果	控制措施
临时用电作业	作业前	不按规定要求办理《临时用电安全作业票》，乱接电源	触电、人员伤害	严格执行《临时用电作业安全管理制度》
		电工不掌握使用设备的性能或缺乏相应专业知识	触电、人员伤害	办理《临时用电安全作业票》，严格执行《临时用电作业安全管理制度》
		电源线路，绝缘不符合要求，有断裂破损情况	触电、人员伤害	更换符合标准的电线，严格执行《临时用电作业安全管理制度》
		电工个人防护用品佩戴不齐或佩戴不当	触电、人员伤害	必须使用符合要求的防护用品绝缘工具，严格执行《临时用电作业安全管理制度》
		电箱安装位置不当，现场重要或危险部位，没有醒目电气安全标志	触电、人员伤害	专业电工负责进行安装，设置明显安全标志，严格执行《临时用电作业安全管理制度》
	作业中	停电时未挂警示牌，带电作业现场无监护人	触电、人员伤害	悬挂警示牌，安排责任心强的监护人，严格执行《临时用电作业安全管理制度》
		电缆过路无保护措施	触电、人员伤害	电缆进行穿管埋地保护措施，严格执行《临时用电作业安全管理制度》
		搬运或移动用电设备未切断电源，未经电工妥善处理	触电、人员伤害	专业电工负责相关事项，严格执行《临时用电作业安全管理制度》
		施工用电设备和设施用电线路混乱，电线老化破皮和接头处未用绝缘胶布包扎	触电、人员伤害	更换符合标准的电线，严格执行《临时用电作业安全管理制度》
		36V安全电压照明不使用安全电压	触电、人员伤害	严格执行《临时用电作业安全管理制度》
		在潮湿场所不使用安全电压	触电、人员伤害	按照规定使用安全电压，严格执行《临时用电作业安全管理制度》
		开关箱无漏电保护器或失灵	触电、人员伤害	严格检查，更换合标准的保护器，严格执行《临时用电作业安全管理制度》
		电箱无门锁无防雨措施	触电、人员伤害	增加门锁及防雨措施，严格执行《临时用电作业安全管理制度》
		各种用电设备未做保护接零接地无漏电保护器	触电、人员伤害	做好保护接零接地或安装漏电保护器，严格执行《临时用电作业安全管理制度》
		作业条件发生变化	触电、人员伤害	重新办理用电许可证，严格执行《临时用电作业安全管理制度》
	完工后	没有及时拆除临时用电设施	触电、人员伤害	专业电工拆除，严格执行《临时用电作业安全管理制度》
		非电工人员拆除临时用电设施	触电、人员伤害	严格监督，安排专业电工拆除，执行《临时用电作业安全管理制度》

复习思考题

1. 检修前，设备使用单位应对参加检修作业的人员进行哪些安全教育？
2. 动火作业规范对动火分析是怎样要求的？
3. 动火作业规范对动火人的作业要求是什么？
4. 进入受限空间作业前应做好哪些准备工作？
5. 简述受限空间作业时为什么要求作业现场备有应急用品，如空气呼吸器和清水等。
6. 起吊作业为何要求"指挥人员应佩戴明显的标志，并按 GB 5082 规定的联络信号进行指挥"。
7. 吊装作业对起重机械操作人员有哪些要求？
8. 厂区动土作业有哪些安全要求？思考动土作业中要求"作业前应首先了解地下隐蔽设施的分布情况"的重要性。
9. 厂区断路作业有哪些安全要求？断路作业中为什么要求制定交通组织方案？
10. 高处作业有哪些安全要求？
11. 为什么高处作业要对交叉作业专门提出要求？
12. 为什么盲板抽堵作业要绘制盲板图，并进行编号？
13. 为什么要将临时用电作为特殊作业进行管理？

第八章 建筑施工作业安全要求

本章学习要点

1. 熟悉建筑施工安全检查要求及方法；
2. 掌握建筑施工过程中的事故隐患处理方法；
3. 掌握建筑施工作业的安全检查标准。

作为对建筑施工作业进行现场监护的监护人，应该熟悉并掌握建筑施工作业的安全要求。本书选用的是《建筑施工安全检查标准》（JGJ 59—2011），该标准适用于我国建设工程的施工现场，是建筑施工从业人员的行为规范，是施工过程建筑职工安全和健康的保障。

第一节 建筑施工作业安全检查要求

一、安全检查的内容与形式

安全检查的内容，主要是根据施工(生产)特点，制定检查项目、标准。概括起来，主要是检查思想认识、制度落实、机械设备、安全设施、安全教育培训、操作行为、劳保用品使用、伤亡事故的处理等。

安全检查的形式，主要是根据原建设部制定的《建筑施工安全检查标准》（JGJ 59—2011），采用安全检查评分表，加上先进的检测手段，对企业安全生产情况做出量化评价。

监护人对施工单位进行的安全检查。主要是针对行业特点，对带有共性的问题和主要问题进行检查、总结。在施工过程中进行经常性的预防检查，能及时发现并消除隐患，保证施工(生产)正常进行。

二、安全检查要求

（1）各种安全检查在都应该根据检查要求配备力量。特别是大范围、全面性安全检查，要明确检查负责人，抽调专业人员参加检查，并进行分工，明确检查内容、标准及要求。

（2）各种安全检查都应有明确的检查目的和检查项目、内容及标准。"保证项目"要重点检查。对大面积或数量多的相同内容的项目可采取系统的观感和定数量的测点相结合的抽查方法。检查时尽量采用检测工具，用数据说话。对现场管理人员和作业人员不仅要检查是否有违章指挥和违章作业行为，还应进行应知应会知识的抽查，以便了解管理人员及作业人员的安全素质。

（3）检查记录是安全评价的依据，应认真、详细。特别是对隐患的记录必须具体到隐患的部位，危险性程度及处理意见等。

（4）安全检查需要认真地、全面地进行系统分析，安全评价应恰当。哪些检查项目已达标，哪些检查项目虽然基本上达标，但是具体还有哪些方面需要进行完善，哪些项目没有达标，存在哪些问题需要整改。受检查单位根据安全评价研究对策，进行整改和加强管理。

（5）整改是安全检查工作重要的组成部分，是检查结果的归宿。整改工作包括隐患、登记、复查、销号。

三、事故隐患的处理

（1）检查中发现的隐患应该进行登记，不仅是作为整改的备查依据，而且是提供安全动态分析的重要信息渠道。如，各单位或多数单位(工地、车间)安全检查都发现同类型隐患，说明是"通病"。若某单位安全检查中经常出现相同隐患，说明没有整改或整改不彻底。根据隐患记录的信息流，可以制定出指导安全管理的决策。

（2）安全检查审查出的隐患除进行登记外，还应发出隐患整改通知单，引起整改单位重视。对凡是有即发性事故危险的隐患，检查人员应责令停工，被查单位必须立即整改。

（3）对于违章指挥、违章作业行为，检查人员可以当场指出，进行纠正。

（4）被检查单位领导对查出的隐患，应立即研究整改方案，定人、定期限、定措施，立即进行整改。

（5）整改完成后要及时上报有关部门。有关部门要立即派员进行复查，经复查整改合格后，进行销号。

四、安全检查的方法

开展检查工作时，可以采用"看""量""测""动作试验"等方法进行。

"看"：主要查看管理资料、持证上岗、现场标志、交接验收资料、"三宝"使用情况、"四口"及"临边"防护情况、设备的防护装置等。

"量"：主要是用尺进行准确测量。例如，脚手架各种杆件间距、电气开关箱安装高度等。

"测"：用仪器、仪表实地进行测量。例如，测量纵、横向倾斜度，测量接地电阻值等。

"动作试验"：主要指各种限位装置的灵敏程度。例如，塔吊的力矩限制器、行走限位，龙门架的超高限位装置等。总之，能测量的数据或动作试验，不得以估算、步量代替，应尽量采用定量方法检查。

第二节　建筑施工作业安全检查标准

一、安全管理

安全管理检查评定应符合国家现行有关安全生产的法律、法规、标准的规定。

安全管理检查评定保证项目应包括安全生产责任制、施工组织设计及专项施工方案、安全技术交底、安全检查、安全教育、应急救援。一般项目应包括分包单位安全管理、持证上岗、生产安全事故处理、安全标志。

（一）安全管理保证项目的检查评定

应符合下列规定：

1. 安全生产责任制

（1）工程项目部应建立以项目经理为第一责任人的各级管理人员安全生产责任制；

（2）安全生产责任制应经责任人签字确认；

（3）工程项目部应有各工种安全技术操作规程；

（4）工程项目部应按规定配备专职安全员；

（5）对实行经济承包的工程项目，承包合同中应有安全生产考核指标；

（6）工程项目部应制定安全生产资金保障制度；

（7）按安全生产资金保障制度，应编制安全资金使用计划，并应按计划实施；

（8）工程项目部应制定以伤亡事故控制、现场安全达标、文明施工为主要内容的安全生产管理目标；

（9）按安全生产管理目标和项目管理人员的安全生产责任制，应进行安全生产责任目标分解；

（10）应建立对安全生产责任制和责任目标的考核制度；

（11）按考核制度，应对项目管理人员定期进行考核。

2. 施工组织设计及专项施工方案

（1）工程项目部在施工前应编制施工组织设计，施工组织设计应针对工程特点、施工工艺制定安全技术措施；

（2）危险性较大的分部分项工程应按规定编制专项施工方案，专项施工方案应有针对性，并按有关规定进行设计计算；

（3）超过一定规模危险性较大的分部分项工程，施工单位应组织专家对专项施工方案进行论证；

（4）施工组织设计、专项施工方案，应由有关部门审核，施工单位技术负责人、监理单位项目总监批准；

（5）工程项目部应按施工组织设计、专项施工方案组织实施。

3. 安全技术交底

（1）施工负责人在分派生产任务时，应对相关管理人员、施工作业人员进行书面安全技术交底；

（2）安全技术交底应按施工工序、施工部位、施工栋号分部分项进行；

（3）安全技术交底应结合施工作业场所状况、特点、工序，对危险因素、施工方案、规范标准、操作规程和应急措施进行交底；

（4）安全技术交底应由交底人、被交底人、专职安全员进行签字确认。

4. 安全检查

（1）工程项目部应建立安全检查制度；

（2）安全检查应由项目负责人组织，专职安全员及相关专业人员参加，定期进行并填写检查记录；

（3）对检查中发现的事故隐患应下达隐患整改通知单，定人、定时间、定措施进行整改。重大事故隐患整改后，应由相关部门组织复查。

5. 安全教育

（1）工程项目部应建立安全教育培训制度；

（2）当施工人员入场时，工程项目部应组织进行以国家安全法律法规、企业安全制度、施工现场安全管理规定及各工种安全技术操作规程为主要内容的三级安全教育培训和考核；

（3）当施工人员变换工种或采用新技术、新工艺、新设备、新材料施工时，应进行安全教育培训；

（4）施工管理人员、专职安全员每年度应进行安全教育培训和考核。

6. 应急救援

（1）工程项目部应针对工程特点，进行重大危险源的辨识；应制定防触电、防坍塌、防高处坠落、防起重及机械伤害、防火灾、防物体打击等主要内容的专项应急救援预案，并对施工现场易发生重大安全事故的部位、环节进行监控；

（2）施工现场应建立应急救援组织，培训、配备应急救援人员，定期组织员工进行应急救援演练；

（3）按应急救援预案要求，应配备应急救援器材和设备。

（二）安全管理一般项目的检查评定

应符合下列规定：

1. 分包单位安全管理

（1）总包单位应对承揽分包工程的分包单位进行资质、安全生产许可证和相关人员安全生产资格的审查；

（2）当总包单位与分包单位签订分包合同时，应签订安全生产协议书，明确双方的安全责任；

（3）分包单位应按规定建立安全机构，配备专职安全员。

2. 持证上岗

（1）从事建筑施工的项目经理、专职安全员和特种作业人员，必须经行业主管部门培训考核合格，取得相应操作资格证，方可上岗作业；

（2）项目经理、专职安全员和特种作业人员应持证上岗。

3. 生产安全事故处理

（1）当施工现场发生生产安全事故时，施工单位应按规定及时报告；

（2）施工单位应按规定对生产安全事故进行调查分析，制定防范措施；

（3）应依法为施工作业人员办理保险。

4. 安全标志

（1）施工现场入口处及主要施工区域、危险部位应设置相应的安全警示标志牌；

（2）施工现场应绘制安全标志布置图；

（3）应根据工程部位和现场设施的变化，调整安全标志牌设置；

（4）施工现场应设置重大危险源公示牌。

二、文明施工

文明施工检查评定应符合国家现行标准 GB 50720《建设工程施工现场消防安全技术规范》和 JGJ 146《建筑工程施工现场环境与卫生标准》、JGJ/T 188《施工现场临时建筑物技术规范》的规定。文明施工检查评定保证项目应包括现场围挡、封闭管理、施工场地、材料管理、现场办公与住宿、现场防火。一般项目应包括综合治理、公示标牌、生活设施、社区服务。

（一）文明施工保证项目的检查评定

应符合下列规定：

1. 现场围挡

（1）市区主要路段的工地应设置高度不小于 2.5m 的封闭围挡；

（2）一般路段的工地应设置高度不小于 1.8m 的封闭围挡；

（3）围挡应坚固、稳定、整洁、美观。

2. 封闭管理

（1）施工现场进出口应设置大门，并应设置门卫值班室；

（2）应建立门卫职守管理制度，并应配备门卫职守人员；

（3）施工人员进入施工现场应佩带工作卡；

（4）施工现场出入口应标有企业名称或标识，并应设置车辆冲洗设施。

3. 施工场地

（1）施工现场的主要道路及材料加工区地面应进行硬化处理；

（2）施工现场道路应畅通，路面应平整坚实；

（3）施工现场应有防止扬尘措施；

（4）施工现场应设置排水设施，且排水通畅无积水；

（5）施工现场应有防止泥浆、污水、废水污染环境的措施；

（6）施工现场应设置专门的吸烟处，严禁随意吸烟；

（7）温暖季节应有绿化布置。

4. 材料管理

（1）建筑材料、构件、料具应按总平面布局进行码放；

（2）材料应码放整齐，并应标明名称、规格等；

（3）施工现场材料码放应采取防火、防锈蚀、防雨等措施；

（4）建筑物内施工垃圾的清运，应采用器具或管道运输，严禁随意抛掷；

（5）易燃易爆物品应分类储藏在专用库房内，并应制定防火措施。

5. 现场办公与住宿

（1）施工作业、材料存放区与办公、生活区应划分清晰，并应采取相应的隔离措施；

（2）在施工程、伙房、库房不得兼做宿舍；

（3）宿舍、办公用房的防火等级应符合规范要求；

（4）宿舍应设置可开启式窗户，床铺不得超过 2 层，通道宽度不应小于 0.9m；

（5）宿舍内住宿人员人均面积不应小于 2.5m²，且不得超过 16 人；

（6）冬季宿舍内应有采暖和防一氧化碳中毒措施；

（7）夏季宿舍内应有防暑降温和防蚊蝇措施；

（8）生活用品应摆放整齐，环境卫生应良好。

6. 现场防火

（1）施工现场应建立消防安全管理制度、制定消防措施；

(2) 施工现场临时用房和作业场所的防火设计应符合规范要求;

(3) 施工现场应设置消防通道、消防水源,并应符合规范要求;

(4) 施工现场灭火器材应保证可靠有效,布局配置应符合规范要求;

(5) 明火作业应履行动火审批手续,配备动火监护人员。

(二)文明施工一般项目的检查评定

应符合下列规定:

1. 综合治理

(1) 生活区内应设置供作业人员学习和娱乐的场所;

(2) 施工现场应建立治安保卫制度、责任分解落实到人;

(3) 施工现场应制定治安防范措施。

2. 公示标牌

(1) 大门口处应设置公示标牌,主要内容应包括工程概况牌、消防保卫牌、安全生产牌、文明施工牌、管理人员名单及监督电话牌、施工现场总平面图;

(2) 标牌应规范、整齐、统一;

(3) 施工现场应有安全标语;

(4) 应有宣传栏、读报栏、黑板报。

3. 生活设施

(1) 应建立卫生责任制度并落实到人;

(2) 食堂与厕所、垃圾站、有毒有害场所等污染源的距离应符合规范要求;

(3) 食堂必须有卫生许可证,炊事人员必须持身体健康证上岗;

(4) 食堂使用的燃气罐应单独设置存放间,存放间应通风良好,并严禁存放其他物品;

(5) 食堂的卫生环境应良好,且应配备必要的排风、冷藏、消毒、防鼠、防蚊蝇等设施;

(6) 厕所内的设施数量和布局应符合规范要求;

(7) 厕所必须符合卫生要求;

(8) 必须保证现场人员卫生饮水;

(9) 应设置淋浴室,且能满足现场人员需求;

(10) 生活垃圾应装入密闭式容器内,并应及时清理。

4. 社区服务

(1) 夜间施工前,必须经批准后方可进行施工;

(2) 施工现场严禁焚烧各类废弃物;

(3) 施工现场应制定防粉尘、防噪声、防光污染等措施;

(4) 应制定施工不扰民措施。

三、扣件式钢管脚手架

扣件式钢管脚手架检查评定应符合现行行业标准 JGJ 130《建筑施工扣件式钢管脚手架安全技术规范》的规定。检查评定保证项目包括施工方案、立杆基础、架体与建筑物结构拉结、杆件间距与剪刀撑、脚手板与防护栏杆、交底与验收。一般项目包括横向水平杆设置、杆件搭接、架体防护、脚手架材质、通道。

（一）保证项目的检查评定

应符合下列规定：

1. 施工方案

（1）架体搭设应有施工方案，搭设高度超过 24m 的架体应单独编制安全专项方案，结构设计应进行设计计算，并按规定进行审核、审批；

（2）搭设高度超过 50m 的架体，应组织专家对专项方案进行论证，并按专家论证意见组织实施；

（3）施工方案应完整，能正确指导施工作业。

2. 立杆基础

（1）立杆基础应按方案要求平整、夯实，并设排水设施，基础垫板及立杆底座应符合规范要求；

（2）架体应设置距地高度不大于 200mm 的纵、横向扫地杆，并用直角扣件固定在立杆上。

3. 架体与建筑结构拉结

（1）架体与建筑物拉结应符合规范要求；

（2）连墙件应靠近主节点设置，偏离主节点的距离不应大于 300mm；

（3）连墙件应从架体底层第一步纵向水平杆开始设置，并应牢固可靠；

（4）搭设高度超过 24m 的双排脚手架应采用刚性连墙件与建筑物可靠连接。

4. 杆件间距与剪刀撑

（1）架体立杆、纵向水平杆、横向水平杆间距应符合规范要求；

（2）纵向剪刀撑及横向斜撑的设置应符合规范要求；

（3）剪刀撑杆件接长、剪刀撑斜杆与架体杆件连接应符合规范要求。

5. 脚手板与防护栏杆

（1）脚手板材质、规格应符合规范要求，铺板应严密、牢靠；

（2）架体外侧应封闭密目式安全网，网间应严密；

（3）作业层应在 1.2m 和 0.6m 处设置上、中两道防护栏杆；

（4）作业层外侧应设置高度不小于 180mm 的挡脚板。

6. 交底与验收

（1）架体搭设前应进行安全技术交底；

（2）搭设完毕应办理验收手续，验收内容应量化。

（二）一般项目的检查评定

应符合下列规定：

1. 横向水平杆设置

（1）横向水平杆应设置在纵向水平杆与立杆相交的主节点上，两端与大横杆固定；

（2）作业层铺设脚手板的部位应增加设置小横杆；

（3）单排脚手架横向水平杆插入墙内应大于 180mm。

2. 杆件搭接

（1）纵向水平杆杆件搭接长度不应小于 1m，且固定应符合规范要求；

（2）立杆除顶层顶步外，不得使用搭接。

3. 架体防护

（1）架体作业层脚手板下应用安全平网双层兜底，以下每隔10m应用安全平网封闭；

（2）作业层与建筑物之间应进行封闭。

4. 脚手架材质

（1）钢管直径、壁厚、材质应符合规范要求；

（2）钢管弯曲、变形、锈蚀应在规范允许范围内；

（3）扣件应进行复试且技术性能符合规范要求。

5. 通道

架体必须设置符合规范要求的上下通道。

四、悬挑式脚手架

悬挑式脚手架检查评定应符合现行行业标准 JGJ 130《建筑施工扣件式钢管脚手架安全技术规范》和 JGJ 128《建筑施工门式钢管脚手架安全技术标准》的规定。检查评定保证项目包括施工方案、悬挑钢梁、架体稳定、脚手板、荷载、交底与验收。一般项目包括杆件间距、架体防护、层间防护、脚手架材质。

（一）保证项目的检查评定

应符合下列规定：

1. 施工方案

（1）架体搭设、拆除作业应编制专项施工方案，结构设计应进行设计计算；

（2）专项施工方案应按规定进行审批，架体搭设高度超过20m的专项施工方案应经专家论证。

2. 悬挑钢梁

（1）钢梁截面尺寸应经设计计算确定，且截面高度不应小于160mm；

（2）钢梁锚固端长度不应小于悬挑长度的1.25倍；

（3）钢梁锚固处结构强度、锚固措施应符合规范要求；

（4）钢梁外端应设置钢丝绳或钢拉杆并与上层建筑结构拉结；

（5）钢梁间距应按悬挑架体立杆纵距相设置。

3. 架体稳定

（1）立杆底部应与钢梁连接柱固定；

（2）承插式立杆接长应采用螺栓或销钉固定；

（3）剪刀撑应沿悬挑架体高度连续设置，角度应符合45°～60°的要求；

（4）架体应按规定在内侧设置横向斜撑；

（5）架体应采用刚性连墙件与建筑结构拉结，设置应符合规范要求。

4. 脚手板

（1）脚手板材质、规格应符合规范要求；

（2）脚手板铺设应严密、牢固，探出横向水平杆长度不应大于150mm。

5. 荷载

架体荷载应均匀，并不应超过设计值。

6. 交底与验收

（1）架体搭设前应进行安全技术交底；

（2）分段搭设的架体应进行分段验收；

（3）架体搭设完毕应按规定进行验收，验收内容应量化。

（二）一般项目的检查评定

应符合下列规定：

1. 杆件间距

（1）立杆底部应固定在钢梁处；

（2）立杆纵、横向间距、纵向水平杆步距应符合方案设计和规范要求。

2. 架体防护

（1）作业层外侧应在高度 1.2m 和 0.6m 处设置上、中两道防护栏杆；

（2）作业层外侧应设置高度不小于 180mm 的挡脚板；

（3）架体外侧应封挂密目式安全网。

3. 层间防护

（1）架体作业层脚手板下应用安全平网双层兜底，以下每隔 10m 应用安全平网封闭；

（2）架体底层应进行封闭。

4. 脚手架材质

（1）型钢、钢管、构配件规格材质应符合规范要求；

（2）型钢、钢管弯曲、变形、锈蚀应在规范允许范围内。

五、门式钢管脚手架

门式钢管脚手架检查评定应符合现行行业标准 JGJ 128《建筑施工门式钢管脚手架安全技术标准》的规定。检查评定保证项目包括施工方案、架体基础、架体稳定、杆件锁件、脚手板、交底与验收。一般项目包括架体防护、材质、荷载、通道。

（一）保证项目的检查评定

应符合下列规定：

1. 施工方案

（1）架体搭设应编制专项施工方案，结构设计应进行设计计算，并按规定进行审批；

（2）搭设高度超过 50m 的脚手架，应组织专家对方案进行论证，并按专家论证意见组织实施；

（3）专项施工方案应完整，能正确指导施工作业。

2. 架体基础

（1）立杆基础应按方案要求平整、夯实；

（2）架体底部设排水设施，基础垫板、立杆底座符合规范要求；

（3）架体扫地杆设置应符合规范要求。

3. 架体稳定

（1）架体与建筑物拉结应符合规范要求，并应从脚手架底层第一步纵向水平杆开始设置连墙件；

（2）架体剪刀撑斜杆与地面夹角应在 45°~60° 之间，采用旋转扣件与立杆相连，设置应符合规范要求；

(3) 应按规范要求高度对架体进行整体加固；

(4) 架体立杆的垂直偏差应符合规范要求。

4. 杆件锁件

(1) 架体杆件、锁件应按说明书要求进行组装；

(2) 纵向加固杆件的设置应符合规范要求；

(3) 架体使用的扣件与连接杆件参数应匹配。

5. 脚手板

(1) 脚手板材质、规格应符合规范要求；

(2) 脚手板应铺设严密、平整、牢固；

(3) 钢脚手板的挂钩必须完全扣在水平杆上，并处于锁住状态。

6. 交底与验收

(1) 架体搭设前应进行安全技术交底；

(2) 架体分段搭设分段使用时应进行分段验收；

(3) 搭设完毕应办理验收手续，验收内容应量化。

(二) 一般项目的检查评定

应符合下列规定：

1. 架体防护

(1) 作业层应在外侧立杆 1.2m 和 0.6m 处设置上、中两道防护栏杆；

(2) 作业层外侧应设置高度不小于 180mm 的挡脚板；

(3) 架体外侧应使用密目式安全网进行封闭；

(4) 架体作业层脚手板下应用安全网双层兜底，以下每隔 10m 应用安全平网封闭。

2. 材质

(1) 钢管不应有弯曲、锈蚀严重、开焊的现象，材质符合规范要求；

(2) 架体构配件的规格、型号、材质应符合规范要求。

3. 荷载

(1) 架体承受的施工荷载应符合规范要求；

(2) 不得在脚手架上集中堆放模板、钢筋等物料。

4. 通道

架体必须设置符合规范要求的上下通道。

六、碗扣式钢管脚手架

碗扣式钢管脚手架检查评定应符合现行行业标准 JGJ 166《建筑施工碗扣式钢管脚手架安全技术规范》的规定。检查评定保证项目包括施工方案、架体基础、架体稳定、杆件锁件、脚手板、交底与防护验收。一般项目包括架体防护、材质、荷载、通道。

(一) 保证项目的检查评定

应符合下列规定：

1. 施工方案

(1) 架体搭设应有施工方案，结构设计应进行设计计算，并按规定进行审批；

（2）搭设高度超过 50m 的脚手架，应组织专家对安全专项方案进行论证，并按专家论证意见组织实施。

2. 架体基础

（1）立杆基础应按方案要求平整、夯实，并设排水设施，基础垫板、立杆底座应符合规范要求；

（2）架体纵横向扫地杆距地高度应小于 400mm。

3. 架体稳定

（1）架体与建筑物拉结应符合规范要求，并应从架体底层第一步纵向水平杆开始设置连墙件；

（2）架体拉结点应牢固可靠；

（3）连墙件应采用刚性杆件；

（4）架体竖向应沿高度方向连续设置专用斜杆或八字撑；

（5）专用斜杆两端应固定在纵横向横杆的碗扣节点上；

（6）专用斜杆或八字形斜撑的设置角度应符合规范要求。

4. 杆件锁件

（1）架体立杆间距、水平杆步距应符合规范要求；

（2）应按专项施工方案设计的步距在立杆连接碗扣节点处设置纵、横向水平杆；

（3）架体搭设高度超过 24m 时，顶部 24m 以下的连墙件层必须设置水平斜杆并应符合规范要求；

（4）架体组装及碗扣紧固应符合规范要求。

5. 脚手板

（1）脚手板材质、规格应符合规范要求；

（2）脚手板应铺设严密、平整、牢固；

（3）钢脚手板的挂钩必须完全扣在水平杆上，并处于锁住状态。

6. 交底与验收

（1）架体搭设前应进行安全技术交底；

（2）架体分段搭设分段使用时应进行分段验收；

（3）搭设完毕应办理验收手续，验收内容应量化并经责任人签字确认。

（二）一般项目的检查评定

应符合下列规定：

1. 架体防护

（1）架体外侧应使用密目式安全网进行封闭；

（2）作业层应在外侧立杆 1.2m 和 0.6m 的碗扣节点处设置上、中两道防护栏杆；

（3）作业层外侧应设置高度不小于 180mm 的挡脚板；

（4）架体作业层脚手板下应用安全网双层兜底，以下每隔 10m 应用安全平网封闭。

2. 材质

（1）架体构配件的规格、型号、材质应符合规范要求；

（2）钢管不应有弯曲、变形、锈蚀严重的现象，材质符合规范要求。

3. 荷载

（1）架体承受的施工荷载应符合规范要求；

（2）不得在架体上集中堆放模板、钢筋等物料。

4. 通道

架体必须设置符合规范要求的上下通道。

七、附着式升降脚手架

附着式升降脚手架检查评定应符合现行行业标准 JGJ 202《建筑施工工具式脚手架安全技术规范》的规定。检查评定保证项目包括施工方案、安全装置、架体构造、附着支座、架体安装、架体升降。一般项目包括检查验收、脚手板、防护、操作。

（一）保证项目的检查评定

应符合下列规定：

1. 施工方案

（1）附着式升降脚手架搭设、拆除作业应编制专项施工方案、结构设计应进行设计计算；

（2）专项施工方案应按规定进行审批，架体提升高度超过 150m 的专项施工方案应经专家论证。

2. 安全装置

（1）附着式升降脚手架应安装机械式全自动防坠落装置，技术性能应符合规范要求；

（2）防坠落装置与升降设备应分别独立固定在建筑结构处；

（3）防坠落装置应设置在竖向主框架处与建筑结构附着；

（4）附着式升降脚手架应安装防倾覆装置，技术性能应符合规范要求；

（5）在升降或使用工况下，最上和最下两个防倾装置之间最小间距不应小于 2.8m 或架体高度的 1/4；

（6）附着式升降脚手架应安装同步控制或荷载控制装置，同步控制或荷载控制误差应符合规范要求。

3. 架体构造

（1）架体高度不应大于 5 倍楼层高度、宽度不应小于 1.2m；

（2）直线布置架体支承跨度不应大于 7m，折线、曲线布置架体支承跨度不应大于 5.4m；

（3）架体水平悬挑长度不应大于 2m 且不应大于跨度的 1/2；

（4）架体悬臂高度应不大于 2/5 架体高度且不大于 6m；

（5）架体高度与支承跨度的乘积不应大于 110m²。

4. 附着支座

（1）附着支座数量、间距应符合规范要求；

（2）使用工况应将主框架与附着支座固定；

（3）升降工况时，应将防倾、导向装置设置在附着支座处；

（4）附着支座与建筑结构连接固定方式应符合规范要求。

5. 架体安装

（1）主框架和水平支承桁架的节点应采用焊接或螺栓连接，各杆件的轴线应汇交于节点；

（2）内外两片水平支承桁架上弦、下弦间应设置水平支撑杆件，各节点应采用焊接式螺栓连接；

（3）架体立杆底端应设在水平桁架上弦杆的节点处；

（4）与墙面垂直的定型竖向主框架组装高度应与架体高度相等；

（5）若有剪刀撑时，剪刀撑应沿架体高度连续设置，角度应符合 45°~60°的要求，剪刀撑应与主框架、水平桁架和架体有效连接。

6. 架体升降

（1）两跨以上架体同时升降应采用电动或液压动力装置，不得采用手动装置；

（2）升降工况时附着支座处建筑结构混凝土强度应符合规范要求；

（3）升降工况时架体上不得有施工荷载，禁止操作人员停留在架体上。

（二）一般项目的检查评定

应符合下列规定：

1. 检查验收

（1）动力装置、主要结构配件进场应按规定进行验收；

（2）架体分段安装、分段使用应办理分段验收。

（3）架体安装完毕，应按规范要求进行验收，验收表应有责任人签字确认；

（4）架体每次提升前应按规定进行检查，并应填写检查记录。

2. 脚手板

（1）脚手板应铺设严密、平整、牢固；

（2）作业层与建筑结构间距离应不大于规范要求；

（3）脚手板材质、规格应符合规范要求。

3. 防护

（1）架体外侧应封挂密目式安全网；

（2）作业层外侧应在高度 1.2m 和 0.6m 处设置上、中两道防护栏杆；

（3）作业层外侧应设置高度不小于 180mm 的挡脚板。

4. 操作

（1）操作前应按规定对有关技术人员和作业人员进行安全技术交底；

（2）作业人员应经培训并定岗作业；

（3）安装拆除单位资质应符合要求，特种作业人员应持证上岗；

（4）架体安装、升降、拆除时应按规定设置安全警戒区，并应设置专人监护；

（5）荷载分布应均匀、荷载最大值应在规范允许范围内。

八、承插型盘扣式钢管支架

承插型盘扣式钢管支架检查评定应符合现行行业标准 JGJ 231《建筑施工承插型盘扣式钢管支架安全技术规程》的规定。检查评定保证项目包括施工方案、架体基础、架体稳定、杆件、脚手板、交底与防护验收。一般项目包括架体防护、杆件接长、架体内封闭、材质、通道。

(一) 保证项目的检查评定

应符合下列规定：

1. 施工方案

(1) 架体搭设应有施工方案，搭设高度超过 24m 的架体应单独编制安全专项方案，结构设计应进行设计计算，并按规定进行审核、审批；

(2) 施工方案应完整，能正确指导施工作业。

2. 架体基础

(1) 立杆基础应按方案要求平整、夯实，并设排水设施，基础垫木应符合规范要求；

(2) 土层地基上立杆应采用基础垫板及立杆可调底座，设置应符合规范要求；

(3) 架体纵、横扫地杆设置应符合规范要求。

3. 架体稳定

(1) 架体与建筑物拉结应符合规范要求，并应从架体底层第一步水平杆开始设置连墙件；

(2) 架体拉结点应牢固可靠；

(3) 连墙件应采用刚性杆件；

(4) 架体竖向斜杆、剪刀撑的设置应符合规范要求；

(5) 竖向斜杆的两端应固定在纵、横向水平杆与立杆汇交的盘扣节点处；

(6) 斜杆及剪刀撑应沿脚手架高度连续设置，角度应符合规范要求。

4. 杆件

(1) 架体立杆间距、水平杆步距应符合规范要求；

(2) 应按专项施工方案设计的步距在立杆连接插盘处设置纵、横向水平杆；

(3) 当双排脚手架的水平杆层没有挂扣钢脚手板时，应按规范要求设置水平斜杆。

5. 脚手板

(1) 脚手板材质、规格应符合规范要求；

(2) 脚手板应铺设严密、平整、牢固；

(3) 钢脚手板的挂钩必须完全扣在水平杆上，并处于锁住状态。

6. 交底与验收

(1) 架体搭设前应进行安全技术交底；

(2) 架体分段搭设分段使用时应进行分段验收；

(3) 搭设完毕应办理验收手续，验收内容应量化。

(二) 一般项目的检查评定

应符合下列规定：

1. 架体防护

(1) 架体外侧应使用密目式安全网进行封闭；

(2) 作业层应在外侧立杆 1.0m 和 0.5m 的盘扣节点处设置上、中两道防护栏杆；

(3) 作业层外侧应设置高度不小于 180mm 的挡脚板。

2. 杆件接长

(1) 立杆的接长位置应符合规范要求；

(2) 搭设悬挑脚手架时，立杆的接长部位必须采用螺栓固定立杆连接件；

（3）剪刀撑的接长应符合规范要求。

3. 架体封闭

（1）架体作业层脚手板下应用安全平网双层兜底，以下每隔 10m 应用安全平网封闭；

（2）作业层与建筑物之间应进行封闭。

4. 材质

（1）架体构配件的规格、型号、材质应符合规范要求；

（2）钢管不应有弯曲、变形、锈蚀严重的现象，材质符合规范要求。

5. 通道

架体必须设置符合规范要求上下通道。

九、高处作业吊篮

高处作业吊篮检查评定应符合现行行业标准 JGJ 202《建筑施工工具式脚手架安全技术规范》的规定。检查评定保证项目包括施工方案、安全装置、悬挂机构、钢丝绳、安装、升降操作。一般项目包括交底与验收、防护、吊篮稳定、荷载。

（一）保证项目的检查评定

应符合下列规定：

1. 施工方案

（1）吊篮安装、拆除作业应编制专项施工方案，悬挂吊篮的支撑结构承载力应经过验算；

（2）专项施工方案应按规定进行审批。

2. 安全装置

（1）吊篮应安装防坠安全锁，并应灵敏有效；

（2）防坠安全锁不应超过标定期限；

（3）吊篮应设置作业人员专用的挂设安全带的安全绳或安全锁扣，安全绳应固定在建筑物可靠位置上不得与吊篮上的任何部位有链接；

（4）吊篮应安装上限位装置，并应保证限位装置灵敏可靠。

3. 悬挂机构

（1）悬挂机构前支架严禁支撑在女儿墙上、女儿墙外或建筑物外挑檐边缘；

（2）悬挂机构前梁外伸长度应符合产品说明书规定；

（3）前支架应与支撑面垂直且脚轮不应受力；

（4）前支架调节杆应固定在上支架与悬挑梁连接的结点处；

（5）严禁使用破损的配重件或其他替代物；

（6）配重件的质量应符合设计规定。

4. 钢丝绳

（1）钢丝绳磨损、断丝、变形、锈蚀应在允许范围内；

（2）安全绳应单独设置，型号规格应与工作钢丝绳一致；

（3）吊篮运行时安全绳应张紧悬垂；

（4）利用吊篮进行电焊作业应对钢丝绳采取保护措施。

5. 安装

(1) 吊篮应使用经检测合格的提升机;

(2) 吊篮平台的组装长度应符合规范要求;

(3) 吊篮所用的构配件应是同一厂家的产品。

6. 升降操作

(1) 必须由经过培训合格的持证人员操作吊篮升降;

(2) 吊篮内的作业人员不应超过 2 人;

(3) 吊篮内作业人员应将安全带使用安全锁扣正确挂置在独立设置的专用安全绳上;

(4) 吊篮正常工作时,人员应从地面进入吊篮内。

(二) 一般项目的检查评定

应符合下列规定:

1. 交底与验收

(1) 吊篮安装完毕,应按规范要求进行验收,验收表应由责任人签字确认;

(2) 每天班前、班后应对吊篮进行检查;

(3) 吊篮安装、使用前对作业人员进行安全技术交底。

2. 防护

(1) 吊篮平台周边的防护栏杆、挡脚板的设置应符合规范要求;

(2) 多层吊篮作业时应设置顶部防护板。

3. 吊篮稳定

(1) 吊篮作业时应采取防止摆动的措施;

(2) 吊篮与作业面距离应在规定要求范围内。

4. 荷载

(1) 吊篮施工荷载应满足设计要求;

(2) 吊篮施工荷载应均匀分布;

(3) 严禁利用吊篮作为垂直运输设备。

十、满堂式脚手架

满堂式脚手架检查评定除符合现行行业标准 JGJ 130《建筑施工扣件式钢管脚手架安全技术规范》的规定外,尚应符合其他现行脚手架安全技术规范。检查评定保证项目包括施工方案、架体基础、架体稳定、杆件锁件、脚手板、交底与验收。一般项目包括架体防护、材质、荷载、通道。

(一) 保证项目的检查评定

应符合下列规定:

1. 施工方案

(1) 架体搭设应编制安全专项方案,结构设计应进行设计计算;

(2) 专项施工方案应按规定进行审批。

2. 架体基础

(1) 立杆基础应按方案要求平整、夯实,并设排水设施,基础垫板符合规范要求;

(2) 架体底部应按规范要求设置底座;

（3）架体扫地杆设置应符合规范要求。

3. 架体稳定

（1）架体周圈与中部应按规范要求设置竖向剪刀撑及专用斜杆；

（2）架体应按规范要求设置水平剪刀撑或水平斜杆；

（3）架体高宽比大于 2 时，应按规范要求与建筑结构刚性联结或扩大架体底脚。

4. 杆件锁件

（1）满堂式脚手架的搭设高度应符合规范及设计计算要求；

（2）架体立杆件跨距，水平杆步距应符合规范要求；

（3）杆件的接长应符合规范要求；

（4）架体搭设应牢固，杆件节点应按规范要求进行紧固。

5. 脚手板

（1）架体脚手板应满铺，确保牢固稳定；

（2）脚手板的材质、规格应符合规范要求；

（3）钢脚手板的挂钩必须完全扣在水平杆上，并处于锁住状态。

6. 交底与验收

（1）架体搭设完毕应按规定进行验收，验收内容应量化并经责任人签字确认；

（2）分段搭设的架体应进行分段验收；

（3）架体搭设前应进行安全技术交底。

（二）一般项目的检查评定

应符合下列规定：

1. 架体防护

（1）作业层应在外侧立杆 1.2m 和 0.6m 高度设置上、中两道防护栏杆；

（2）作业层外侧应设置高度不小于 180mm 的挡脚板；

（3）架体作业层脚手板下应用安全平网双层兜底，以下每隔 10m 应用安全平网封闭。

2. 材质

（1）架体构配件的规格、型号、材质应符合规范要求；

（2）钢管不应有弯曲、变形、锈蚀严重的现象，材质符合规范要求。

3. 荷载

（1）架体承受的施工荷载应符合规范要求；

（2）不得在架体上集中堆放模板、钢筋等物料。

4. 通道

架体必须设置符合规范要求上下通道。

十一、基坑支护、土方作业

基坑支护、土方作业安全检查评定除符合现行国家标准 GB 50497《建筑基坑工程监测技术规范》、现行行业标准 JGJ 120《建筑基坑支护技术规程》和 JGJ 180《建筑施工土石方工程安全技术规范》的规定。检查评定保证项目包括施工方案、临边防护、基坑支护及支撑拆除、基坑降排水、坑边荷载。一般项目包括上下通道、土方开挖、基坑工程监测、作业环境。

（一）保证项目的检查评定

应符合下列规定：

1. 施工方案

（1）深基坑施工必须有针对性、能指导施工的施工方案，并按有关程序进行审批；

（2）危险性较大的基坑工程应编制安全专项施工方案，应由施工单位技术、安全、质量等专业部门进行审核，施工单位技术负责人签字，超过一定规模的危险性较大的基坑工程由施工单位组织进行专家论证。

2. 临边防护

基坑施工深度超过 2m 的必须有符合防护要求的临边防护措施。

3. 基坑支护及支撑拆除

（1）坑槽开挖应设置符合安全要求的安全边坡；

（2）基坑支护的施工应符合支护设计方案的要求；

（3）应有针对支护设施产生变形的防治预案，并及时采取措施；

（4）应严格按支护设计及方案要求进行土方开挖及支撑的拆除；

（5）采用专业方法拆除支撑的施工队伍必须具备专业施工资质。

4. 基坑降排水

（1）高水位地区深基坑内必须设置有效的降水措施；

（2）深基坑边界周围地面必须设置排水沟；

（3）基坑施工必须设置有效的排水措施；

（4）深基坑降水施工必须有防止临近建筑及管线沉降的措施。

5. 坑边荷载

基坑边缘堆置建筑材料等，距槽边最小距离必须满足设计规定，禁止基坑边堆置弃土，施工机械施工行走路线必须按方案执行。

（二）一般项目的检查评定

应符合下列规定：

1. 上下通道

基坑施工必须设置符合要求的人员上下专用通道。

2. 土方开挖

（1）施工机械必须进行进场验收制度，操作人员持证上岗；

（2）严禁施工人员进入施工机械作业半径内；

（3）基坑开挖应严格按方案执行，宜采用分层开挖的方法，严格控制开挖面坡度和分层厚度，防止边坡和挖土机下的土体滑动，严禁超挖；

（4）基坑支护结构必须在达到设计要求的强度后，方可开挖下层土方。

3. 基坑工程监测

（1）基坑工程应进行基坑工程监测，开挖深度大于 5m 应由建设单位委托具备相应资质的第三方实施监测；

（2）总包单位应自行安排基坑监测工作，并与第三方监测资料定期对比分析，指导施工作业；

（3）基坑工程监测必须有基坑设计方确定监测报警值，施工单位应及时通报变形情况。

4. 作业环境

（1）基坑内作业人员必须有足够的安全作业面；

（2）垂直作业必须有隔离防护措施；

（3）夜间施工必须有足够的照明设施。

十二、模板支架

模板支架安全检查评定应符合现行行业标准 JGJ 162《建筑施工模板安全技术规范》和 JGJ 130《建筑施工扣件式钢管脚手架安全技术规范》的规定。检查评定保证项目包括施工方案、立杆基础、支架稳定、施工荷载、交底与验收。一般项目包括立杆设置、水平杆设置、支架拆除、支架材质。

（一）保证项目的检查评定

应符合下列规定：

1. 施工方案

（1）模板支架搭设应编制专项施工方案，结构设计应进行设计计算，并应按规定进行审核、审批；

（2）超过一定规模的模板支架，专项施工方案应按规定组织专家论证；

（3）专项施工方案应明确混凝土浇筑方式。

2. 立杆基础

（1）立杆基础承载力应符合设计要求，并能承受支架上部全部荷载；

（2）基础应设排水设施；

（3）立杆底部应按规范要求设置底座、垫板。

3. 支架稳定

（1）支架高宽比大于规定值时，应按规定设置连墙杆；

（2）连墙杆的设置应符合规范要求；

（3）应按规定设置纵、横向及水平剪刀撑，并符合规范要求。

4. 施工荷载

施工均布荷载、集中荷载应在设计允许范围内。

5. 交底与验收

（1）支架搭设（拆除）前应进行交底，并应有交底记录；

（2）支架搭设完毕，应按规定组织验收，验收应有量化内容。

（二）一般项目的检查评定

应符合下列规定：

1. 立杆设置

（1）立杆间距应符合设计要求；

（2）立杆应采用对接连接；

（3）立杆伸出顶层水平杆中心线至支撑点的长度应符合规范要求。

2. 水平杆设置

（1）应按规定设置纵、横向水平杆；

（2）纵、横向水平杆间距应符合规范要求；

（3）纵、横向水平杆连接应符合规范要求。

3. 支架拆除

（1）支架拆除前应确认混凝土强度符合规定值；

（2）模板支架拆除前应设置警戒区，并设专人监护。

4. 支架材质

（1）杆件弯曲、变形、锈蚀量应在规范允许范围内；

（2）构配件材质应符合规范要求；

（3）钢管壁厚应符合规范要求。

十三、"三宝、四口"及临边防护

"三宝、四口"及临边防护检查评定应符合现行行业标准 JGJ 80《建筑施工高处作业安全技术规范》的规定。检查评定项目包括安全帽、安全网、安全带、临边防护、洞口防护、通道口防护、攀登作业、悬空作业、移动式操作平台、物料平台、悬挑式钢平台。

具体检查评定应符合下列规定：

1. 安全帽

（1）进入施工现场的人员必须正确佩戴安全帽；

（2）现场使用的安全帽必须是符合国家相应标准的合格产品。

2. 安全网

（1）在建工程外侧应使用密目式安全网进行封闭；

（2）安全网的材质应符合规范要求；

（3）现场使用的安全网必须是符合国家标准的合格产品。

3. 安全带

（1）现场高处作业人员必须系挂安全带；

（2）安全带的系挂使用应符合规范要求；

（3）现场作业人员使用的安全带应符合国家标准。

4. 临边防护

（1）作业面边沿应设置连续的临边防护栏杆；

（2）临边防护栏杆应严密、连续；

（3）防护设施应达到定型化、工具化。

5. 洞口防护

（1）在建工程的预留洞口、楼梯口、电梯井口应有防护措施；

（2）防护措施、设施应铺设严密，符合规范要求；

（3）防护设施应达到定型化、工具化；

（4）电梯井内应每隔二层(不大于 10m)设置一道安全平网。

6. 通道口防护

（1）通道口防护应严密、牢固；

（2）防护棚两侧应设置防护措施；

（3）防护棚宽度应大于通道口宽度，长度应符合规范要求；

（4）建筑物高度超过 24m 时，通道口防护顶棚应采用双层防护；

（5）防护棚的材质应符合规范要求。

7. 攀登作业

（1）梯脚底部应坚实，不得垫高使用；

（2）折梯使用时上部夹角以 35°~45°为宜，设有可靠的拉撑装置；

（3）梯子的制作质量和材质应符合规范要求。

8. 悬空作业

（1）悬空作业处应设置防护栏杆或其他可靠的安全措施；

（2）悬空作业所使用的索具、吊具、料具等设备应为经过技术鉴定或验证、验收的合格产品。

9. 移动式操作平台

（1）操作平台的面积不应超过 10㎡，高度不应超过 5m。

（2）移动式操作平台轮子与平台连接应牢固、可靠，立柱底端距地面高度不得大于 80mm；

（3）操作平台应按规范要求进行组装，铺板应严密；

（4）操作平台四周应按规范要求设置防护栏杆，并设置登高扶梯；

（5）操作平台的材质应符合规范要求。

10. 物料平台

（1）物料平台应有相应的设计计算，并按设计要求进行搭设；

（2）物料平台支撑系统必须与建筑结构进行可靠连接；

（3）物料平台的材质应符合规范及设计要求，并应在平台上设置荷载限定标牌。

11. 悬挑式钢平台

（1）悬挑式钢平台应有相应的设计计算，并按设计要求进行搭设；

（2）悬挑式钢平台的搁支点与上部拉结点，必须位于建筑结构上；

（3）斜拉杆或钢丝绳应按要求两边各设置前后两道；

（4）钢平台两侧必须安装固定的防护栏杆，并应在平台上设置荷载限定标牌；

（5）钢平台台面、钢平台与建筑结构间铺板应严密、牢固。

十四、施工用电

施工用电检查评定应符合国家现行标准 GB 50194《建设工程施工现场供用电安全规范》和 JGJ 46《施工现场临时用电安全技术规范（附条文说明）》的规定。施工用电检查评定的保证项目应包括外电防护、接地与接零保护系统、配电线路、配电箱与开关箱。一般项目应包括配电室与配电装置、现场照明、用电档案。

（一）施工用电保证项目的检查评定

应符合下列规定：

1. 外电防护

（1）外电线路与在建工程及脚手架、起重机械、场内机动车道的安全距离应符合规范要求；当安全距离不符合规范要求时，必须采取绝缘隔离防护措施，并应悬挂明显的警示标志；

（2）防护设施与外电线路的安全距离应符合规范要求，并应坚固、稳定；

（3）外电架空线路正下方不得进行施工、建造临时设施或堆放材料物品。

2. 接地与接零保护系统

（1）施工现场专用的电源中性点直接接地的低压配电系统应采用 TN-S 接零保护系统；施工现场配电系统不得同时采用两种保护系统；

（2）保护零线应由工作接地线、总配电箱电源侧零线或总漏电保护器电源零线处引出，电气设备的金属外壳必须与保护零线连接；

（3）保护零线应单独敷设，线路上严禁装设开关或熔断器，严禁通过工作电流；

（4）保护零线应采用绝缘导线，规格和颜色标记应符合规范要求；

（5）TN 系统的保护零线应在总配电箱处、配电系统的中间处和末端处做重复接地；

（6）接地装置的接地线应采用两根及以上导体，在不同点与接地体做电气连接。

（7）接地体应采用角钢、钢管或光面圆钢；

（8）工作接地电阻不得大于 4Ω，重复接地电阻不得大于 10Ω；

（9）施工现场起重机、物料提升机、施工升降机、脚手架应按规范要求采取防雷措施，防雷装置的冲击接地电阻值不得大于 30Ω；

（10）做防雷接地机械上的电气设备，保护零线必须同时做重复接地。

3. 配电线路

（1）线路及接头应保证机械强度和绝缘强度；

（2）线路应设短路、过载保护，导线截面应满足线路负荷电流；

（3）线路的设施、材料及相序排列、档距、与邻近线路或固定物的距离应符合规范要求；

（4）电缆应采用架空或埋地敷设并应符合规范要求，严禁沿地面明设或沿脚手架、树木等敷设；

（5）电缆中必须包含全部工作芯线和用作保护零线的芯线，并应按规定接用；

（6）室内非埋地明敷主干线距地面高度不得小于 2.5m。

4. 配电箱与开关箱

（1）施工现场配电系统应采用三级配电、二级漏电保护系统，用电设备必须有各自专用的开关箱；

（2）箱体结构、箱内电气设置及使用应符合规范要求；

（3）配电箱必须分设工作零线端子板和保护零线端子板，保护零线、工作零线必须通过各自的端子板连接；

（4）总配电箱与开关箱应安装漏电保护器，漏电保护器参数应匹配并灵敏可靠；

（5）箱体应设置系统接线图和分路标记，并应有门、锁及防雨措施；

（6）箱体安装位置、高度及周边通道应符合规范要求；

（7）分配箱与开关箱间的距离不应超过 30m，开关箱与用电设备间的距离不应超过 3m。

（二）施工用电一般项目的检查评定

应符合下列规定：

1. 配电室与配电装置

（1）配电室的建筑耐火等级不应低于三级，配电室应配置适用于电气火灾的灭火器材；

（2）配电室、配电装置的布设应符合规范要求；

（3）配电装置中的仪表、电气元件设置应符合规范要求；

（4）备用发电机组应与外电线路进行联锁；

（5）配电室应采取防止风雨和小动物侵入的措施；

（6）配电室应设置警示标志、工地供电平面图和系统图。

2. 现场照明

（1）照明用电应与动力用电分设；

（2）特殊场所和手持照明灯应采用安全电压供电；

（3）照明变压器应采用双绕组安全隔离变压器；

（4）灯具金属外壳应接保护零线；

（5）灯具与地面、易燃物间的距离应符合规范要求；

（6）照明线路和安全电压线路的架设应符合规范要求；

（7）施工现场应按规范要求配备应急照明。

3. 用电档案

（1）总包单位与分包单位应签订临时用电管理协议，明确各方相关责任；

（2）施工现场应制定专项用电施工组织设计、外电防护专项方案；

（3）专项用电施工组织设计、外电防护专项方案应履行审批程序，实施后应由相关部门组织验收；

（4）用电各项记录应按规定填写，记录应真实有效；

（5）用电档案资料应齐全，并应设专人管理。

十五、物料提升机

物料提升机检查评定应符合现行行业标准 JGJ 88《龙门架及井架物料提升机安全技术规范》的规定。物料提升机检查评定保证项目应包括安全装置、防护设施、附墙架与缆风绳、钢丝绳、安拆、验收与使用。一般项目应包括基础与导轨架、动力与传动、通信装置、卷扬机操作棚、避雷装置。

（一）物料提升机保证项目的检查评定

应符合下列规定：

1. 安全装置

（1）应安装起重量限制器、防坠安全器，并应灵敏可靠；

（2）安全停层装置应符合规范要求，并应定型化；

（3）应安装上行程限位并灵敏可靠，安全越程不应小于 3m；

（4）安装高度超过 30m 的物料提升机应安装渐进式防坠安全器及自动停层、语音影像信号监控装置。

2. 防护设施

（1）应在地面进料口安装防护围栏和防护棚，防护围栏、防护棚的安装高度和强度应符合规范要求；

（2）停层平台两侧应设置防护栏杆、挡脚板，平台脚手板应铺满、铺平；

（3）平台门、吊笼门安装高度、强度应符合规范要求，并应定型化。

3. 附墙架与缆风绳

（1）附墙架结构、材质、间距应符合产品说明书要求；

（2）附墙架应与建筑结构可靠连接；

（3）缆风绳设置的数量、位置、角度应符合规范要求，并应与地锚可靠连接；

（4）安装高度超过 30m 的物料提升机必须使用附墙架；

（5）地锚设置应符合规范要求。

4. 钢丝绳

（1）钢丝绳磨损、断丝、变形、锈蚀量应在规范允许范围内；

（2）钢丝绳夹设置应符合规范要求；

（3）当吊笼处于最低位置时，卷筒上钢丝绳严禁少于 3 圈；

（4）钢丝绳应设置过路保护措施。

5. 安拆、验收与使用

（1）安装、拆卸单位应具有起重设备安装工程专业承包资质和安全生产许可证；

（2）安装、拆卸作业应制定专项施工方案，并应按规定进行审核、审批；

（3）安装完毕应履行验收程序，验收表格应由责任人签字确认；

（4）安装、拆卸作业人员及司机应持证上岗；

（5）物料提升机作业前应按规定进行例行检查，并应填写检查记录；

（6）实行多班作业、应按规定填写交接班记录。

（二）物料提升机一般项目的检查评定

应符合下列规定：

1. 基础与导轨架

（1）基础的承载力和平整度应符合规范要求；

（2）基础周边应设置排水设施；

（3）导轨架垂直度偏差不应大于导轨架高度 0.1%；

（4）井架停层平台通道处的结构应采取加强措施。

2. 动力与传动

（1）卷扬机曳引机应安装牢固，当卷扬机卷筒与导轨底部导向轮的距离小于 20 倍卷筒宽度时，应设置排绳器；

（2）钢丝绳应在卷筒上排列整齐；

（3）滑轮与导轨架、吊笼应采用刚性连接，并应与钢丝绳相匹配；

（4）卷筒、滑轮应设置防止钢丝绳脱出装置；

（5）当曳引钢丝绳为两根及以上时，应设置曳引力平衡装置。

3. 通信装置

（1）应按规范要求设置通信装置；

（2）通信装置应具有语音和影像显示功能。

4. 卷扬机操作棚

（1）应按规范要求设置卷扬机操作棚；

（2）卷扬机操作棚强度、操作空间应符合规范要求。

5. 避雷装置

（1）当物料提升机未在其他防雷保护范围内时，应设置避雷装置；

（2）避雷装置设置应符合现行行业标准 JGJ 46《施工现场临时用电安全技术规范（附条文说明）》的规定。

十六、施工升降机

施工升降机检查评定应符合国家现行标准 GB 26557《卡笼有垂直导向的人货两用施工升降机》和 JGJ 215《建筑施工升降机安装、使用、拆卸安全技术规程》的规定。施工升降机检查评定保证项目应包括安全装置、限位装置、防护设施、附墙架、钢丝绳、滑轮与对重、安拆、验收与使用。一般项目应包括导轨架、基础、电气安全、通信装置。

（一）施工升降机保证项目的检查评定

应符合下列规定：

1. 安全装置

（1）应安装起重量限制器，并应灵敏可靠；

（2）应安装渐进式防坠安全器并应灵敏可靠，应在有效的标定期内使用；

（3）对重钢丝绳应安装防松绳装置，并应灵敏可靠；

（4）吊笼的控制装置应安装非自动复位型的急停开关，任何时候均可切断控制电路停止吊笼运行；

（5）底架应安装吊笼和对重缓冲器，缓冲器应符合规范要求；

（6）SC 型施工升降机应安装一对以上安全钩。

2. 限位装置

（1）应安装非自动复位型极限开关并应灵敏可靠；

（2）应安装自动复位型上、下限位开关并应灵敏可靠，上、下限位开关安装位置应符合规范要求；

（3）上极限开关与上限位开关之间的安全越程不应小于 0.15m；

（4）极限开关、限位开关应设置独立的触发元件；

（5）吊笼门应安装机电联锁装置并应灵敏可靠；

（6）吊笼顶窗应安装电气安全开关并应灵敏可靠。

3. 防护设施

（1）吊笼和对重升降通道周围应安装地面防护围栏，防护围栏的安装高度、强度应符合规范要求，围栏门应安装机电联锁装置并应灵敏可靠；

（2）地面出入通道防护棚的搭设应符合规范要求；

（3）停层平台两侧应设置防护栏杆、挡脚板，平台脚手板应铺满、铺平；

（4）层门安装高度、强度应符合规范要求，并应定型化。

4. 附墙架

（1）附墙架应采用配套标准产品，当附墙架不能满足施工现场要求时，应对附墙架另行设计，附墙架的设计应满足构件刚度、强度、稳定性等要求，制作应满足设计要求；

（2）附墙架与建筑结构连接方式、角度应符合产品说明书要求；

（3）附墙架间距、最高附着点以上导轨架的自由高度应符合产品说明书要求。

5. 钢丝绳、滑轮与对重

（1）对重钢丝绳绳数不得少于两根且应相互独立；

（2）钢丝绳磨损、变形、锈蚀应在规范允许范围内；

（3）钢丝绳的规格、固定应符合产品说明书及规范要求；

（4）滑轮应安装钢丝绳防脱装置并应符合规范要求；

（5）对重质量、固定应符合产品说明书要求；

（6）对重除导向轮、滑靴外应设有防脱轨保护装置。

6. 安拆、验收与使用

（1）安装、拆卸单位应具有起重设备安装工程专业承包资质和安全生产许可证；

（2）安装、拆卸应制定专项施工方案，并经过审核、审批；

（3）安装完毕应履行验收程序，验收表格应由责任人签字确认；

（4）安装、拆卸作业人员及司机应持证上岗；

（5）施工升降机作业前应按规定进行例行检查，并应填写检查记录；

（6）实行多班作业，应按规定填写交接班记录。

（二）施工升降机一般项目的检查评定

应符合下列规定：

1. 导轨架

（1）导轨架垂直度应符合规范要求；

（2）标准节的质量应符合产品说明书及规范要求；

（3）对重导轨应符合规范要求；

（4）标准节连接螺栓使用应符合产品说明书及规范要求。

2. 基础

（1）基础制作、验收应符合说明书及规范要求；

（2）基础设置在地下室顶板或楼面结构上，应对其支承结构进行承载力验算；

（3）基础应设有排水设施。

3. 电气安全

（1）施工升降机与架空线路的安全距离和防护措施应符合规范要求；

（2）电缆导向架设置应符合说明书及规范要求；

（3）施工升降机在其他避雷装置保护范围外应设置避雷装置，并应符合规范要求。

4. 通信装置

通信装置应安装楼层信号联络装置，并应清晰有效。

十七、塔式起重机

塔式起重机检查评定应符合国家现行标准 GB 5144《塔式起重机安全规程》和 JGJ 196《建筑施工塔式起重机安装、使用、拆卸安全技术规程》的规定。塔式起重机检查评定保证项目应包括载荷限制装置、行程限位装置、保护装置、吊钩、滑轮、卷筒与钢丝绳、多塔作业、安拆、验收与使用。一般项目应包括附着、基础与轨道、结构设施、电气安全。

（一）塔式起重机保证项目的检查评定

应符合下列规定：

1. 载荷限制装置

（1）应安装起重量限制器并应灵敏可靠。当起重量大于相应挡位的额定值并小于该额定值的 110% 时，应切断上升方向上的电源，但机构可作下降方向的运动；

（2）应安装起重力矩限制器并应灵敏可靠。当起重力矩大于相应工况下的额定值并小于该额定值的 110% 应切断上升和幅度增大方向的电源，但机构可作下降和减小幅度方向的运动。

2. 行程限位装置

（1）应安装起升高度限位器，起升高度限位器的安全越程应符合规范要求，并应灵敏可靠；

（2）小车变幅的塔式起重机应安装小车行程开关，动臂变幅的塔式起重机应安装臂架幅度限制开关，并应灵敏可靠；

（3）回转部分不设集电气的塔式起重机应安装回转限位器，并应灵敏可靠；

（4）行走式塔式起重机应安装行走限位器，并应灵敏可靠。

3. 保护装置

（1）小车变幅的塔式起重机应安装断绳保护及断轴保护装置，并应符合规范要求；

（2）行走及小车变幅的轨道行程末端应安装缓冲器及止挡装置，并应符合规范要求；

（3）起重臂根部绞点高度大于 50m 的塔式起重机应安装风速仪，并应灵敏可靠；

（4）当塔式起重机顶部高度大于 30m 且高于周围建筑物时，应安装障碍指示灯。

4. 吊钩、滑轮、卷筒与钢丝绳

（1）吊钩应安装钢丝绳防脱钩装置并应完整可靠，吊钩的磨损、变形应在规定允许范围内；

（2）滑轮、卷筒应安装钢丝绳防脱装置并应完整可靠，滑轮、卷筒的磨损应在规定允许范围内；

（3）钢丝绳的磨损、变形、锈蚀应在规定允许范围内，钢丝绳的规格、固定、缠绕应符合说明书及规范要求。

5. 多塔作业

（1）多塔作业应制定专项施工方案并经过审批；

（2）任意两台塔式起重机之间的最小架设距离应符合规范要求。

6. 安拆、验收与使用

（1）安装、拆卸单位应具有起重设备安装工程专业承包资质和安全生产许可证；

（2）安装、拆卸应制定专项施工方案，并经过审核、审批；

（3）安装完毕应履行验收程序，验收表格应由责任人签字确认；

（4）安装、拆卸作业人员及司机、指挥应持证上岗；

（5）塔式起重机作业前应按规定进行例行检查，并应填写检查记录；

（6）实行多班作业，应按规定填写交接班记录。

（二）塔式起重机一般项目的检查评定

应符合下列规定：

1. 附着

（1）当塔式起重机高度超过产品说明书规定时，应安装附着装置，附着装置安装应符合

产品说明书及规范要求;

(2) 当附着装置的水平距离不能满足产品说明书要求时,应进行设计计算和审批;

(3) 安装内爬式塔式起重机的建筑承载结构应进行受力计算;

(4) 附着前和附着后塔身垂直度应符合规范要求。

2. 基础与轨道

(1) 塔式起重机基础应按产品说明书及有关规定进行设计、检测和验收;

(2) 基础应设置排水措施;

(3) 路基箱或枕木铺设应符合产品说明书及规范要求;

(4) 轨道铺设应符合产品说明书及规范要求。

3. 结构设施

(1) 主要结构件的变形、锈蚀应在规范允许范围内;

(2) 平台、走道、梯子、护栏的设置应符合规范要求;

(3) 高强螺栓、销轴、紧固件的紧固、连接应符合规范要求,高强螺栓应使用力矩扳手或专用工具紧固。

4. 电气安全

(1) 塔式起重机应采用 TN-S 接零保护系统供电;

(2) 塔式起重机与架空线路的安全距离和防护措施应符合规范要求;

(3) 塔式起重机应安装避雷接地装置,并应符合规范要求;

(4) 电缆的使用及固定应符合规范要求。

十八、起重吊装

起重吊装检查评定应符合现行国家标准 GB 6067《起重机械安全规程》的规定。起重吊装检查评定保证项目应包括施工方案、起重机械、钢丝绳与地锚、索具、作业环境、作业人员。一般项目应包括起重吊装、高处作业、构件码放、警戒监护。

(一) 起重吊装保证项目的检查评定

应符合下列规定:

1. 施工方案

(1) 起重吊装作业应编制专项施工方案,并按规定进行审核、审批;

(2) 超规模的起重吊装作业,应组织专家对专项施工方案进行论证。

2. 起重机械

(1) 起重机械应按规定安装荷载限制器及行程限位装置;

(2) 荷载限制器、行程限位装置应灵敏可靠;

(3) 起重拔杆组装应符合设计要求;

(4) 起重拔杆组装后应进行验收,并应由责任人签字确认。

3. 钢丝绳与地锚

(1) 钢丝绳磨损、断丝、变形、锈蚀应在规范允许范围内;

(2) 钢丝绳规格应符合起重机产品说明书要求;

(3) 吊钩、卷筒、滑轮磨损应在规范允许范围内;

(4) 吊钩、卷筒、滑轮应安装钢丝绳防脱装置;

（5）起重拔杆的缆风绳、地锚设置应符合设计要求。

4. 索具

（1）当采用编结连接时，编结长度不应小于 15 倍的绳径，且不应小于 300mm；

（2）当采用绳夹连接时，绳夹规格应与钢丝绳相匹配，绳夹数量、间距应符合规范要求；

（3）索具安全系数应符合规范要求；

（4）吊索规格应互相匹配，机械性能应符合设计要求。

5. 作业环境

（1）起重机行走、作业处地面承载能力应符合产品说明书要求；

（2）起重机与架空线路安全距离应符合规范要求。

6. 作业人员

（1）起重机司机应持证上岗，操作资格证应与操作机型相符；

（2）起重机作业应设专职信号指挥和司索人员，一人不得同时兼顾信号指挥和司索作业；

（3）作业前应按规定进行技术交底，并应有交底记录。

（二）起重吊装一般项目的检查评定

应符合下列规定：

1. 起重吊装

（1）当多台起重机同时起吊一个构件时，单台起重机所承受的荷载应符合专项施工方案要求；

（2）吊索系挂点应符合专项施工方案要求；

（3）起重机作业时，任何人不应停留在起重臂下方，被吊物不应从人的正上方通过；

（4）起重机不应采用吊具载运人员；

（5）当吊运易散落物件时，应使用专用吊笼。

2. 高处作业

（1）应按规定设置高处作业平台；

（2）平台强度、护栏高度应符合规范要求；

（3）爬梯的强度、构造应符合规范要求；

（4）应设置可靠的安全带悬挂点，并应高挂低用。

3. 构件码放

（1）构件码放荷载应在作业面承载能力允许范围内；

（2）构件码放高度应在规定允许范围内；

（3）大型构件码放应有保证稳定的措施。

4. 警戒监护

（1）应按规定设置作业警戒区；

（2）警戒区应设专人监护。

十九、施工机具

施工机具检查评定应符合现行行业标准 JGJ 33《建筑机械使用安全技术规程》和 JGJ 160

《施工现场机械设备检查技术规范》的规定。施工机具检查评定项目应包括平刨、圆盘锯、手持电动工具、钢筋机械、电焊机、搅拌机、气瓶、翻斗车、潜水泵、振捣器、桩工机械。

施工机具的检查评定具体应符合下列规定：

1. 平刨

（1）平刨安装完毕应按规定履行验收程序，并应经责任人签字确认；

（2）平刨应设置护手及防护罩等安全装置；

（3）保护零线应单独设置，并应安装漏电保护装置；

（4）平刨应按规定设置作业棚，并应具有防雨、防晒等功能；

（5）不得使用同台电机驱动多种刃具、钻具的多功能木工机具。

2. 圆盘锯

（1）圆盘锯安装完毕应按规定履行验收程序，并应经责任人签字确认；

（2）圆盘锯应设置防护罩、分料器、防护挡板等安全装置；

（3）保护零线应单独设置，并应安装漏电保护装置；

（4）圆盘锯应按规定设置作业棚，并应具有防雨、防晒等功能；

（5）不得使用同台电机驱动多种刃具、钻具的多功能木工机具。

3. 手持电动工具

（1）Ⅱ类手持电动工具应单独设置保护零线，并应安装漏电保护装置；

（2）使用Ⅱ类手持电动工具应按规定穿戴绝缘手套、绝缘鞋；

（3）手持电动工具的电源线应保持出厂状态，不得接长使用。

4. 钢筋机械

（1）钢筋机械安装完毕应按规定履行验收程序，并应经责任人签字确认；

（2）保护零线应单独设置，并应安装漏电保护装置；

（3）钢筋加工区应搭设作业棚，并应具有防雨、防晒等功能；

（4）对焊机作业应设置防火花飞溅的隔热设施；

（5）钢筋冷拉作业应按规定设置防护栏；

（6）机械传动部位应设置防护罩。

5. 电焊机

（1）电焊机安装完毕应按规定履行验收程序，并应经责任人签字确认；

（2）保护零线应单独设置，并应安装漏电保护装置；

（3）电焊机应设置二次空载降压保护装置；

（4）电焊机一次线长度不得超过5m，并应穿管保护；

（5）二次线应采用防水橡皮护套铜芯软电缆；

（6）电焊机应设置防雨罩，接线柱应设置防护罩。

6. 搅拌机

（1）搅拌机安装完毕应按规定履行验收程序，并应经责任人签字确认；

（2）保护零线应单独设置，并应安装漏电保护装置；

（3）离合器、制动器应灵敏有效，料斗钢丝绳的磨损、锈蚀、变形量应在规定允许范围内；

（4）料斗应设置安全挂钩或止挡装置，传动部位应设置防护罩；

（5）搅拌机应按规定设置作业棚，并应具有防雨、防晒等功能。

7. 气瓶

（1）气瓶使用时必须安装减压器，乙炔瓶应安装回火防止器，并应灵敏可靠；

（2）气瓶间安全距离不应小于 5m，与明火安全全距离不应小于 10m；

（3）气瓶应设置防震圈、防护帽，并应按规定存放。

8. 翻斗车

（1）翻斗车制动、转向装置应灵敏可靠；

（2）司机应经专门培训，持证上岗，行车时车斗内不得载人。

9. 潜水泵

（1）保护零线应单独设置，并应安装漏电保护装置；

（2）负荷线应采用专用防水橡皮电缆，不得有接头。

10. 振捣器

（1）振捣器作业时应使用移动配电箱、电缆线长度不应超过 30m；

（2）保护零线应单独设置，并应安装漏电保护装置；

（3）操作人员应按规定穿戴绝缘手套、绝缘鞋。

11. 桩工机械

（1）桩工机械安装完毕应按规定履行验收程序，并应经责任人签字确认；

（2）作业前应编制专项方案，并应对作业人员进行安全技术交底；

（3）桩工机械应按规定安装安全装置，并应灵敏可靠；

（4）机械作业区域地面承载力应符合机械说明书要求；

（5）机械与输电线路安全距离应符合现行行业标准 JGJ 46《施工现场临时用电安全术规范（附条文说明）》的规定。

注：脚手架搭设、拆除相关要求及现场施工用电安全要求见附录 4、附录 5。

复习思考题

1. 建筑施工作业安全检查的要求有哪些？

2. 请简述建筑施工作业安全检查的方法。

3.《建筑施工安全检查标准》中对安全技术交底内容的要求有哪些？

4."三宝、四口"及临边防护检查评定项目有哪些？

5. 施工机具检查评定项目有哪些？

第三部分 <<<

附　录

附录1 典型事故案例分析

案例一 动火作业，可燃气体闪爆事故

2018 年 5 月 24 日，某生物公司丙烯醛车间冷冻盐水管道焊接过程中，盐水槽发生闪爆，致 2 人受伤，送医院抢救无效于当日 10 时左右死亡。

一、事故原因

（一）事故直接原因
焊接施工时焊渣掉入盐水槽，导致浓度达到爆炸极限的可燃气体发生闪爆。

（二）间接原因
一是安全风险意识差、能力不足，安全风险辨识存在盲区。该公司工业废水因环保不能外排，集中在盐水槽旁边的深井中，企业违规用工业废水补充氯化钙水溶液损耗，工业废水中有机物挥发集聚盐水槽顶部，公司未对该场所进行风险有害辨识，留下安全隐患。

二是特殊作业管理不到位。该公司动火作业票中动火地址有涂改的地方，签发时对未经培训的人员把关不严，事故发生时作业票证上的现场监护人员不在岗位。

三是安全管理混乱。该公司厂区保卫登记不严，未经培训人员（死亡者之一）能够随意进入生产厂区。

四是对承包商管理不到位。该公司未按安全协议约定检查督促施工方安全生产工作，未要求承包商提供合同约定需备案的施工安全方案，更未对方案进行审查把关。对承包商安全管理制度存在缺陷，对承包商现场施工管理为一周检查巡查一次，且事发前几分钟该公司总工程师在厂区巡查时发现施工方变更动火作业地点未制止。

五是安全教育培训流于形式，该公司提供的对承包商人员培训教案无针对性。

二、整改措施

企业全面排查本部门本企业安全风险，不漏一个装置、不漏一口废井、不漏一个管理环节、不漏一起特殊作业，定人定责定措施，确保风险排查不漏死角，管控措施针对性强，并登记建档备查。同时，要强化承包商施工安全管控。发包企业要严格承包商资质审核，依法签订安全施工合同，确保合同约定的安全措施到位，杜绝重合同轻管理的现象，加强对承包商施工过程安全管理，严禁承包商未经培训人员入场作业，履行好安全风险告知和技术交底义务，对动火、受限空间作业严格实行甲方、乙方双监管人制度。

案例二 高处作业，人员坠落事故

2019 年 3 月 26 日 8 时 30 分左右，某工程公司施工现场负责人程某带领孙某等 6 名施工

人员在参加完班前会后，来到某石化公司加氢裂化装置压缩机房屋顶平面，开展更换彩钢瓦作业。另 1 名施工人员在二层平台实施监护，未上到屋顶平面。作业至 8 时 58 分左右，孙某在移动临时电箱时，因未将安全带系挂于拉设在屋顶的生命绳（钢丝绳）上，在踩踏到尚未固定的新铺设彩钢瓦时，随彩钢瓦从房顶平面掉落至压缩机（K3101/C）电机箱顶部，并弹至北侧设备防护棚（高度约 2.4m）上，坠落高度约 11m。彩钢瓦随作业人员一同掉落至二层平台上。高桥石化公司负责现场监护的人员卞某听到声响后，来到二层平台查看，发现了掉落下的彩钢瓦，在未认真核实现场的异常情况下，就离开事故现场。

一、事故原因

（一）事故直接原因

作业人员在房顶施工时，未将安全带系挂于设置在屋顶的生命绳，在行走过程中踩在尚未固定的彩钢瓦上，坠落至二层平台。

（二）事故间接原因

（1）加氢裂化装置现场管理人员安全履职不到位，未按规定在作业面实施有效监护，对作业过程中发生异常情况未能及时察觉；违反公司规定，在签发高处作业许可过程中，未认真核实现场安全措施的落实情况。

（2）加氢裂化装置所属炼油部对现场管理人员未能及时发现作业过程的异常情况失察；对相关人员规章制度执行不力，风险识别工作落实不到位情况失察；未能督促现场监护人员严格执行安全生产规章制度。

（3）该石化公司对作业现场安全生产工作统一协调、管理不力，检维修现场安全管理分工不明确，对检维修承包单位施工作业过程疏于管控。

二、事故防范和整改措施

一是要坚决树立管生产必须管安全的理念，加强生产作业过程中各级管理人员和从业人员对规章制度的执行力，坚决杜绝各类审批工作流于形式的情况。

二是要全面梳理公司关于检维修事故作业的管理规章制度，明确各部门管理职责；加大对检维修施工过程的管控力度；确保各项管理规章制度得到有效执行。

案例三　违规作业，人员中毒和窒息事故

2018 年 4 月 26 日 19 时 50 分左右，G 劳务队人员葛某安排雪某、谢某成、汪某三名作业人员更换合成氨 3#变换炉顶部人孔盖的垫片。在更换过程中，作业人员听到人孔盖发出漏气声，并感到漏气压力较大，三人随即暂停作业。

20 时 30 分，谢某成给班长谢某拨打电话告知相关情况，谢某与项目副经理张某随后赶到现场并登上合成氨 3#变换炉顶部人孔盖附近的平台查看情况。在平台上张某感觉到头晕，便让谢某成等四人先撤离现场。雪某、谢某成两人通过合成氨 3#变换炉的竖梯下到地面，班长谢某在下竖梯的过程中从竖梯摔下（高约 10m），张某、汪某昏迷在合成氨 3#变换炉人孔附近的平台。

20 时 40 分，在附近经过的检修工刘某发现合成氨 3#变换炉有人坠落后，立刻电话通知

了 B 公司值班人员，值班人员立即向公司应急救援中心和煤化工事业部领导电话报告。B 公司救援人员到达现场后，对坠落者谢某进行检查，发现已无脉搏，确认死亡。同时，该公司先后派出 3 人佩戴空气呼吸器到合成氨 3#变换炉顶部救援，但因通往合成氨 3#变换炉顶部的竖梯安全护笼空间狭小，救援人员穿戴空气呼吸器后无法运送昏迷人员，未能将人救下。后由附近消防大队使用消防云梯将在合成氨 3#变换炉顶部昏迷的 2 人救下，并送往最近市医院救治，张某、汪某二人经抢救无效于次日凌晨 7 时 30 分死亡，雪某、谢某成经治疗已康复出院。

一、事故原因

（一）直接原因

经调查取证、检验鉴定，事故调查组认定：在 3#合成氨变换炉气密性检修作业期间，事故装置上游的煤气化炉已开始点火运行，因 3#合成氨变换炉与火炬之间管道上阀门关闭不严且未按照要求倒升温氮气盲板，致使一氧化碳气体通过火炬总管进入了发生事故的 3#合成氨变换炉，并从炉顶部人孔溢出，是造成这起事故的直接原因。

（二）间接原因

1. G 劳务队违法违规承包检维修项目

（1）不具备危险化学品设施设备检维修施工资质，使用伪造的公章，违法承接危险化学品设备检维修工程。

（2）未落实 B 公司《检维修安全管理规定》和《检维修作业安全监护规定》，在未办理作业票证的情况下，从事合成氨装置 3#变换炉更换人孔盖垫片作业。

（3）未对施工人员进行认真培训，检修作业未进行安全风险辨识，未按照规定设专人监护，未采取有效的安全防范措施。

2. B 公司在项目检修中安全生产主体责任不落实

（1）违反规章制度。开展合成氨变换工段系统气密性试验时，未按照《停工检修计划大纲》的规定在合成氨装置气密前倒升温氮气盲板。

（2）对承包商审核把关不严。公司承包商管理制度没有对承包商资质准入做出明确要求，建立检维修外协单位名录时未进行认真核查，对其资质材料不完整、双方确认函过期等明显问题未能发现；对招投标文件、合同等材料审核不细致不严谨，未能辨别真伪，甚至未与承包商签订正式合同。

（3）特殊作业管理混乱。公司为了赶工期、抢进度而轻视流程、疏于细节，对检维修之前未按照规定开具作业票的情况未进行管理；公司以包代管，施工人员作业期间无人监护，"双监护"制度形同虚设；煤气化装置开车时，各工段、各单位间未做到整体联动、信息畅通，危情预判和告知缺位。

（4）应急管理不到位。应急预案内容不充分、针对性不强，应急设备配备不齐全，现场应急救援不力，事故发生后长时间未能将昏迷人员从工作台救下。

（5）安全教育培训走过场。对承包商检维修作业人员的安全教育培训和考核流于形式、内容空泛，甚至有多名未参加教育培训考核的人员从事检维修作业，对施工部位的危险因素和防范措施不知情、不掌握。

（6）未认真开展隐患排查治理。在检维修期间，安全管理人员对发现的问题只是进行口头教育，未按照企业内部规定予以处罚，隐患治理未实现闭环，问题整改未落到实处。

3. A 集团对所属企业安全生产督促指导不力，红线意识不强

A 集团对下属 B 公司存在的重生产轻安全、赶工期抢进度等问题未能及时发现和制止，以人为本的安全发展理念树得不牢；对 B 公司检维修期间的安全生产工作，督促检查不及时、不严格。

二、事故防范和整改措施

（一）充分认清形势，切实增强责任感和紧迫感。

特别是要重点针对危化企业安全管理和服务外包方的安全管理工作采取有效措施，坚决落实企业安全管理主体责任，加大安全管理力度，坚决克服麻痹大意和侥幸思想。

（二）强化日常管理，严格落实安全责任和措施。

（1）生产经营单位使用被派遣劳动者的，应当将被派遣劳动者纳入本单位从业人员统一管理，对被派遣劳动者进行岗位安全操作规程和安全操作技能的教育和培训。劳务派遣单位应当对被派遣劳动者进行必要的安全生产教育和培训。

（2）生产经营项目、场所发包或者出租给其他单位的，生产经营单位应当与承包单位、承租单位签订专门的安全生产管理协议，或者在承包合同、租赁合同中约定各自的安全生产管理职责；生产经营单位对承包单位、承租单位的安全生产工作统一协调、管理，定期进行安全检查，发现安全问题的，应当及时督促整改。

（三）切实落实安全生产主体责任，加强对承租承包单位和协作队伍的管理。

（1）签订安全协议书并严格履行，强化现场管理，对易发事故关键环节、关键部位应施行现场监督，严防"以包代管""包而不管"现象，确保承包单位行为可控在控，坚决杜绝无资质的施工单位、人员进场。

（2）要严格按照相关规定程序落实安全技术交底工作，交底内容应详尽全面，确保交底交到一线施工人员，并履行签字手续。要加强对一线作业人员的安全教育和培训工作，有针对性的加强对工程项目中存在的各类危险源、危险区域的识别和防范教育，确保企业安全管理贯彻全覆盖；严格执行检修报备制度，检修前要将检修方案，突发情况预案等报应急部门进行报备。

附录2 化工企业常见毒物及其应急处理

以下列出了化工企业产品、原料中常见的中毒物质及其中毒后应采取的急救处理方法、泄漏应急处理、个体防护及消防措施。

1. 一氧化碳（CO）

A 急救处理方法

吸入：迅速脱离现场至空气新鲜处。保持呼吸道通畅。如呼吸困难，给输氧。呼吸心跳停止时，立即进行人工呼吸和胸外心脏按压术。就医。

B 泄漏应急处理

迅速撤离泄漏污染区人员至上风处，并立即隔离150m，严格限制出入。切断火源。建议应急处理人员戴自给正压式呼吸器，穿防静电工作服。尽可能切断泄漏源。合理通风，加速扩散。喷雾状水稀释、溶解。构筑围堤或挖坑收容产生的大量废水。如有可能，将漏出气用排风机送至空旷地方或装设适当喷头烧掉。也可以用管路导至炉中、凹地焚之。漏气容器要妥善处理，修复、检验后再用。

C 个体防护

呼吸系统防护：空气中浓度超标时，佩戴自吸过滤式防毒面具（半面罩）。紧急事态抢救或撤离时，建议佩戴空气呼吸器、一氧化碳过滤式自救器。

身体防护：穿防静电工作服。

手防护：戴一般作业防护手套。

其他防护：工作现场严禁吸烟。实行就业前和定期的体检。避免高浓度吸入。进入罐、限制性空间或其他高浓度区作业，须有人监护。

D 消防

灭火方法：切断气源。若不能切断气源，则不允许熄灭泄漏处的火焰。喷水冷却容器，可能的话将容器从火场移至空旷处。

灭火剂：雾状水、泡沫、二氧化碳、干粉。

2. 氢气（H_2）

A 急救处理方法

吸入：迅速脱离现场至空气新鲜处。保持呼吸道通畅。呼吸困难时给输氧。呼吸停止时，立即进行人工呼吸。就医。

B 泄漏应急处理

迅速撤离泄漏污染区人员至上风处，并隔离直至气体散尽，切断火源。建议应急处理人员戴自给式呼吸器，穿一般消防防护服。切断气源，抽排（室内）或强力通风（室外）。如有可能，将漏出气用排风机送至空旷地方或装设适当喷头烧掉。漏气容器不能再用，且要经过

— 182 —

技术处理以清除可能剩下的气体。

C 个体防护

呼吸系统防护：高浓度环境中，佩戴供气式呼吸器或自给式呼吸器。

眼睛防护：一般不需特殊防护。

身体防护：穿工作服。

手防护：一般不需特殊防护。

其他防护：工作现场严禁吸烟。避免高浓度吸入。进入罐或其他高浓度区作业，须有人监护。

D 消防

灭火方法：切断气源。若不能立即切断气源，则不允许熄灭正在燃烧的气体。喷水冷却容器，可能的话将容器从火场移至空旷处。

灭火剂：雾状水、二氧化碳。

3. 氨（NH_3）

A 急救处理方法

皮肤接触：立即脱去污染的衣着，应用2%硼酸液或大量清水彻底冲洗。就医。

眼睛接触：立即提起眼睑，用大量流动清水或生理盐水彻底冲洗至少15min。就医。

吸入：迅速脱离现场至空气新鲜处。保持呼吸道通畅。如呼吸困难，给输氧。如呼吸停止，立即进行人工呼吸。

B 泄漏应急处理

迅速撤离泄漏污染区人员至上风处，并立即隔离150m，严格限制出入。切断火源。建议应急处理人员戴自给正压式呼吸器，穿防静电工作服。尽可能切断泄漏源。合理通风，加速扩散。高浓度泄漏区，喷含盐酸的雾状水中和、稀释、溶解。构筑围堤或挖坑收容产生的大量废水。如有可能，将残余气或漏出气用排风机送至水洗塔或与塔相连的通风橱内。储罐区最好设稀酸喷洒设施。漏气容器要妥善处理，修复、检验后再用。

C 个体防护

呼吸系统防护：空气中浓度超标时，建议佩戴过滤式防毒面具（半面罩）。紧急事态抢救或撤离时，必须佩戴空气呼吸器。

眼睛防护：戴化学安全防护眼镜。

身体防护：穿防静电工作服。

手防护：戴橡胶手套。

其他防护：工作现场禁止吸烟、进食和饮水。工作完毕，淋浴更衣。保持良好的卫生习惯。

D 消防

灭火方法：消防人员必须穿全身防火防毒服，在上风向灭火。切断气源。若不能切断气源，则不允许熄灭泄漏处的火焰。喷水冷却容器，可能的话将容器从火场移至空旷处。

灭火剂：雾状水、抗溶性泡沫、二氧化碳、砂土。

4. 氯（Cl_2）

A 急救处理方法

皮肤接触：立即脱去被污染的衣着，用大量流动清水冲洗至少 15min；就医。

眼睛接触：立即提起眼睑，用在量流动清水或生理盐水彻底冲洗至少 15min；就医。

吸入：迅速脱离现场至空气新鲜处。保持呼吸道畅通。如呼吸困难时，给输氧。如呼吸停止，立即进行人工呼吸，就医。

食入：禁止催吐，误服者用水漱口，给饮牛奶或蛋清；就医。

B 泄漏应急处理

保证充分的通风。清除所有点火源。迅速将人员撤离到安全区域，远离泄漏区域并处于上风方向。使用个人防护设备。避免吸入蒸气、烟雾、气体或风尘。

C 个体防护

呼吸系统保护：空气中浓度超标时，建议佩戴空气呼吸器或氧气呼吸器。紧急事态抢救或撤离时，必须佩戴氧气呼吸器。

眼睛防护：戴防护眼镜。

身体防护：戴面罩或穿胶布防毒衣。

手防护：戴橡胶手套。

其他防护：工作现场禁止吸烟、进食或饮水。工作毕、淋浴更衣。保持良好的卫生习惯。进入罐、限制性空间或其他高浓度区作业，须有人监护。

D 消防

灭火方法：本品不会燃烧，但可助燃。不燃。切断气源。喷水冷却器，可能的话将容器从火场移至空旷处。

灭火剂：雾状水、泡沫、干粉。

5. 硝酸（HNO_3）

A 急救处理方法

皮肤接触：脱去污染的衣着，立即用水冲洗至少 15min。或用 2% 碳酸氢钠溶液冲洗。若有灼伤，就医治疗。

眼睛接触：立即提气眼睑，用流动清水和生理盐水冲洗至少 15min。

吸入：迅速脱离现场至空气新鲜处。呼吸困难时给输氧，给予 2%～4% 碳酸氢钠溶液雾化吸入。就医。

食入：误服者给饮牛奶，蛋清、植物油等口服，不可催吐。立即就医。

B 泄漏应急处理

疏散泄漏污染区人员至安全区，禁止无关人员进入污染区，建议应急处理人员戴好面罩，穿化学防护服。不要直接接触泄漏物，勿使泄漏物与可燃物质（木材、纸、油等）接触，在确保安全情况下堵漏。喷水雾减慢挥发（或扩散），但不要对泄漏物或泄漏点直接喷水。用沙土、干燥石灰或苏打灰混合，然后收集运至废物处理场所处置。也可以用大量水冲洗，经稀释的洗水放入废水系统。如大量泄漏，利用围堤收容，然后收集、转移、回收或无害处理后废弃。

C 个体防护

呼吸系统防护：可能接触其蒸气或烟雾时，必须佩戴防毒面具或供气式头盔。紧急事态抢救或逃生时，建议佩戴自给式呼吸器。

眼睛防护：戴化学安全防护眼镜。

身体防护：穿相应的防护服。

手防护：戴橡胶手套。

其他防护：工作现场严禁吸烟、进食和饮水。工作毕，淋浴更衣。单独存放被毒物污染的衣服，洗后备用。保持良好的卫生习惯。

D 消防

灭火方法：消防人员必须穿全身耐酸碱消防服。

灭火剂：砂土、二氧化碳、雾状水。

6. 硫酸（H_2SO_4）

A 急救处理方法

皮肤接触：立即脱去污染的衣着，用大量流动清水冲洗至少15min。就医。

眼睛接触：立即提起眼睑，用大量流动清水或生理盐水彻底冲洗至少15min。就医。

吸入：迅速脱离现场至空气新鲜处。保持呼吸道通畅。如呼吸困难，给输氧。如呼吸停止，立即进行人工呼吸。就医。

食入：用水漱口，给饮牛奶或蛋清。就医。

B 泄漏应急处理

迅速撤离泄漏污染区人员至安全区，并进行隔离，严格限制出入。建议应急处理人员戴自给正压式呼吸器，穿防酸碱工作服。不要直接接触泄漏物。尽可能切断泄漏源。防止流入下水道、排洪沟等限制性空间。小量泄漏：用砂土、干燥石灰或苏打灰混合。也可以用大量水冲洗，洗水稀释后放入废水系统。大量泄漏：构筑围堤或挖坑收容。用泵转移至槽车或专用收集器内，回收或运至废物处理场所处置。

C 个体防护

呼吸系统防护：可能接触其烟雾时，佩戴自吸过滤式防毒面具（全面罩）或空气呼吸器。紧急事态抢救或撤离时，建议佩戴氧气呼吸器。

眼睛防护：呼吸系统防护中已作防护。

身体防护：穿橡胶耐酸碱服。

手防护：戴橡胶耐酸碱手套。

其他防护：工作现场禁止吸烟、进食和饮水。工作完毕，淋浴更衣。单独存放被毒物污染的衣服，洗后备用。保持良好的卫生习惯。

D 消防

灭火方法：消防人员必须穿全身耐酸碱消防服。

灭火剂：干粉、二氧化碳、砂土。避免水流冲击物品，以免遇水会放出大量热量发生喷溅而灼伤皮肤。

7. 盐酸(HCl)

A 急救处理方法

皮肤接触：立即用水冲洗至少 15min，若有灼伤，就医治疗。

眼睛接触：立即翻开上下眼睑，用流动清水冲洗 10min 或用 2%碳酸氢钠溶液冲洗。

吸入：迅速脱离现场至空气新鲜处。呼吸困难时给输氧，就医。

食入：误服者立即漱口，给牛奶、蛋清、植物油等口服，不可催吐。立即就医。

B 泄漏应急处理

迅速撤离泄漏污染区人员至安全区，并进行隔离，严格限制出入。建议应急处理人员戴自给正压式呼吸器，穿防酸碱工作服。不要直接接触泄漏物。尽可能切断泄漏源。小量泄漏：用砂土、干燥石灰或苏打灰混合。也可以用大量水冲洗，洗水稀释后放入废水系统。大量泄漏：构筑围堤或挖坑收容。用泵转移至槽车或专用收集器内，回收或运至废物处理场所处置。

C 个体防护

呼吸系统防护：可能接触高浓度蒸汽时，佩戴自吸过滤式防毒面具，紧急事态抢救或逃生时，建议佩戴空气呼吸器。

眼睛防护：戴化学安全防护眼镜。

身体防护：穿防酸碱工作服。

手防护：操作人员应戴橡胶手套。

其他防护：工作后，沐浴更衣。保持良好卫生习惯。防止皮肤和黏膜损害，工作中禁止吸烟、进食、饮水。

D 消防

灭火方法：本品不燃。但与其他物品接触引起火灾时，可用水或砂土灭火。灭火人员穿防化服，戴空气呼吸器，在上风或侧风向灭火。

灭火剂：水、砂土、干粉。

8. 硫化氢(H_2S)

A 急救处理方法

皮肤接触：脱去被污染的衣着，用流动清水冲洗，就医。

眼睛接触：立即翻开上下眼睑，用流动清水冲洗至少 15min，就医。

吸入：迅速脱离现场至空气新鲜处，保暖并休息。呼吸困难时给输氧。呼吸停止时，立即进行人工呼吸，就医。

B 泄漏应急处理

迅速撤离泄漏污染区人员至上风处，并进行隔离直至气体散尽，切断火源。戴自给正压式呼吸器，穿防毒服。尽可能切断气源喷雾状水稀释、溶解，注意收集并处理废水，室内抽排或室外强力通风。漏气容器不能再用，且要经过技术处理以清除可能剩下的气体。

C 个体防护

呼吸系统防护：空气中浓度超标时，必须佩戴防毒面具。紧急事态抢救或撤离时，应该佩戴空气呼吸器或氧气呼吸器。

眼睛防护：戴化学安全防护眼镜。

身体防护：穿防防静电工作服。

手防护：戴防化学品手套。

其他防护：工作现场禁止吸烟、进食和饮水。工作后，沐浴更衣。保持良好的卫生习惯。

D 消防

灭火方法：切断气源。若不能立即切断气源，则不允许熄灭正在燃烧的气体，喷水冷却容器，可能的话将容器从火场移至空阔处。

灭火剂：雾状水、二氧化碳。

9. 烧碱(氢氧化钠)(NaOH)

A 急救处理方法

皮肤接触：立即脱去污染的衣着，用大量流动清水冲洗至少 15min。就医。

眼睛接触：立即提起眼睑，用大量流动清水或生理盐水彻底冲洗至少 15min。就医。

吸入：迅速脱离现场至空气新鲜处。保持呼吸道通畅。如呼吸困难，给输氧。如呼吸停止，立即进行人工呼吸。就医。

食入：用水漱口，给饮牛奶或蛋清。就医。

B 泄漏应急处理

应急处理：隔离泄漏污染区，限制出入。建议应急处理人员戴防尘面具(全面罩)，穿防酸碱工作服。不要直接接触泄漏物。小量泄漏：避免扬尘，用洁净的铲子收集于干燥、洁净、有盖的容器中。也可以用大量水冲洗，洗水稀释后放入废水系统。大量泄漏：收集回收或运至废物处理场所处置。

C 个体防护

呼吸系统防护：可能接触其粉尘时，必须佩戴头罩型电动送风过滤式防尘呼吸器。必要时，佩戴空气呼吸器。

眼睛防护：呼吸系统防护中已作防护。

身体防护：穿橡胶耐酸碱服。

手防护：戴橡胶耐酸碱手套。

其他防护：工作场所禁止吸烟、进食和饮水，饭前要洗手。工作完毕，淋浴更衣。注意个人清洁卫生。

D 消防

灭火方法：用水、砂土扑救，但须防止物品遇水产生飞溅，造成灼伤。

灭火剂：水、砂土。

10. 苯

A 急救处理方法

皮肤接触：脱去污染的衣着，用肥皂水及清水彻底冲洗皮肤。

眼睛接触：立即翻开上下眼睑，用流动清水或生理盐水冲洗至少 15min，就医。

吸入：迅速脱离现场至空气新鲜处。保持呼吸道通畅。呼吸困难时给输氧。如呼吸及心跳停止，立即进行人工呼吸和心脏按压术。就医。忌用肾上腺素。

食入：饮足量温水，催吐，就医。

B 泄漏应急处理

切断火源。迅速撤离泄漏污染区人员至安全地带，并进行隔离，严格限制出入。建议应急处理人员戴自给正压式呼吸器，穿防毒服。尽可能切断泄漏源。防止进入下水道、排洪沟等限制性空间。小量泄漏：尽可能将溢漏液收集在密闭容器内，用砂土、活性炭或其他惰性材料吸收残液，也可以用不燃性分散剂制成的乳液刷洗，洗液稀释后放入废水系统。大量泄漏：构筑围堤或挖坑收容。用泡沫覆盖，降低蒸气灾害。喷雾状水冷却和稀释蒸气、保护现场人员。用防爆泵转移至槽车或专用收集器内，回收或运至废物处理场所处理。

C 个体防护

呼吸系统防护：空气中浓度超标时，佩戴自吸过滤式防毒面具（半面罩）。紧急事态抢救或撤离时，应该佩戴空气呼吸器或氧气呼吸器。

眼睛防护：戴化学安全防护眼镜。

身体防护：穿防毒物渗透工作服。

手防护：戴橡胶耐油手套。

其他防护：工作现场禁止吸烟、进食和饮水。工作前避免饮用酒精性饮料。工作后，淋浴更衣。进行就业前和定期的体检。

D 消防

灭火方法：喷水冷却容器，可能的话将容器从火场移至空旷处。处在火场中的容器若已变色或从安全泄压装置中产生声音，必须马上撤离。

灭火剂：泡沫、干粉、二氧化碳、砂土。用水灭火无效。

11. 己内酰胺

A 急救处理方法

皮肤接触：脱去污染的衣着，用大量流动清水冲洗。

眼睛接触：提起眼睑，用流动清水或生理盐水冲洗。就医。

吸入：脱离现场至空气新鲜处。如呼吸困难，给输氧。就医。

食入：饮足量温水，催吐。就医。

B 泄漏应急处理

隔离泄漏污染区，限制出入。切断火源。建议应急处理人员戴防尘面具（全面罩），穿防毒服。用洁净的铲子收集于干燥、洁净、有盖的容器中，转移至安全场所。若大量泄漏，收集回收或运至废物处理场所处置。

C 个体防护

呼吸系统防护：空气中粉尘浓度超标时，建议佩戴自吸过滤式防尘口罩。紧急事态抢救或撤离时，应该佩戴空气呼吸器。

眼睛防护：戴化学安全防护眼镜。

身体防护：穿防毒物渗透工作服。

手防护：戴乳胶手套。

其他防护：工作完毕，淋浴更衣。注意个人清洁卫生。

D 消防

消防人员须佩戴防毒面具、穿全身消防服，在上风向灭火。

灭火剂：雾状水、泡沫、干粉、二氧化碳、砂土。

12. 过氧化氢(双氧水)(H_2O_2)

A 急救处理方法

皮肤接触：脱去污染的衣着，用大量流动清水冲洗。

眼睛接触：立即提起眼睑，用大量流动清水或生理盐水彻底冲洗至少 15min。就医。

吸入：迅速脱离现场至空气新鲜处。保持呼吸道通畅。如呼吸困难，给输氧。如呼吸停止，立即进行人工呼吸。就医。

食入：饮足量温水，催吐。就医。

B 泄漏应急处理

迅速撤离泄漏污染区人员至安全区，并进行隔离，严格限制出入。建议应急处理人员戴自给正压式呼吸器，穿防毒服。尽可能切断泄漏源。防止流入下水道、排洪沟等限制性空间。小量泄漏：用砂土、蛭石或其他惰性材料吸收。也可以用大量水冲洗，洗水稀释后放入废水系统。大量泄漏：构筑围堤或挖坑收容。喷雾状水冷却和稀释蒸汽、保护现场人员、把泄漏物稀释成不燃物。用泵转移至槽车或专用收集器内，回收或运至废物处理场所处置。

C 个体防护

呼吸系统防护：可能接触其蒸气时，应该佩戴自吸过滤式防毒面具(全面罩)。

眼睛防护：呼吸系统防护中已作防护。

身体防护：穿聚乙烯防毒服。

手防护：戴氯丁橡胶手套。

其他防护：工作现场严禁吸烟。工作完毕，淋浴更衣。注意个人清洁卫生。

D 消防

灭火方法：消防人员必须穿全身防火防毒服，在上风向灭火。尽可能将容器从火场移至空旷处。喷水保持火场容器冷却，直至灭火结束。处在火场中的容器若已变色或从安全泄压装置中产生声音，必须马上撤离。

灭火剂：水、雾状水、干粉、砂土。

13. 对硝基甲苯

A 急救处理方法

皮肤接触：立即脱去污染的衣着，用肥皂水和清水彻底冲洗皮肤。就医。

眼睛接触：提起眼睑，用流动清水或生理盐水冲洗。就医。

吸入：迅速脱离现场至空气新鲜处。保持呼吸道通畅。如呼吸困难，给输氧。如呼吸停止，立即进行人工呼吸。就医。

食入：饮足量温水，催吐。就医。

B 泄漏应急处理

隔离泄漏污染区，限制出入。切断火源。建议应急处理人员戴防尘面具(全面罩)，穿防毒服。不要直接接触泄漏物。小量泄漏：避免扬尘，用洁净的铲子收集于干燥、洁净、有盖的容器中。大量泄漏：收集回收或运至废物处理场所处置。

C 个体防护

呼吸系统防护：可能接触其粉尘时，建议佩戴自吸过滤式防尘口罩。紧急事态抢救或撤离时，佩戴空气呼吸器。

眼睛防护：戴安全防护眼镜。

身体防护：穿透气型防毒服。

手防护：戴橡胶手套。

其他防护：工作现场禁止吸烟、进食和饮水。及时换洗工作服。工作前后不饮酒，用温水洗澡。实行就业前和定期的体检。

D 消防

灭火方法：消防人员须佩戴防毒面具、穿全身消防服，在上风向灭火。

灭火剂：泡沫、干粉、二氧化碳。

14. 环己酮

A 急救处理方法

皮肤接触：脱去污染的衣着，用肥皂水和清水彻底冲洗皮肤。

眼睛接触：立即提起眼睑，用大量流动清水或生理盐水彻底冲洗至少 15min。就医。

吸入：迅速脱离现场至空气新鲜处。保持呼吸道通畅。如呼吸困难，给输氧。如呼吸停止，立即进行人工呼吸。就医。

食入：饮足量温水，催吐。就医。

B 泄漏应急处理

迅速撤离泄漏污染区人员至安全区，并进行隔离，严格限制出入。切断火源。建议应急处理人员戴自给正压式呼吸器，穿防静电工作服。尽可能切断泄漏源。防止流入下水道、排洪沟等限制性空间。小量泄漏：用砂土或其他不燃材料吸附或吸收。也可以用大量水冲洗，洗水稀释后放入废水系统。大量泄漏：构筑围堤或挖坑收容。用泡沫覆盖，降低蒸气灾害。用防爆泵转移至槽车或专用收集器内，回收或运至废物处理场所处置。

C 个体防护

呼吸系统防护：可能接触其蒸气时，应该佩戴自吸过滤式防毒面具（半面罩）。眼睛防护：戴化学安全防护眼镜。

身体防护：穿防静电工作服。

手防护：戴橡胶耐油手套。

其他防护：工作现场严禁吸烟。注意个人清洁卫生。避免长期反复接触。

D 消防

灭火方法：喷水冷却容器，可能的话将容器从火场移至空旷处。

灭火剂：泡沫、干粉、二氧化碳、砂土。

15. 环己烷

A 急救处理方法

皮肤接触：脱去污染的衣着，用肥皂水和清水彻底冲洗皮肤。

眼睛接触：提起眼睑，用流动清水或生理盐水冲洗。就医。

吸入：迅速脱离现场至空气新鲜处。保持呼吸道通畅。如呼吸困难，给输氧。如呼吸停止，立即进行人工呼吸。就医。

食入：饮足量温水，催吐。就医。

B 泄漏应急处理

迅速撤离泄漏污染区人员至安全区，并进行隔离，严格限制出入。切断火源。建议应急处理人员戴自给正压式呼吸器，穿防静电工作服。尽可能切断泄漏源。防止流入下水道、排洪沟等限制性空间。小量泄漏：用活性炭或其他惰性材料吸收。也可以用不燃性分散剂制成的乳液刷洗，洗液稀释后放入废水系统。大量泄漏：构筑围堤或挖坑收容。用泡沫覆盖，降低蒸气灾害。用防爆泵转移至槽车或专用收集器内，回收或运至废物处理场所处置。

C 个体防护

呼吸系统防护：一般不需要特殊防护，高浓度接触时可佩戴自吸过滤式防毒面具（半面罩）。

眼睛防护：空气中浓度超标时，戴安全防护眼镜。

身体防护：穿防静电工作服。

手防护：戴橡胶耐油手套。

其他防护：工作现场严禁吸烟。避免长期反复接触。

D 消防

灭火方法：喷水冷却容器，可能的话将容器从火场移至空旷处。处在火场中的容器若已变色或从安全泄压装置中产生声音，必须马上撤离。

灭火剂：泡沫、二氧化碳、干粉、砂土。用水灭火无效。

16. 己二酸

A 急救处理方法

皮肤接触：脱去污染的衣着，用大量流动清水冲洗。就医。

眼睛接触：提起眼睑，用流动清水或生理盐水冲洗。就医。

吸入：脱离现场至空气新鲜处。如呼吸困难，给输氧。就医。

食入：饮足量温水，催吐。就医。

B 泄漏应急处理

隔离泄漏污染区，限制出入。切断火源。建议应急处理人员戴防尘面具（全面罩），穿防毒服。避免扬尘，小心扫起，置于袋中转移至安全场所。若大量泄漏，用塑料布、帆布覆盖。收集回收或运至废物处理场所处置。

C 个体防护

呼吸系统防护：空气中粉尘浓度超标时，必须佩戴自吸过滤式防尘口罩。紧急事态抢救或撤离时，应该佩戴空气呼吸器。

眼睛防护：戴化学安全防护眼镜。

身体防护：穿防毒物渗透工作服。

手防护：戴橡胶手套。

其他防护：工作现场严禁吸烟。注意个人清洁卫生。

D 消防

灭火方法：消防人员须佩戴防毒面具、穿全身消防服，在上风向灭火。

灭火剂：雾状水、泡沫、干粉、二氧化碳、砂土。

17. 电石(碳化钙)(CaC_2)

A 急救处理方法

皮肤接触：脱去污染的衣着，用流动清水冲洗。注意患者保暖并且保持安静。确保医务人员了解该物质相关的个体防护知识，注意自身防护。

眼睛接触：立即翻开上下眼睑，用流动清水冲洗15min。

吸入：脱离现场至空气新鲜处。就医。如果患者呼吸停止，给予人工呼吸。如果呼吸困难，给予吸氧。

食入：误服者给饮足量温水，催吐，就医。

B 泄漏应急处理

迅速撤离泄漏污染区人员至安全区，并进行隔离，严格限制出入。切断火源。建议应急处理人员戴自给正压式呼吸器，穿防毒服。尽可能切断泄漏源。若是液体，防止流入下水道、排洪沟等限制性空间。小量泄漏：用砂土、蛭石或其他惰性材料吸收。也可以用不燃性分散剂制成的乳液刷洗，洗液稀释后放入废水系统。大量泄漏：构筑围堤或挖坑收容。用泵转移至槽车或专用收集器内，回收或运至废物处理场所处置。若是固体，用洁净的铲子收集于干燥、洁净、有盖的容器中。若大量泄漏，收集回收或运至废物处理场所处置。

C 个体防护

呼吸系统防护：呼吸系统防护：空气中粉尘浓度超标时，必须佩戴自吸过滤式防尘口罩；可能接触其蒸气时，应该佩戴自吸过滤式防毒面具(半面罩)。

眼睛防护：戴安全防护眼镜。

防护服：穿防毒物渗透工作服。

手防护：戴橡胶手套。

其他：工作现场严禁吸烟。

D 消防

灭火方法：消防人员须佩戴防毒面具、穿全身消防服，在上风向灭火。尽可能将容器从火场移至空旷处。喷水保持火场容器冷却，直至灭火结束。处在火场中的容器若已变色或从安全泄压装置中产生声音，必须马上撤离。

灭火剂：雾状水、泡沫、二氧化碳、干粉、砂土。

18. 环己醇

A 急救处理方法

皮肤接触：脱去污染的衣着，用流动清水冲洗。

眼睛接触：立即翻开上下眼睑，用流动清水冲洗15min。

吸入：脱离现场至空气新鲜处。就医。如果患者呼吸停止，给予人工呼吸。如果呼吸困难，给予吸氧。

食入：误服者给饮足量温水，催吐，就医。

B 泄漏应急处理

迅速撤离泄漏污染区人员至安全区，并进行隔离，严格限制出入。切断火源。建议应急处理人员戴自给正压式呼吸器，穿防毒服。尽可能切断泄漏源。若是液体，防止流入下水道、排洪沟等限制性空间。小量泄漏：用砂土、蛭石或其他惰性材料吸收。也可以用不燃性分散剂制成的乳液刷洗，洗液稀释后放入废水系统。大量泄漏：构筑围堤或挖坑收容。用泵转移至槽车或专用收集器内，回收或运至废物处理场所处置。若是固体，用洁净的铲子收集于干燥、洁净、有盖的容器中。若大量泄漏，收集回收或运至废物处理场所处置。

C 个体防护

呼吸系统防护：呼吸系统防护：空气中粉尘浓度超标时，必须佩戴自吸过滤式防尘口罩；可能接触其蒸气时，应该佩戴自吸过滤式防毒面具(半面罩)。

眼睛防护：戴安全防护眼镜。

防护服：穿防毒物渗透工作服。

手防护：戴橡胶手套。

其他：工作现场严禁吸烟。

D 消防

灭火方法：消防人员须佩戴防毒面具、穿全身消防服，在上风向灭火。尽可能将容器从火场移至空旷处。喷水保持火场容器冷却，直至灭火结束。处在火场中的容器若已变色或从安全泄压装置中产生声音，必须马上撤离。

灭火剂：雾状水、泡沫、二氧化碳、干粉、砂土。

19. 氯乙烯

A 急救处理方法

皮肤接触：立即脱去污染的衣着，用肥皂水和清水彻底冲洗皮肤。就医。

眼睛接触：提起眼睑，用流动清水或生理盐水冲洗。就医。

吸入：迅速脱离现场至空气新鲜处。保持呼吸道通畅。如呼吸困难，给输氧。如呼吸停止，立即进行人工呼吸。就医。

B 泄漏应急处理

迅速撤离泄漏污染区人员至上风处，并进行隔离，严格限制出入。切断火源。建议应急处理人员戴自给正压式呼吸器，穿防静电工作服。尽可能切断泄漏源。用工业覆盖层或吸附/吸收剂盖住泄漏点附近的下水道等地方，防止气体进入。合理通风，加速扩散。喷雾状水稀释、溶解。构筑围堤或挖坑收容产生的大量废水。如有可能，将残余气或漏出气用排风机送至水洗塔或与塔相连的通风橱内。漏气容器要妥善处理，修复、检验后再用。

C 个体防护

呼吸系统防护：空气中浓度超标时，佩戴过滤式防毒面具(半面罩)。紧急事态抢救或撤离时，建议佩戴空气呼吸器。

眼睛防护：戴化学安全防护眼镜。

身体防护：穿防静电工作服。

手防护：戴防化学品手套。

其他防护：工作现场严禁吸烟。实行就业前和定期的体检。进入罐、限制性空间或其他高浓度区作业，须有人监护。

D 消防

灭火方法：切断气源。若不能切断气源，则不允许熄灭泄漏处的火焰。喷水冷却容器，可能的话将容器从火场移至空旷处。

灭火剂：雾状水、泡沫、二氧化碳。

附录3 作业票证样式

附表3-1 《检维修作业证》

检修单位		检修时间	年 月 日 时 分 年 月 日 时 分		检修内容	
设备名称		设备工号		检修地点		

工艺交出措施(应开阀门、应关阀门、水封、置换、清洗、盲板位置图等):	危险有害分析:
工艺负责人:　　　　　年 月 日	检修负责人:　　　　　年 月 日
施工安全措施:	动火、受限空间及其他安全措施:
作业负责人:　　　　　年 月 日	安全措施负责人:　　　　　年 月 日

安全措施确认　在对应的选项后□√

1. 各工种严格执行本工种操作规程及安全检修制度,检查工器具是否符合安全作业要求;□	10. 检修现场保持安全、整洁,拆下的零部件摆放标准化;□
2. 认真办理"各种安全作业票证";□	11. 作业人员作业前已进行安全培训□
3. 检修后恢复拆动的楼板、楼梯、栏杆达到安全要求;□	12. 现场作业须按规定着装,夏季不准敞怀,不能穿背心、拖鞋、凉鞋、高跟鞋;□
4. 高层作业人员携带好工具、零件、较重的部件放在主梁或安全平稳的地方;□	13. 高处作业须系好安全带,脚手架牢固、有栏杆,脚手板必须绑死;□
5. 现场发生异常情况,立即采取措施或撤至安全地带;□	14. 维修作业动火时,必须严格按照动火制度办理动火证,设监护人。电气焊作业须戴好防护罩、防护眼镜,穿好防护服,电焊工必须穿绝缘鞋;□
6. 2人以上作业要指定1人专门负责安全,各级管理人员尽职尽责,杜绝违章指挥、违章作业;□	15. 手持电动工具作业时须穿戴好绝缘鞋、绝缘手套、使用合格的漏电保护器;□
7. 容器内作业或照明条件差的地方作业,要装安全行灯,容器内装12V,容器外装不超过36V的临时行灯;□	16. 多层交叉作业须戴好安全帽;□
8. 电气作业由持证电工负责进行;□	17. 在维修过程中使用的防护器具、消防器材、通信设备等设备应专人检查,保证完好可靠。在有毒生产区作业时,须备好合适的防毒器材;□
9. 维修转动设备时,转动设备的电气必须切断电源,并经两次启动复查证明无误后,在电源开关处挂上"正在检修,禁止合闸"标牌,均有当班电工负责,作业现场用安全警绳围护,必要时设置专门安全标志。□	18. 在进行有灼烫伤害的危险作业时,须穿戴防护眼镜、防护鞋、帽、服装;□
	19. 维修时,当班人员必须全程监护,了解维修情况及确保现场安全;□
	20. 维修设备、管道等设施必须与工艺系统隔绝。□　监护人签字:　　　　　年 月 日

所在装置是否同意作业	完工意见:	检修质量验收意见:	工艺接收意见:
装置负责人: 年 月 日	作业负责人: 年 月 日	验收负责人: 年 月 日	工艺负责人: 年 月 日

附表 3-2 《动火安全作业票》 编号：

作业申请单位			作业申请时间	年 月 日 时 分		
作业内容			动火地点 及动火部位			
动火级别	特级□ 一级□ 二级□		动火方式			
动火人及证书编号						
作业单位			作业负责人			
气体取样分析时间	月 日 时 分		月 日 时 分		月 日 时 分	
代表性气体						
分析结果/%						
分析人						
关联的其他特殊作业 及安全作业票编号						
风险辨识结果						
动火作业实施时间	自 年 月 日 时 分至 年 月 日 时 分止					

序号	安全措施	是否涉及	确认人
1	动火设备内部构件清洗干净，蒸汽吹扫或水洗、置换合格，达到动火条件		
2	与动火设备相连接的所有管线已断开，加盲板（ ）块，未采取水封或仅关闭阀门的方式代替盲板		
3	动火点周围及附近的孔洞、窨井、地沟、水封设施、污水井等已清除易燃物，并已采取覆盖、铺沙等手段进行隔离		
4	油气罐区动火点同一防火堤内和防火间距内的油品储罐未进行脱水和取样作业		
5	高处作业已采取防火花飞溅措施，作业人员佩戴必要的个体防护装备		
6	在有可燃物构件和使用可燃物做防腐内衬的设备内部动火作业，已采取防火隔绝措施		
7	乙炔气瓶直立放置，已采取防倾倒措施并安装防回火装置；乙炔气瓶、氧气瓶与火源间的距离不应小于 10m，两气瓶相互间距不应小于 5m		
8	现场配备灭火器（ ）台，灭火毯（ ）块，消防蒸汽带或消防水带（ ）		
9	电焊机所处位置已考虑防火防爆要求，且已可靠接地		
10	动火点周围规定距离内没有易燃易爆化学品的装卸、排放、喷漆等可能引起火灾爆炸的危险作业		
11	动火点 30m 内垂直空间未排放可燃气体；15m 内垂直空间未排放可燃液体；10m 范围内及动火点下方未同时进行可燃溶剂清洗或喷漆等作业，10m 范围内未见有可燃性粉尘清扫作业		
12	已开展作业危害分析，制定相应的安全风险管控措施，交叉作业已明确协调人		
13	用于连续检测的移动式可燃气体检测仪已配备到位		
14	配备的摄录设备已到位，且防爆级别满足安全要求		
15	其他相关特殊作业已办理相应安全作业票，作业现场四周已设立警戒区		
16	其他安全措施： 编制人：		

安全交底人			接受交底人	
监护人				

作业负责人意见

签字： 年 月 日 时 分

所在单位意见

签字： 年 月 日 时 分

续表

安全管理部门意见							
	签字：		年	月	日	时	分
动火审批人意见							
	签字：		年	月	日	时	分
动火前，岗位当班班长验票情况							
	签字：		年	月	日	时	分
完工验收							
	签字：		年	月	日	时	分

附表 3-3 《受限空间安全作业票》　　　　编号：

作业申请单位		作业申请时间	年 月 日 时 分
受限空间名称		受限空间内原有介质名称	
作业内容			
作业单位		作业负责人	
监护人		监护人	
作业人			
关联的其他特殊作业及安全作业票编号			
风险辨识结果			

气体分析	分析项目	有毒有害气体名称	可燃气体名称	氧气含量	取样分析时间	分析部位	分析人
	合格标准			19.5%~21%（体积分数）			
	分析数据						

作业实施时间	自 年 月 日 时 分至 年 月 日 时 分止

序号	安全措施	是否涉及	确认人
1	盛装过有毒、可燃物料的受限空间，所有与受限空间有联系的阀门、管线已加盲板隔离，并落实盲板责任人，未采用水封或关闭阀门代替盲板		
2	盛装过有毒、可燃物料的受限空间，设备已经过置换、吹扫或蒸煮		
3	设备通风孔已打开进行自然通风，温度适宜人员作业；必要时采用强制通风或佩戴隔绝式呼吸防护装备，不应采用直接通入氧气或富氧空气的方法补充氧		
4	转动设备已切断电源，电源开关处已加锁并悬挂"禁止合闸"标志牌		
5	受限空间内部已具备进人作业条件，易燃易爆物料容器内作业，作业人员未采用非防爆工具，手持电动工具符合作业安全要求		

续表

6	受限空间进出口通道畅通，无阻碍人员进出的障碍物		
7	盛装过可燃有毒液体、气体的受限空间，已分析其中的可燃、有毒有害气体和氧气含量，且在安全范围内		
8	存在大量扬尘的设备已停止扬尘		
9	用于连续检测的移动式可燃、有毒气体、氧气检测仪已配备到位		
10	作业人员已佩戴必要的个体防护装备，清楚受限空间内存在的危险因素		
11	已配备作业应急设施：消防器材( )、救生绳( )、气防装备( )，盛有腐蚀性介质的容器作业现场已配备应急用冲洗水		
12	受限空间内作业已配备通信设备		
13	受限空间出入口四周已设立警戒区		
14	其他相关特殊作业已办理相应安全作业票		
15	其他安全措施：		

编制人：

安全交底人		接受交底人	
作业负责人意见	签字：　　　　年 月 日 时 分		
所在单位意见	签字：　　　　年 月 日 时 分		
完工验收	签字：　　　　年 月 日 时 分		

附表 3-4 《吊装安全作业票》

编号：

作业申请单位		作业单位		作业申请时间	年 月 日 时 分
吊装地点		吊具名称		吊物内容	
吊装作业人		司索人		监护人	
指挥人员		吊物质量(t)及作业级别			
风险辨识结果					
作业实施时间	自 年 月 日 时 分至 年 月 日 时 分止				

序号	安全措施	是否涉及	确认人
1	一、二级吊装作业已编制吊装作业方案，已经审查批准；吊装物体形状复杂、刚度小、长径比大、精密贵重，作业条件特殊的三级吊装作业，已编制吊装作业方案，已经审查批准		
2	吊装场所如有危险物料的设备、管道时，应制定详细吊装方案，并对设备、管道采取有效的防护措施，必要时停车，放空物料，置换后再进行吊装作业		
3	作业人员已按规定佩戴个体防护装备		
4	已对起重吊装设备、钢丝绳、揽风绳、链条、吊钩等各种机具进行检查，安全可靠		
5	已明确各自分工、坚守岗位，并统一规定联络信号		
6	将建筑物、构筑物作为锚点，应经所属单位工程管理部门审查核算并批准		
7	吊装绳索、揽风绳、拖拉绳等不应与带电线路接触，并保持安全距离		
8	不应利用管道、管架、电杆、机电设备等作吊装锚点		
9	吊物捆扎坚固，未见绳打结、绳不齐现象，棱角吊物已采取衬垫措施		
10	起重机安全装置灵活好用		
11	吊装作业人员持有有效的法定资格证书		
12	地下通信电(光)缆、局域网络电(光)缆、排水沟的盖板，承重吊装机械的负重量已确认，保护措施已落实		

续表

13	起吊物的质量(t)经确认,在吊装机械的承重范围内		
14	在吊装高度的管线、电缆桥架已做好防护措施		
15	作业现场围栏、警戒线、警告牌、夜间警示灯已按要求设置		
16	作业高度和转臂范围内无架空线路		
17	在爆炸危险场所内的作业,机动车排气管已装阻火器		
18	露天作业,环境风力满足作业安全要求		
19	其他相关特殊作业已办理相应安全作业票		
20	其他安全措施:		

<table>
<tr><td colspan="2" align="right">编制人:</td></tr>
<tr><td>安全交底人</td><td>接受交底人</td></tr>
<tr><td>作业指挥意见</td><td>签字: 年 月 日 时 分</td></tr>
<tr><td>所在单位意见</td><td>签字: 年 月 日 时 分</td></tr>
<tr><td>审核部门意见</td><td>签字: 年 月 日 时 分</td></tr>
<tr><td>审批部门意见</td><td>签字: 年 月 日 时 分</td></tr>
<tr><td>完工验收</td><td>签字: 年 月 日 时 分</td></tr>
</table>

附表3-5 《动土安全作业票》 编号:

申请单位		作业申请时间	年 月 日 时 分
作业单位		作业地点	作业内容
监护人		作业负责人	
关联的其他特殊作业及安全作业票编号			

作业范围、内容、方式(包括深度、面积,并附简图):

签字: 年 月 日 时 分

风险辨识结果	
作业实施时间	自 年 月 日 时 分至 年 月 日 时 分止

序号	安全措施	是否涉及	确认人
1	地下电力电缆、通信电(光)缆、局域网络电(光)缆已确认,保护措施已落实		
2	地下供排水、消防管线、工艺管线已确认,保护措施已落实		
3	已按作业方案图划线和立桩		
4	作业现场围栏、警戒线、警告牌、夜间警示灯已按要求设置		
5	已进行放坡处理和固壁支撑		
6	道路施工作业已报:交通、消防、安全监督部门、应急中心		
7	现场夜间有充足照明:A. 36V、24V、12V防水型灯;B. 36V、24V、12V防爆型灯		
8	作业人员配备有必要的个体防护装备		
9	易燃易爆、有毒气体存在的场所动土深度超过1.2m,已按照受限空间作业要求采取了措施		
10	其他相关特殊作业已办理相应安全作业票		

续表

11	其他安全措施：					
			编制人：			
安全交底人			接受交底人			
作业负责人意见						
			签字：	年 月 日 时 分		
所在单位意见						
			签字：	年 月 日 时 分		
有关水、电、汽、工艺、设备、消防、安全等部门会签意见：						
			签字：	年 月 日 时 分		
审批部门意见						
			签字：	年 月 日 时 分		
完工验收						
			签字：	年 月 日 时 分		

附表 3-6 《断路安全作业票》

编号：

申请单位		作业单位		作业负责人	
涉及相关单位(部门)				监护人	
断路原因					
关联的其他特殊作业及安全作业票编号					

断路地段示意图(可另附图)及相关说明：

签字： 年 月 日 时 分

风险辨识结果				
作业实施时间	自 年 月 日 时 分至 年 月 日 时 分止			

序号	安全措施	是否涉及	确认人
1	作业前，制定交通组织方案，并已通知相关部门或单位		
2	作业前，在断路的路口和相关道路上设置交通警示标志，在作业区域附近设置路栏、道路作业警示灯、导向标等交通警示设施		
3	夜间作业设置警示灯		
4	其他安全措施：		
	编制人：		

安全交底人			接受交底人	
作业负责人意见				
			签字： 年 月 日 时 分	
所在单位意见				
			签字： 年 月 日 时 分	
消防、安全管理部门意见				
			签字： 年 月 日 时 分	
审批部门意见				
			签字： 年 月 日 时 分	
完工验收				
			签字： 年 月 日 时 分	

附表 3-7 《高处安全作业票》 编号：

作业申请单位		作业申请时间	年 月 日 时 分
作业地点		作业内容	
作业高度		高处作业级别	
作业单位		监护人	
作业人		作业负责人	
关联的其他特殊作业及安全作业票编号			
风险辨识结果			
作业实施时间	自 年 月 日 时 分至 年 月 日 时 分止		

序号	安全措施	是否涉及	确认人
1	作业人员身体条件符合要求		
2	作业人员着装符合作业要求		
3	作业人员佩戴符合标准要求的安全帽、安全带，有可能散发有毒气体的场所携带正压式空气呼吸器或面罩备用		
4	作业人员携带有工具袋及安全绳		
5	现场搭设的脚手架、防护网、围栏符合安全规定		
6	垂直分层作业中间有隔离设施		
7	梯子、绳子符合安全规定		
8	轻型棚的承重梁、柱能承重作业过程最大负荷的要求		
9	作业人员在不承重物处作业所搭设的承重板稳定牢固		
10	采光、夜间作业照明符合作业要求		
11	30m 以上高处作业时，作业人员已配备通信、联络工具		
12	作业现场四周已设警戒区		
13	露天作业，风力满足作业安全要求		
14	其他相关特殊作业已办理相应安全作业票		
15	其他安全措施： 编制人：		

安全交底人		接受交底人	

作业负责人意见

签字： 年 月 日 时 分

所在单位意见

签字： 年 月 日 时 分

审核部门意见

签字： 年 月 日 时 分

审批部门意见

签字： 年 月 日 时 分

完工验收

签字： 年 月 日 时 分

附表 3-8 《盲板抽堵安全作业票》

编号：

申请单位			作业单位			作业类别	□堵盲板 □抽盲板	
设备、管道名称	管道参数			盲板参数			实施作业开始时间	
	介质	温度	压力	材质	规格	编号		
							月 日 时 分	

盲板位置图(可另附图)及编号：

编制人：　　　年　　月　　日

作业负责人		作业人		监护人	
关联的其他特殊作业及安全作业票编号					
风险辨识结果					

序号	安全措施	是否涉及	确认人
1	在管道、设备上作业时，降低系统压力，作业点应为常压或微正压		
2	在有毒介质的管道、设备上作业时，作业人员应穿戴适合的个体防护装备		
3	火灾爆炸危险场所，作业人员穿防静电工作服、工作鞋；作业时使用防爆灯具和防爆工具		
4	火灾爆炸危险场所的气体管道，距作业地点 30m 内无其他动火作业		
5	在强腐蚀性介质的管道、设备上作业时，作业人员已采取防止酸碱化学灼伤的措施		
6	介质温度较高、可能造成烫伤的情况下，作业人员已采取防烫措施		
7	介质温度较低、可能造成人员冻伤情况下，作业人员已采取防冻伤措施		
8	同一管道上未同时进行两处及两处以上的盲板抽堵作业		
9	其他相关特殊作业已办理相应安全作业票		
10	作业现场四周已设警戒区		
11	其他安全措施 编制人：		

安全交底人		接受交底人	

作业负责人意见

签字：　　　年 月 日 时 分

所在单位意见

签字：　　　年 月 日 时 分

完工验收

签字：　　　年 月 日 时 分

附表 3-9 《临时用电安全作业票》 编号：

申请单位		作业申请时间		年 月 日 时 分		
作业地点		作业内容				
电源接入点及 许可用电功率		工作电压				
用电设备名称及 额定功率		监护人		用电人		
作业人		电工证号				
作业负责人		电工证号				
关联的其他特殊作业 及安全作业票编号						
风险辨识结果						
可燃气体分析(运行的生产装置、罐区和具有火灾爆炸危险场所)						
分析时间	时 分	时 分	分析点			
可燃气体检测结果			分析人			
作业实施时间	自 年 月 日 时 分至 年 月 日 时 分					

序号	安全措施	是否涉及	确认人
1	作业人员持有电工作业操作证		
2	在防爆场所使用的临时电源、元器件和线路达到相应的防爆等级要求		
3	上级开关已断电、加锁，并挂安全警示标牌		
4	临时用电的单相和混用线路要求按照 TN-S 三相五线制方式接线		
5	临时用电线路如架高敷设，在作业现场敷设高度应不低于 2.5m，跨越道路高度应不低于 5m		
6	临时用电线路如沿墙面或地面敷设，已沿建筑物墙体根部敷设，穿越道路或其他易受机械损伤的区域，已采取防机械损伤的措施；在电缆敷设路径附近，已采取防止火花损伤电缆的措施		
7	临时用电线路架空进线不应采用裸线		
8	暗管埋设及地下电缆线路敷设时，已备好"走向标志"和"安全标志"等标志桩，电缆埋深要求大于 0.7m		
9	现场临时用配电盘、箱配备有防雨措施，并可靠接地		
10	临时用电设施已装配漏电保护器，移动工具、手持工具已采取防漏电的安全措施(一机一闸一保护)		
11	用电设备、线路容量、负荷符合要求		
12	其他相关特殊作业已办理相应安全作业票		
13	作业场所已进行气体检测且符合作业安全要求		
14	其他安全措施： 　　　　　　　　　　　　　　　　编制人：		

安全交底人		接受交底人	

作业负责人意见

　　　　　　　　　　　　　　　　　　　签字：　　　　　年 月 日 时 分

用电单位意见

　　　　　　　　　　　　　　　　　　　签字：　　　　　年 月 日 时 分

配送电单位意见

　　　　　　　　　　　　　　　　　　　签字：　　　　　年 月 日 时 分

完工验收

　　　　　　　　　　　　　　　　　　　签字：　　　　　年 月 日 时 分

附录4 脚手架搭设与拆除具体要求

一、术语

1. 脚手架：临时搭设的供工作人员工作的平台，为搭设中需要的设备及材料提供可靠的支撑，帮助人员进入工作现场。

2. 步距：两层脚手架之间的高度差。

3. 纵距：两立杆之间的距离。

4. 立杆：处于竖直状态的支撑杆件。

5. 大横杆：处于水平状态的支撑杆件，用来横向联接立杆。

6. 条板：水平非承重件，在横杆下。

7. 小横杆：连接大横杆，用以铺设踏板；或是联接里外立杆，以建立工作平台。

8. 横梁：横跨大横杆用来支撑构成工作平台的踏板的管子。

9. 踏板：用来搭设平台底板的板件。

10. 斜撑杆：保持脚手架横向稳定的构件。

11. 斜杆：联接两个或更多个平行构件的结构件，以保持脚手架整体稳定。

12. 对接扣件：用于固定和联接管件的部件。

13. 回转扣件：用于联接不是成直角的两根管件。

14. 直角扣件：用于联接成直角的两根管卡。

15. 垫板：方形铁板，用于放置在立杆下。

16. 铁丝：用来将脚手架联接到固定结构上。

17. 护栏：工作平台上，联接在立杆之间，防止人员坠落。

18. 挡脚板：立于工作平台边缘的板件，以防人员滑出平台或材料坠落。

二、脚手架安全管理

（一）脚手架搭设

1. 脚手架搭设或拆除人员必须依据《特种作业人员安全技术培训考核管理规定》经考核合格，领取《特种作业人员操作证》的专业架子工进行。脚手架搭、拆人员在进行施工作业前，必须接受技术人员的安全交底。

2. 操作时必须佩戴安全帽、安全带，穿防滑鞋。

3. 对架管、扣件、脚手板等材料进行使用前的检查验收，不合格品严禁使用。

4. 荷载超过270kgf/m² 的脚手架或形式特殊的脚手架应进行设计，并经技术负责人批准后方可搭设。

5. 在构筑物搭设脚手架应验算构筑物强度。脚手架不得钢、木混搭。

6. 脚手架的立杆应垂直，钢管立杆应设置金属底座或加垫板。如遇松土时应增加扫地杆。

7. 脚手架的两端、转角处以每隔6~7根立杆，应设支杆及剪刀撑，支杆和剪刀撑与地面的夹角不得大于60°支杆埋入地下的深度不得小于300mm。架子高度在7m以上或无法设支杆时，竖向每隔4m、横向每隔7m必须与建筑物连接牢固。

8. 脚手架应满铺，不得有空隙和探头板。脚手架与墙面的距离不得大于200mm。

9. 在架子拐弯处，脚手板应交错搭接。

10. 脚手板应铺设平稳并绑扎牢固，不平的地方用木板垫平钉牢。

11. 脚手架的外侧、斜道和平台应搭设由上而下两道横杆及围栏组成的防护栏杆，上杆离架子底部高度 1.05~1.2m，并设 180mm 高的挡脚板或设防护立网。

12. 采用垂直爬梯时梯档应绑扎牢固，间距不大于 30cm。严禁手中拿物攀登。

13. 斜道板、跳板的坡度不得大于 1：3，宽度不得小于 1.5m，并设防滑条，防滑条的间距不得大于 300mm。

14. 脚手架应经常检查，在大风、暴雨后及解冻期应加强检查，长期停用的脚手架，在恢复使用前应检查。

15. 非专业工种人员不得搭、拆脚手架。搭设脚手架时作业人员应挂好安全带，递杆、撑杆人员应密切配合。施工区域周围应设围栏和警告标志，并有专人监护，严禁无关人员入内。

16. 大雾及雨、雪天气和 6 级以上大风时，不得进行脚手架上的高处作业。

17. 脚手架搭设作业时，应按形成基本构架单元的要求逐排、逐跨和逐步地进行搭设，矩形周边脚手架宜从其中的一个角部开始向方向延伸外搭设。确保已搭部分稳定。

18. 搭设作业，应按以下要求作好自我保护和保护好作业现场人员的安全：

（1）在脚手架上作业人员应穿防滑鞋和系好安全带。保证作业的安全，脚下应有必要数量的脚手板，并应铺设平稳，且不得有探头板。当暂时无法铺设落脚板时，用于落脚或抓握、把持的杆件均应为稳定的构架部分，着力点与构架节点的水平距离应不大于 0.8m，垂直距离应不大于 1.5m。位于杆接头之上的自由立杆不得用作把持杆。

（2）在脚手架上作业人员应作好分工和配合，传递杆件掌握好重心，平稳传递。不要用力过猛，以免引起人身或杆件失衡。对每完成的一道工序，要认真检查才能进行下一道工序。

（3）作业人员应佩带工具袋，工具用完后要装于袋中，不要放在架子上，以免掉落伤人。

（4）架设材料要随上随用，以免放置不当时掉落。

（5）每次收工以前，所有上架材料应全部清理好，不要放在架子上，要形成稳定的构架，不能形成稳定构架的部分应采取临时撑拉措施予以加固。

（6）在搭设作业进行中，地面上的人员应避开可能落物的区域。

19. 在脚手架上作业时的安全注意事项：

（1）作业前应注意检查作业环境是否可靠，安全防护设置是否齐全有效，确认无误后方可作业。

（2）作业时应注意随时清理落在架面上的材料，保持架面清洁，不要乱放材料，工具，以免造成掉物伤人。

（3）在进行撬、拉、推等操作时，要注意采取正确的姿势，站稳脚跟，或一手把持在稳固的结构或支持物上，以免用力过猛身体失去平衡或把东西甩出。在脚手架上拆除模板时，采取必要的支托措施，以防抗拒下的模板材料掉落架外。

（4）当架面高度不够、需要垫高时，一定要采用稳定可靠的垫高办法，且垫高不要超过 500mm；超过 500mm 时，应按搭设规定升高铺板层。在升高作业面时，应相应加高防护设施。

（5）在架面上运送材料经过作业人员头顶时，要及时发出避让的信号。材料要轻放，不许采用倾倒、猛磕或其他匆忙卸料方式。

（6）严禁在架面上打闹嬉耍、退着行走和跨坐在外防护横杆上休息。不要在架面上抢行、跑跳，应注意身体不要失衡。

20. 在脚手架上进行电气焊作业时，要拿东西接着火星或撤去易燃物，以防火星点着易燃物。并应有防火措施。一旦着火时，及时予以扑灭。

21. 其他安全注意事项：

（1）运送杆应尽量利用垂直运输设施或悬挂滑轮提升，并绑扎牢固。尽量避免人工传递。

（2）除搭设过程中必要的 1~2 步架的上下外，作业人员不得攀缘脚手架上下，应走房屋楼梯或另设安全人梯。

（3）在搭设脚手架时，不得使用不合格的架设材料。

（4）作业人员要服从统一指挥，不得自行其是。

（5）脚手架的作业面的脚手板必须满铺，不得留有空隙和探头板。脚手板与墙面之间的距离一般不应大于 200mm。脚手板应与脚手架或靠拴结。

（6）作业面的外侧立面的防护设施采用挡脚板加两道防护栏杆。

22. 架上作业应按规范或设计规定的荷载使用，严禁超载。并应遵守如下要求：

（1）作业面上的荷载，包括脚手板、人员，当施工组织设计无规定时，应按规范的规定值控制，即结构脚手架不超过 $3kN/m^2$；装修脚手架不超过 $2kN/m^2$；维护脚手架不超过 $1kN/m^2$。

（2）脚手架的板层和同时作业层的数量不得超过规定。

（3）垂直运输设施与脚手架之间的转运平台的铺板层数和荷载控制应按规定执行，不得任意增加铺板层和数量和在转运平台上超载材料。

（4）架面荷载应力求均匀分布，避免荷载集中于一侧。

（5）过梁等墙体构件要随运随装，不得存放在脚手架上。

（6）较重的施工设备不得放在脚手架上。模板支撑、缆风绳泵送混凝土及砂浆的管等固定在脚手架上及任意悬挂起重设备。

23. 架上作业时，不要随意拆除基本结构杆件和连墙件，因作业的需要必须拆除某些杆件和连墙点时，必须取得施工主管和技术人员的同意，并采取加固措施后方可拆除。

24. 架上作业时，不要随意拆除安全防护设施，没有安全设施的，必须补设，才能上架进行作业。

（二）脚手架搭设后的检验

1. 脚手架搭设完毕，必须经相关人员检查验收，确认合格后挂牌使用。

2. 搭设高度在 10m 及以下的脚手架，由架工负责人和使用工地的安全员负责检查验收，检验合格后验证人在《脚手架检验表》上签字认可后挂牌使用。

3. 搭设高度在 10m 以上的脚手架，由架工负责人、安全员、技术质检部负责检查验收，检验合格后验证人在《脚手架检验表》上签字认可后挂牌使用。

4. 在带电区、易燃、易爆等危险区内搭设有可能对人身、设备、机械造成严重后果的脚手架，由搭设单位负责人、班组技术员、工地安全员、安全保卫部、技术质检部负责检查验收，检验合格后验证人在《脚手架检验表》上签字认可后挂牌使用。

5. 未经检查、验收、签证和挂牌的脚手架，严禁使用。

（三）脚手架维护

1. 经验证合格的脚手架，由使用单位负责施工过程中的检查，发现的问题及时向搭设人员反映，并要求搭设人员按规定进行整改。

2. 脚手架的日常检修、维护由脚手架搭设单位负责。

（四）脚手架拆除

1. 脚手架拆除作业前，应制订详细的拆除施工方案和安全技术措施。拆除前应进行一次拆除前检查，检验合格后验证人在《脚手架检验表》上签字认可后，悬挂脚手架拆除警示卡方可进行拆除作业。（工地专职安全员、安全保卫部、技术质检部技术负责人检查、验证脚手架的牢固性；对存有隐患的脚手架必须采取加固措施，确保脚手架拆除过程中的安全）

2. 脚手架拆除前，拆除单位应在拆除区域必须拉设警戒绳，在各通道口悬挂"正在施工、禁止入内"警示牌，并设专人监护，无关人员禁止入内。

3. 脚手架拆除应自上而下的顺序进行，严禁上下同时进行作业或将脚手架整体推倒。

4. 拆除脚手架前，必须清理干净脚手架上和周围设备或建筑物上的遗留物。严禁将铁丝、杆件、扣件、脚手板等从高空抛掷或放置在设备上，必须一次性拆除干净，当天运到指定地点，并分类摆放整齐。

5. 拆卸脚手板、杆件、门架及其他较长、较重、有联结的部件时，必须要多人一起进行。禁止单人进行拆卸，防止把持杆件不稳、失衡而发生事故。拆除水平杆件时，松开联结后，水平托持取下。

6. 多人或多组进行拆卸作业时，应加强指挥，不能不按程序进行的任意拆卸。

7. 拆卸现场应有安全围护，并设专人看管，作业人员进入拆卸作业区内。

8. 严禁将拆的杆部件和材料向地面抛掷。已吊至地面的架设材料应随时运出拆卸区域，保持现场文明。

9. 脚手架立杆的基础应平整夯实，具有足够的承载力和稳定性。设于坑边或台上时，立杆距坑、台的上边缘不得小于1m，且边坡的坡度不得大于土的自然安息角，否则，应作边坡的保护和加固处理。脚手架立杆之下必须设置垫板。

10. 搭设和拆除作业中的安全防护：

（1）作业现场应设安全围栏和警示标志，不允许无关人员进入危险区域。

（2）对尚未形成或已失支稳定脚手架部位加设临时支撑或拉结。

（3）在无可靠的安全带扣持物时，应拉设安全网。

（4）设置材料提上或吊下的设施，禁止投掷。

11. 施工单位需要将特殊脚手架进行部分拆除时，必须经技术人员对方案的可靠性进行验证。对部分拆除后的特殊脚手架应采取加固措施，并组织相关部门重新验收合格后，方可进行再次挂牌使用。

12. 其他要求：

（1）施工现场放置的各种脚手架部件，必须分类摆放整齐，严禁阻塞通道，在高空放置的部件，其边沿部分必须设置防坠落挡板。

（2）在做好的地坪上搭设脚手架时，立杆的底部必须加保护垫板。

（3）在已经油漆、保温的管道，贵重设备、仪表管道、重要设施等近处搭设脚手架时，严禁挤压、碰撞上述设备；严禁将脚手架焊接在设备上。

（4）在带电区或升压站搭设脚手架时，必须用木杆件和尼龙软梯，严禁使用钢管、钢爬梯等金属材料。

（5）当需要在人行通道处搭设脚手架时，第一道横杆距地面的高度必须大于2m，严禁利用通道或平台栏杆做脚手架的支撑。

（6）在主要通道的上方搭设脚手架时，第一道横杆距地面的距离必须大于4m；由架子工在所有通道的明显处挂置醒目的提示和警告标志。

（7）在搭设脚手架的过程中，严禁用相邻的脚手架作受力杆件。

（8）钢筋吊架或钢筋爬梯的上端，必须用双股8#铁丝与可靠的构筑物（或构件）缠绕两圈绑扎牢固，未经许可，严禁将铁丝拆除。

附录5 施工现场用电作业安全具体要求

根据《施工现场临时用电安全技术规范(附条文说明)》(JGJ 46—2005),施工现场临时用电安全要求如下:

一、外电线路防护

1. 在建工程不得在外电架空线路正下方施工、搭设作业棚、建造生活设施或堆放构件、架具、材料及其他杂物等。

2. 在建工程(含脚手架)的周边与外电架空线路的边线之间的最小安全操作距离应符合附表5-1规定。

附表5-1 在建工程(含脚手架)的周边与架空线路的边线之间的最小安全操作距离

外电线路电压等级/kV	<1	1~10	35~110	220	330~550
最小安全操作距离/m	4.0	6.0	8.0	10	15

注:上、下脚手架的斜道不宜设在有外电线路的一侧。

3. 施工现场的机动车道与外电架空线路交叉时,架空线路的最低点与路面的最小垂直距离应符合附表5-2规定。

附表5-2 施工现场的机动车道与架空线路交叉时的最小垂直距离

外电线路电压等级/kV	<1	1~10	35
最小垂直距离/m	6.0	7.0	7.0

4. 起重机严禁越过无防护设施的外电架空线路作业。在外电架空线路附近吊装时,起重机的任何部位或被吊物边缘在最大偏斜时与架空线路边线的最小安全距离应符合附表5-3规定。

附表5-3 起重机与架空线路边线的最小安全距离

电压/kV / 安全距离/m	<1	10	35	110	220	330	500
沿垂直方向	1.5	3.0	4.0	5.0	6.0	7.0	8.5
沿水平方向	1.5	2.0	3.5	4.0	6.0	7.0	8.5

5. 施工现场开挖沟槽边缘与外电埋地电缆沟槽边缘之间的距离不得小于0.5m。

6. 当达不到本规范规定时,必须采取绝缘隔离防护措施,并应悬挂醒目的警告标志。

架设防护设施时,必须经有关部门批准,采用线路暂时停电或其他可靠的安全技术措施,并应有电气工程技术人员和专职安全人员监护。

防护设施与外电线路之间的安全距离不应小于附表5-4所列数值。

防护设施应坚固、稳定,且对外电线路的隔离防护应达到IP30级。

附表 5-4　防护设施与外电线路之间的最小安全距离

外电线路电压等级/kV	≤10	35	110	220	330	500
最小安全距离/m	1.7	2.0	2.5	4.0	5.0	6.0

7. 当第 6 条规定的防护措施无法实现时，必须与有关部门协商，采取停电、迁移外电线路或改变工程位置等措施，未采取上述措施的严禁施工。

8. 在外电架空线路附近开挖沟槽时，必须会同有关部门采取加固措施，防止外电架空线路电杆倾斜、悬倒。

二、接地与防雷

（一）一般规定

1. 在施工现场专用变压器的供电的 TN-S 接零保护系统中，电气设备的金属外壳必须与保护零线连接。保护零线应由工作接地线、配电室（总配电箱）电源侧零线或总漏电保护器电源侧零线处引出（附图 5-1）。

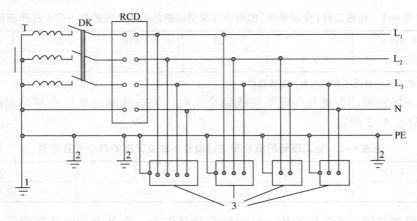

附图 5-1　专用变压器供电时 TN-S 接零保护系统示意

1—工作接地；2—PE 线重复接地；3—电气设备金属外壳（正常不带电的外露可导电部分）；

L1、L2、L3—相线；N—工作零西安；PE—保护零线；DK—总电源隔离开关；

RCD—总漏电保护器（兼有短路、过载、漏电保护功能的漏电断路器）；T—变压器

2. 施工现场与外电线路共用同一供电系统时，电气设备的接地、接零保护应与原系统保持一致。不得一部分设备做保护接零，另一部分设备做保护接地。

3. 采用 TN 系统做保护接零时，工作零线（N 线）必须通过总漏电保护器，保护零线（PE线）必须由电源进线零线重复接地处或总漏电保护器电源侧零线处，引出形成局部 TN-S 接零保护系统（附图 5-2）。

4. 在 TN 接零保护系统中，通过总漏电保护器的工作零线与保护零线之间不得再做电气连接。

5. 在 TN 接零保护系统中，PE 零线应单独敷设。重复接地线必须与 PE 线相连接，严禁与 N 线相连接。

6. 使用一次侧由 50V 以上电压的接零保护系统供电，二次侧为 50V 及以下电压的安全

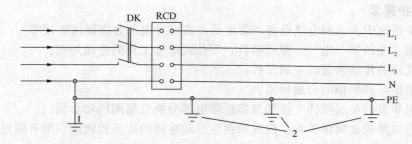

附图 5-2　三相四线供电时局部 TN-S 接零保护系统保护零线引出示意

1—NPE 线重复接地；2—PE 线重复接地；L_1、L_2、L_3—相线；N—工作零线；

PE—保护零线；DK—总电源隔离开关；RCD—总漏电保护器(兼有短路、过载、漏电保护功能的漏电断路器)

隔离变压器时，二次侧不得接地，并应将二次线路用绝缘管保护或采用橡皮护套软线。

当采用普通隔离变压器时，二次侧一端应接地，且变压器正常不带电的外露可导电部分应与一次回路保护零线相连接。

以上变压器尚应采取防直接接触带电体的保护措施。

7. 施工现场的临时用电电力系统严禁利用大地做相线或零线。

8. 接地装置的设置应考虑土壤干燥或冻结等季节变化的影响，并应符合附表 5-5 的规定，接地电阻值在四季中均应符合本规范要求。但防雷装置的冲击接地电阻值只考虑在雷雨季节中土壤干燥状态的影响。

附表 5-5　接地装置的季节系数 ψ 值

埋深/m	水平接地体	长 2~3m 的垂直接地体
0.5	1.4~1.8	1.2~1.4
0.8~1.0	1.25~1.45	1.15~1.3
2.5~3.0	1.0~1.1	1.0~1.1

注：大地比较干燥时，取表中较小值；比较潮湿时，取表中较大值。

9. 干线所用材质与相线、工作零线(N 线)相同时，其最小截面应符合附表 5-6 的规定；

附表 5-6　PE 线截面与相线截面的关系

相线芯线截面 S/mm²	PE 线最小截面/mm²	相线芯线截面 S/mm²	PE 线最小截面/mm²
$S \leqslant 16$	5	$S > 35$	$S/2$
$16 < S \leqslant 35$	16		

10. 保护零线必须采用绝缘导线。

11. 配电装置和电动机械相连接的 PE 线应为截面不小于 2.5mm^2 的绝缘多股铜线。手持式电动工具的 PE 线应为截面不小于 1.5mm^2 的绝缘多股铜线。

12. PE 线上严禁装设开关或熔断器，严禁通过工作电流，且严禁断线。

13. 相线、N 线、PE 线的颜色标记必须符合以下规定：相线 L_1(A)、L_2(B)、L_1(C) 相序的绝缘颜色依次为黄、绿、红色；N 线的绝缘颜色为淡蓝色；PE 线的绝缘颜色为绿/黄双色。任何情况下上述颜色标记严禁混用和互相代用。

（二）保护接零

1. 在 TN 系统中，下列电气设备不带电的外露可导电部分应做保护接零：

（1）电机、变压器、电气、照明器具、手持式电动工具的金属外壳；

（2）电气设备传动装置的金属部件；

（3）配电柜与控制柜的金属框架；

（4）配电装置的金属箱体、框架及靠近带电部分的金属围栏和金属门；

（5）电力线路的金属保护管、敷线的钢索、起重机的底座和轨道、滑升模板金属操作平台等；

（6）安装在电力线路杆(塔)上的开关、电容器等电气装置的金属外壳及支架；

（7）城防、人防、隧道等潮湿或条件特别恶劣施工现场的电气设备必须采用保护接零；

（8）在 TN 系统中，下列电气设备不带电的外露可导电部分，可不做保护接零；

（9）在木质、沥青等不良导电地坪的干燥房间内，交流电压 380V 及以下的电气装置金属外壳(当维修人员可能同时触及电气设备金属外壳和接地金属物件时除外)；

（10）安装在用电柜、控制柜金属框架和配电箱的金属箱体上，且与其可靠电气连接的电气测量仪表。电流互感器、电气的金属外壳。

（三）接地与接地电阻

1. 单台容量超过 100kV·A 或使用同一接地装置并联运行且总容量超过 100kV·A 的电力变压器或发电机的工作接地电阻值不得大于 4Ω。

单一容量不超过 100kV·A 或使用同一接地装置并联运行且总容是不超过 100kV·A 的电力变压器或发电机的工作接地电阻值不得大于 10Ω。

在土壤电阻率大于 1000Ω·m 的地区，当达到上述接地电阻值有困难时，工作接地电阻值可提高到 30Ω。

2. TN 系统中的保护零线除必须在配电室或总配电箱处做重复接地外，还必须在配电系统的中间处和末端处做重复接地。

3. 在 TN 系统中，保护零线每一处重复接地装置的接地电阻值不应大于 10Ω。在工作接地电阻值允许达到 10Ω 的电力系统中，所有重复接地的等效电阻值不应大于 10Ω。

4. 在 TN 系统中，严禁将单独敷设的工作零线再做重复接地。

5. 每一接地装置的接地线应采用两根及以上导体，在不同点与接地体做电气连接。

不得采用铝导体做接地体或地下接地线。垂直接地体宜采用角钢、钢管或光面圆钢，不得采用螺纹钢。

接地可利用自然接地体，但应保证其电气连接和热稳定。

6. 移动式发电机供电的用电设备，其金属外壳或底座应与发电机电源的接地装置有可靠的电气连接。

7. 移动式发电机系统接地应符合电力变压器系统接地的要求。下列情况时不另做保护接零：

（1）移动式发电机和用电设备固定在同一金属支架上，且不供给其他设备用电时；

（2）不超过两台的用电设备由专用的移动式发电机供电，供、用电设备间距不超过 50m，且供、用电设备的金属外壳之间有可靠的电气连接时。

8. 在有静电的施工现场内，对集聚在机械设备上的静电应采取接地泄漏设施。每组专设的静电接地体的接地电阻值不应大于 100Ω，高土壤电阻率地区不应大于 1000Ω。

三、配电线路

（一）架空线路

1. 架空线必须采用绝缘导线。

2. 架空线必须架设在专用电杆上，严禁架设在树木、脚手架及其他设施上。

3. 架空线导线截面的选择应符合下列要求：

（1）导线中的计算负荷电流不大于其长期连续负荷允许载流量；

（2）线路末端电压偏移不大于其额定电压的 5%；

（3）三相四线制线路的 N 线和 PE 线截面不小于相线截面的 50%，单相线路的零线截面与相线截面相同；

（4）按机械强度要求，绝缘铜线截面不小于 $10mm^2$，绝缘铝线截面不小于 $16mm^2$；

（5）在跨越铁路、公路、河流、电力线路档距内，绝缘铜线截面不小于 $16mm^2$，绝缘铝线截面不小于 $25mm^2$。

4. 架空线在一个档距内，每层导线的接头数不得超过该层导线条数的 50%，且一条导线应只有一个接头。

在跨越铁路、公路、河流、电力线路档距内，架空线不得有接头。

5. 架车线路相序排列应符合下列规定：

（1）动力、照明线在同一横担上架设时，导线相序排列是：面向负荷从左侧起依次为 L_1、N、L_2、L_3、PE；

（2）动力、照明线在二层横担上分别架设时，导线相序排列是：上层横担面向负荷从左侧起依次为 L_1、L_2、L_3；下层横担面向负荷从左侧起依次为 L_1（L_2、L_3）、N、PE。

6. 架空线路的档距不得大于 35m。

7. 架空线路的线间距不得小于 0.3m，靠近电杆的两导线的间距不得小于 0.5m。

8. 架空线路横担间的最小垂直距离不得小于附表 5-7-1 所列数值；横担宜采用角钢或方木，低压铁横担角钢应按附表 5-7-2 选用，方木横担截面应按 80mm×80mm 选用；横担长度应按附表 5-7-3 选用。

附表 5-7-1　横担间的最小垂直距离　　　　　　　　　　　　　　　m

排列方式	直线杆	分支或转角杆
高压与低压	1.2	1.0
低压与低压	0.6	0.3

附表 5-7-2　低压铁横担角钢选用表

导线截面/mm^2	直线杆	分支或转角杆	
		二线及三线	四线及以上
16 25 35 50	∟ 50×5	2×∟ 50×5	2×∟ 63×5
70 95 120	∟ 63×5	2×∟ 63×5	2×∟ 70×6

附表 5-7-3　横担长度选用

	横杆长度/m	
二线	三线、四线	五线
0.7	1.5	1.8

9. 架空线路与邻近线路或固定物的距离应符合附表 5-8 的规定。

附表 5-8　架空线路与邻近线路或固定物的距离

项目	距离类别					
最小净空距离/m	架空线路的过引线、接下线与邻线	架空线与架空线电杆外缘		架空线与摆动最大时树梢		
	0.13	0.05		0.50		
最小垂直距离/m	架空线同杆架设下方的通信、广播线路	架空线最大弧垂与地面		架空线最大弧垂与暂设工程顶端	架空线与邻近电力线路交叉	
		施工现场	机动车道	铁路轨道		1kV 以下	1~10kV
	1.0	4.0	6.0	7.5	2.5	1.2	2.5
最小水平距离/m	架空线电杆与路基边缘	架上线电针与铁路轨道边缘		架空线边线与建筑物凸出部分		
	1.0	杆高(m)+3.0		1.0		

10. 架字线路宜采用钢筋混凝土杆或木杆。钢筋混凝土杆不得有露筋、宽度大于 0.4mm 的裂纹和扭曲；木杆不得腐朽，其梢径不应小于 140mm。

11. 电杆埋设深度宜为杆长的 1/10 加 0.6m，回填土应分层夯实。在松软土质处宜加大埋入深度或采用卡盘等加固。

12. 直线杆和 15°以下的转角杆，可采用单横担单绝缘子，但跨越机动车道时应采用单横担双绝缘子；15°到 45°的转角杆应采用双横担双绝缘子；45°以上的转角杆，应采用十字横担。

13. 架空线路绝缘子应按下列原则选择：

（1）直线杆采用针式绝缘子；

（2）耐张杆采用蝶式绝缘子。

14. 电杆的拉线宜采用不少于 3 根直径 4.0mm 的镀锌钢丝。拉线与电杆的夹角应在 30°~45°之间。拉线埋设深度不得小于 1m。电杆拉线如从导线之间穿过，应在高于地面 2.5m 处装设拉线绝缘子。

15. 因受地形环境限制不能装设拉线时，可采用撑杆代替拉线，撑杆埋设深度不得小于 0.8m，其底部应垫底盘或石块。撑杆与电杆的夹角宜为 30°。

16. 接户线在档距内不得有接头，进线处离地高度不得小于 2.5m。接户线最小截面应符合附表 5-9-1 规定。接户线线间及与邻近线路间的距离应符合附表 5-9-2 的要求。

附表 5-9-1　接户线的最小截面

接户线架设方式	接户线长度/m	接户线截面/mm²	
		铜线	铝线
架空或沿墙敷设	10~25	6.0	10.0
	≤10	4.0	6.0

附表 5-9-2　接户线线间及与邻近线路间的距离

接户线架设方式		接户线档距/m	接户线线间距离/mm
架空敷设		≤25	150
		>25	200
沿墙敷设		≤6	100
		>6	150
架空接户线与广播电话线交叉时的距离/mm			接户线在上部，600
			接户线在下部，300
架空或沿墙敷设的接户线零线和相线交叉时的距离/mm			100

17. 架空线路必须有短路保护。

18. 采用熔断器做短路保护时，其熔体额定电流不应大于明敷绝缘导线长期连续负荷允许载流量的 1.5 倍。

19. 采用断路器做短路保护时，其瞬动过流脱扣器脱扣电流整定值应小于线路末端单相短路电流。

20. 架空线路必须有过载保护。

21. 采用熔断器或断路器做过载保护时，绝缘导线长期连续负荷允许载流量不应小于熔断器熔体额定电流或断路器长延时过流脱扣器脱扣电流整定值的 1.25 倍。

（二）室内配线

1. 室内配线必须采用绝缘导线或电缆。

2. 室内配线应根据配线类型采用瓷瓶、瓷（塑料）夹、嵌绝缘槽、穿管或钢索敷设。

3. 潮湿场所或埋地非电缆配线必须穿管敷设，管口和管接头应密封；当采用金属管敷设时，金属管必须做等电位连接，且必须与 PE 线相连接。

4. 室内非埋地明敷主干线距地面高度不得小于 2.5m。

5. 架空进户线的室外端应采用绝缘子固定，过墙处应穿管保护，距地面高度不得小于 2.5m，并应采取防雨措施。

6. 室内配线所用导线或电缆的截面应根据用电设备或线路的计算负荷确定，但铜线截面不应小于 1.5mm²，铝线截面不应小于 2.5mm²。

7. 钢索配线的吊架间距不宜大于 12m。采用瓷夹固定导线时，导线间距不应小于 35mm，瓷夹间距不应大于 800mm；采用瓷瓶固定导线时，导线间距不应小于 100mm，瓷瓶间距不应大于 1.5m；采用护套绝缘导线或电缆时，可直接敷设于钢索上。

8. 室内配线必须有短路保护和过载保护，短路保护和过载保护电气 V 与绝缘导线、电缆的选配应符合本规范要求。对穿管敷设的绝缘导线线路，其短路保护熔断器的熔体额定电流不应大于穿管绝缘导线长期连续负荷允许载流量的 2.5 倍。

四、配电箱及开关箱

（一）电气设备的选择

1. 配电箱、开关箱内的电气设备必须可靠、完好，严禁使用破损、不合格的电气设备。

2. 总配电箱的电气设备应具备电源隔离，正常接通与分断电路，以及短路、过载、漏电保护功能。电气设备的设置应符合下列原则：

（1）当总路设置总漏电保护器时，还应装设总隔离开关、分路隔离开关以及总断路器、分路断路器或总熔断器、分路熔断器。当所设总漏电保护器是同时具备短路、过载、漏电保护功能的漏电断路器时，可不设总断路器或总熔断器。

（2）当各分路设置分路漏电保护器时，还应装设总隔离开关、分路隔离开关以及总断路器、分路断路器或总熔断器、分路熔断器。当分路所设漏电保护器是同时具备短路、过载、漏电保护功能的漏电断路器时，可不设分路断路器或分路熔断器。

（3）隔离开关应设置于电源进线端，应采用分断时具有可见分断点，并能同时断开电源所有极的隔离电气。如采用分断时具有可见分断点的断路器，可不另设隔离开关。

（4）熔断器应选用具有可靠灭弧分断功能的产品。

（5）总开关电气的额定值、动作整定值应与分路开关电气的额定值、动作整定值相适应。

3. 总配电箱应装设电压表、总电流表、电度表及其他需要的仪表。专用电能计量仪表的装设应符合当地供用电管理部门的要求。

4. 装设电流互感器时，二次回路必须与保护零线有一个连接点，且严禁断开电路。

5. 分配电箱位装设总隔离开关、分路隔离开关以及总断路器、分路断路器或总熔断器、分路熔断器。其设置和选择应符合本规范相关要求。

6. 开关箱必须装设隔离开关、断路器或熔断器，以及漏电保护器。当漏电保护器是同时具有短路、过载、漏电保护功能的漏电断路器时，可不装设断路器或熔断器。隔离开关应采用分断时具有可见分断点，能同时断开电源所有极的隔离电气，并应设置于电源进线端。当断路器是具有可见分断点时，可不另设隔离开关。

7. 开关箱中的隔离开关只可直接控制照明电路和容量不大于 3.0kW 的动力电路应采用断路器控制，操作频繁时还应附设接触器或其他启动控制装置。

8. 开关箱中各种开关电气的额定值和动作整定值应与其控制用电设备的额定值和特性相适应。通用电动机开关箱中电气的规格可按本规范附录 C 选配。

9. 漏电保护器时装设在总配电箱、开关箱靠近负荷的一侧，且不得用于启动电气设备的操作。

10. 漏电保护器的选择应符合现行国家标准 GB 6829《剩余电流动作保护器（RCD）的一般要求》和 GB 13955《剩余电流动作保护安装和运行》的规定。

11. 开关箱中漏电保护器的额定漏电动作电流不应大于 30mA，额定漏电动作时间不应大于 0.1s。

使用于潮湿或有腐蚀介质场所的漏电保护器应采用防溅型产品，其额定漏电动作电流不应大于 15mA，额定漏电动作时间不应大于 0.1s。

12. 总配电箱中漏电保护器的额定漏电动作电流应大于 30mA，额定漏电动作时间应大于 0.1s，但其额定漏电动作电流与额定漏电动作时间的乘积不应大于 30mA·s。

13. 总配电箱和开关箱中漏电保护器的极数和线数必须与其负荷侧负荷的相数和线数一致。

14. 配电箱、开关箱中的漏电保护器宜选用无辅助电源型（电磁式）产品，或选用辅助电源故障时能自动断开的辅助电源型（电子式）产品。当选用辅助电源故障时不能自动断开的辅助电源型（电子式）产品时，应同时设置缺相保护。

15. 漏电保护器应按产品说明书安装、使用。对搁置已久重新使用或连续使用的漏电保护器应逐月检测其特性，发现问题应及时修理或更换。

漏电保护器的正确使用接线方法应按附图 5-3 选用。

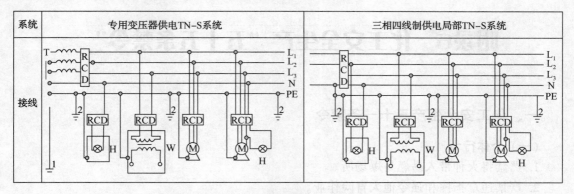

附图 5-3　漏电保护器使用接线方法示意

L₁、L₂、L₃—相线；N—工作零线；PE—保护零线、保护线；1—工作接地；2—重复接地；

T—变压器；RCD—漏电保护器；H—照明器；W—电焊机；M—电动机

16. 配电箱、开关箱的电源进线端严禁采用插头和插座做活动连接。

（二）使用与维护

1. 配电箱、开关箱应有名称、用途、分路标记及系统接线图。

2. 配电箱、开关箱箱门应配锁，并应由专人负责。

3. 配电箱、开关箱应定期检查、维修。检查、维修人员必须是专业电工；检查、维修时必须按规定穿绝缘鞋、戴手套。必须使用电工绝缘工具，并应做检查、维修工作记录。

4. 对配电箱、开关箱进行定期维修、检查时，必须将其前一级相应的电源隔离开关分闸断电，并悬挂"禁止合闸、有人工作"停电标志牌，严禁带电作业。

5. 配电箱、外关箱必须按照下列顺序操作：

（1）送电操作顺序为：总配电箱→分配电箱→开关箱；

（2）停电操作顺序为：开关箱→分配电箱→总配电箱。

但出现电气故障的紧急情况可除外。

6. 施工现场停止作业 1h 以上时，应将动力开关箱断电上锁。

7. 开关箱的操作人员必须符合本规范第 3.2.3 条规定。

8. 配电箱、开关箱内不得放置任何杂物，并应保持整洁。

9. 配电箱、开关箱内不得随意拉接其他用电设备。

10. 配电箱、开关箱内的电气配置和接线严禁随意改动。

熔断器的熔体更换时，严禁采用不符合原规格的熔体代替。漏电保护器每天使用前应启动漏电试验按钮试跳一次，试跳不正常时严禁继续使用。

11. 配电箱、开关箱的进线和出线严禁承受外力，严禁与金属尖锐断口、强腐蚀介质和易燃易爆物接触。

附录6 化工安全生产"五十五条禁令"

一、化工安全生产三十一条禁令

(一)个体行为

1. 严禁将火种带入易燃易爆场所。
2. 严禁违章指挥和强令他人冒险作业。
3. 严禁违章作业、脱岗、睡岗、酒后上岗或做与工作无关的事。
4. 严禁不按规定穿戴劳保用品进入生产岗位。
5. 严禁使用汽油等易燃液体擦洗设备、用具或在设备旋转部位进行清理维护。
6. 严禁指派不具备安全资格的人员上岗作业。
7. 严禁操作和工作岗位无关的设备。
8. 严禁不系安全带、脚手架和跳板不牢的情况下登高作业。
9. 严禁未经审批擅自调整工艺参数或擅自进行工艺设备变更。
10. 严禁外来人员在本企业罐区进行危险化学品装卸作业。

(二)管理行为

11. 严禁作业场所存在各类明火和违规使用作业工具。
12. 严禁无阻火器机动车辆进入防火防爆区。
13. 严禁可燃有毒泄漏报警系统处于非正常状态。
14. 严禁未经审批进行动火、进入受限空间、高处、吊装、临时用电、动土、检维修、盲板抽堵等作业。
15. 严禁重大危险源存在缺陷或违规管理。
16. 严禁使用安全装置不全的设备或擅自拆除、毁坏、挪用安全装置和设施。
17. 严禁设备设施带病运行和停用报警联锁系统。
18. 严禁不落实安全措施进行设备检修。
19. 严禁电气线路私搭乱接、电气设备超负荷运行。
20. 严禁未取得相应资质擅自安装、修理、改造特种设备。
21. 严禁生产装置超温、超压、超液位运行。
22. 严禁易燃易爆、有毒有害气体未采取有效安全防范措施直接排空。
23. 严禁涉及"两重点、一重大"的装置不设置自动化控制系统或大型化工装置不设置紧急停车系统。
24. 严禁使用国家明令淘汰的危及生产安全的工艺、设备。
25. 严禁未经安全可靠性论证,使用新工艺、新设备。
26. 严禁危化品生产经营场所与操作室、员工宿舍在同一建筑或不符合安全距离要求。
27. 严禁违规购买、销售、运输、储存、使用和处理危险化学品。

28. 严禁危化品超量、超品种以及相互禁忌物混存混放。

29. 严禁堵塞、锁闭和占用消防应急通道、逃生通道。

30. 严禁事故和险情发生后，不停产撤人，盲目施救。

31. 严禁选用不符合资质的承包商或对承包商以包代管。

二、专项禁令二十四条

（一）动火作业"六严禁"

1. 动火证未经批准，禁止动火。

2. 不与生产系统可靠隔绝，禁止动火。

3. 不清洗，置换不合格，禁止动火。

4. 不清除周围易燃物，禁止动火。

5. 不按时作动火分析，禁止动火。

6. 没有消防措施，禁止动火。

（二）受限空间作业"八必须"

7. 必须申请、办证，并得到批准。

8. 必须进行安全隔绝。

9. 必须切断动力电，并使用安全灯具。

10. 必须进行置换、通风。

11. 必须按时间要求进行安全分析。

12. 必须佩戴规定的防护用具。

13. 必须有人在器外监护，并坚守岗位。

14. 必须要有抢救后备措施。

（三）油气罐区防火防爆"十严禁"

15. 严禁油气储罐超温、超压、超液位操作和随意变更储存介质。

16. 严禁在油气罐区手动切水、切罐、装卸车时作业人员离开现场。

17. 严禁关闭在用油气储罐安全阀切断阀和在泄压排放系统加盲板。

18. 严禁停用油气罐区温度、压力、液位、可燃及有毒气体报警和联锁系统。

19. 严禁内浮顶储罐运行中浮盘落底。

20. 严禁向油气储罐或与储罐连接管道中直接添加性质不明或能发生剧烈反应的物质。

21. 严禁在油气罐区使用非防爆照明、电气设施、工器具和电子器材。

22. 严禁培训不合格人员和无相关资质承包商进入油气罐区作业，未经许可机动车辆及外来人员不得进入罐区。

23. 严禁油气罐区设备设施不完好或带病运行。

24. 严禁未进行气体检测和办理作业许可证，在油气罐区动火或进入受限空间作业。

附录7　课时安排参照表

项　目	内　容	学时
第一部分　基础知识	第一章　现场监护人	2
	第二章　危险作业安全管理基本要求	4
	第三章　常见危险化学品安全管理	6
	第四章　危险有害因素辨识与控制	12
	第五章　常见防护器具及灭火设施的使用	8
	第六章　现场应急救援	8
第二部分　特殊作业安全要求	第七章　化工企业特殊作业安全要求	16
	第八章　建筑施工作业安全要求	8
第三部分　附录	附录1~附录6	4
	复习	2
	考试	2
	合计	72